21世纪高等学校规划教材 | 电子信息

基于STC15系列增强型单片机原理与接口技术

蒋　维 主编
田　芳 林　倩 张凌飞 副主编

清华大学出版社
北　京

内容简介

本书从微型计算机的基本结构、工作原理出发系统、全面地介绍了 STC15F2K60S2 单片机的硬件结构、指令系统，从应用的角度采取汇编语言和 Keil C 双语言程序设计，使初学者更易理解。

全书以 STC15F2K60S2 单片机片上资源为主线，详细地介绍了中断、定时/计数器、可编程计数器阵列、异步串行接口、同步通信 SPI 接口、A/D、D/A、人机交互接口以及 STC15F2K60S2 单片机 EEPROM 的操作方法。本书应用实例翔实、内容丰富。

本书可作为高等院校相关专业师生及自学人员的教科书，也可作为计算机应用、电子设计等爱好者的参考书。

图书在版编目（CIP）数据

基于 STC15 系列增强型单片机原理与接口技术/蒋维主编. --北京：清华大学出版社，2014(2020.8重印)
21 世纪高等学校规划教材・电子信息
ISBN 978-7-302-37204-2

Ⅰ. ①基…　Ⅱ. ①蒋…　Ⅲ. ①单片微型计算机－基础理论－高等学校－教材 ②单片微型计算机－接口技术－高等学校－教材　Ⅳ. ①TP368.1

中国版本图书馆 CIP 数据核字(2014)第 152148 号

责任编辑：刘向威　薛　阳
封面设计：傅瑞学
责任校对：李建庄
责任印制：宋　林

出版发行：清华大学出版社
网　　址：http://www.tup.com.cn，http://www.wqbook.com
地　　址：北京清华大学学研大厦 A 座　　**邮　　编**：100084
社 总 机：010-62770175　　**邮　　购**：010-62786544
投稿与读者服务：010-62776969，c-service@tup.tsinghua.edu.cn
质量反馈：010-62772015，zhiliang@tup.tsinghua.edu.cn
课件下载：http://www.tup.com.cn，010-83470236
印 装 者：北京九州迅驰传媒文化有限公司
经　　销：全国新华书店
开　　本：185mm×260mm　　**印　　张**：17.75　　**字　　数**：441 千字
版　　次：2014 年 9 月第 1 版　　**印　　次**：2020 年 8 月第 6 次印刷
定　　价：49.00 元

产品编号：046543-02

出版说明

随着我国改革开放的进一步深化，高等教育也得到了快速发展，各地高校紧密结合地方经济建设发展需要，科学运用市场调节机制，加大了使用信息科学等现代科学技术提升、改造传统学科专业的投入力度，通过教育改革合理调整和配置了教育资源，优化了传统学科专业，积极为地方经济建设输送人才，为我国经济社会的快速、健康和可持续发展以及高等教育自身的改革发展做出了巨大贡献。但是，高等教育质量还需要进一步提高以适应经济社会发展的需要，不少高校的专业设置和结构不尽合理，教师队伍整体素质亟待提高，人才培养模式、教学内容和方法需要进一步转变，学生的实践能力和创新精神亟待加强。

教育部一直十分重视高等教育质量工作。2007 年 1 月，教育部下发了《关于实施高等学校本科教学质量与教学改革工程的意见》，计划实施"高等学校本科教学质量与教学改革工程"（简称"质量工程"），通过专业结构调整、课程教材建设、实践教学改革、教学团队建设等多项内容，进一步深化高等学校教学改革，提高人才培养的能力和水平，更好地满足经济社会发展对高素质人才的需要。在贯彻和落实教育部"质量工程"的过程中，各地高校发挥师资力量强、办学经验丰富、教学资源充裕等优势，对其特色专业及特色课程（群）加以规划、整理和总结，更新教学内容、改革课程体系，建设了一大批内容新、体系新、方法新、手段新的特色课程。在此基础上，经教育部相关教学指导委员会专家的指导和建议，清华大学出版社在多个领域精选各高校的特色课程，分别规划出版系列教材，以配合"质量工程"的实施，满足各高校教学质量和教学改革的需要。

为了深入贯彻落实教育部《关于加强高等学校本科教学工作，提高教学质量的若干意见》精神，紧密配合教育部已经启动的"高等学校教学质量与教学改革工程精品课程建设工作"，在有关专家、教授的倡议和有关部门的大力支持下，我们组织并成立了"清华大学出版社教材编审委员会"（以下简称"编委会"），旨在配合教育部制定精品课程教材的出版规划，讨论并实施精品课程教材的编写与出版工作。"编委会"成员皆来自全国各类高等学校教学与科研第一线的骨干教师，其中许多教师为各校相关院、系主管教学的院长或系主任。

按照教育部的要求，"编委会"一致认为，精品课程的建设工作从开始就要坚持高标准、严要求，处于一个比较高的起点上。精品课程教材应该能够反映各高校教学改革与课程建设的需要，要有特色风格、有创新性（新体系、新内容、新手段、新思路，教材的内容体系有较高的科学创新、技术创新和理念创新的含量）、先进性（对原有的学科体系有实质性的改革和发展，顺应并符合 21 世纪教学发展的规律，代表并引领课程发展的趋势和方向）、示范性（教材所体现的课程体系具有较广泛的辐射性和示范性）和一定的前瞻性。教材由个人申报或各校推荐（通过所在高校的"编委会"成员推荐），经"编委会"认真评审，最后由清华大学出版社审定出版。

目前,针对计算机类和电子信息类相关专业成立了两个“编委会”,即“清华大学出版社计算机教材编审委员会”和“清华大学出版社电子信息教材编审委员会”。推出的特色精品教材包括:

(1) 21 世纪高等学校规划教材·计算机应用——高等学校各类专业,特别是非计算机专业的计算机应用类教材。

(2) 21 世纪高等学校规划教材·计算机科学与技术——高等学校计算机相关专业的教材。

(3) 21 世纪高等学校规划教材·电子信息——高等学校电子信息相关专业的教材。

(4) 21 世纪高等学校规划教材·软件工程——高等学校软件工程相关专业的教材。

(5) 21 世纪高等学校规划教材·信息管理与信息系统。

(6) 21 世纪高等学校规划教材·财经管理与应用。

(7) 21 世纪高等学校规划教材·电子商务。

(8) 21 世纪高等学校规划教材·物联网。

清华大学出版社经过三十多年的努力,在教材尤其是计算机和电子信息类专业教材出版方面树立了权威品牌,为我国的高等教育事业做出了重要贡献。清华版教材形成了技术准确、内容严谨的独特风格,这种风格将延续并反映在特色精品教材的建设中。

清华大学出版社教材编审委员会

联系人:魏江江

E-mail:weijj@tup. tsinghua. edu. cn

序 言

21 世纪全球全面进入了计算机智能控制/计算时代，其中的一个重要方向就是以单片机为代表的嵌入式计算机控制/计算。由于最适合中国工程师/学生入门的 8051 单片机在中国应用已有 30 多年的历史，绝大部分的工科院校的工科非计算机专业均有此必修课，有几十万名对该单片机十分熟悉的工程师可以相互交流开发/学习心得，有大量的经典程序和电路可以直接套用，从而大幅降低了开发风险，极大地提高了开发效率，这也是 STC 宏晶科技/南通国芯微电子基于 8051 核的 STC 系列单片机的巨大技术优势，也是目前中国高校工科非计算机专业拿国产 STC 来讲微机原理/单片机原理及应用的主要原因。

Intel 8051 技术诞生于 20 世纪 70 年代，不可避免地面临技术落伍的危险，如果不对其进行大规模技术创新，我国的单片机教学与应用就会陷入被动局面。为此，我们对 STC15 系列单片机进行了全面的技术升级与创新：

(1) 一个芯片就是一个仿真器(IAP15F2K61S2，人民币 5 元，实实在在地支持了学校教学)。

(2) 不需外部晶振的单片机(内部时钟 5～35MHz，ISP 编程时可设置，工业级范围，温飘 1%)。

(3) 不需外部复位的单片机(内置高可靠复位电路，ISP 编程时 8 级复位门槛电压可设)。

(4) 大容量 Flash 程序存储器(可反复编程 10 万次以上，无法解密)，容量 1～61K 可选。

(5) 大容量内部 SRAM，128B/256B/512B/1KB/2KB/4KB 可选。

(6) ISP/IAP 技术全球领导者，全部可在线升级，全部可用 Flash 实现 EEPROM 的功能。

(7) 对传统 8051 进行了提速，指令最快提高了 24 倍，平均快了 6.8 倍。

(8) 集成 A/D、CCP/PCA/PWM(PWM 还可当 D/A 使用)。

(9) 集成 2 路超高速异步串行通信端口 UART，分时复用可当 5 组使用。

(10) 集成 1 路高速同步串行通信端口 SPI。

(11) 定时器(3 个 16 位自动重装载定时器+3 路 CCP 定时器)，看门狗。

(12) 超强抗干扰，无法解密。

STC15F2K60S2 单片机是宏晶科技的典型单片机产品，采用了增强型 1T 8051 内核，片内集成：60KB Flash 程序存储器、1KB 数据 Flash(EEPROM)、2048B RAM、3 个16 位可自动重装载的定时/计数器(T0、T1 和 T2)、可编程时钟输出功能、最多 42 根 I/O 口线、2 个全双工超高速异步串行口(UART)、1 个高速同步通信端口(SPI)、8 通道 10 位 ADC、3 通道 PWM/可编程计数器阵列/捕获/比较单元(PWM/PCA/CCU/DAC)、MAX810 专用复位电路和硬件看门狗等资源。另外，STC15F2K60S2 单片机内部还集成了高精度 R/C 时钟，可以省去外部晶振电路，单芯片就是最小的应用系统，真正实现了一块芯片就是一台“单片微型计算机”的梦想。STC15F2K60S2 单片机具有在系统可编程(ISP)功能，可以省去价格较高的专用编程器，开发环境的搭建非常方便。

引脚兼容的专用仿真芯片是 IAP15F2K61S2，作为校企合作的代表，IAP15F2K61S2 可直接当仿真器，特别适合教学，售价也只有 5 元人民币，同系列 8-Pin 的单片机 STC15F100，人民币只需 0.99 元。定时器只需要学习一种模式，模式 0(16 位自动重装载)即可，解决了 8051 单片机长期以来虽有 4 种模式，却定时不准或定时不够长的问题，并且串行口也做了重大改进，既简单方便，误差小，速度又快(系统时钟频率/4/(65536-[T2H，T2L]))。

在中国民间草根企业掌握了 Intel 8051 单片机技术，以“初生牛犊不怕虎”的精神，击溃了欧美竞争对手后，正在向 32 位前进途中，此时欣闻官方国家队也已掌握了 Intel 80386 通用 CPU 技术，不由想起“老骥伏枥，志在千里”这句话，相信经过数代人的艰苦奋斗，我们一定会赶上和超过世界先进水平！

明知山有虎，偏向虎山行。

感谢 Intel 公司发明了经久不衰的 8051 体系结构，感谢蒋维老师的新书，保证了中国 30 年来的单片机教学与世界同步。

宏晶科技：姚永平

www.STCMCU.com

2014 年 6 月

前言

目前多数院校在单片机原理与应用课程教学中采用传统的8051作为教材，但市场上真正使用的是具有低功耗、高速度和高度集成的单片机，片上具有丰富的资源，简化了系统设计的难度，也便于PCB板的设计，降低了成本。所以在教学中还使用传统8051单片机势必有些落伍，造成了教学与市场需求间的差距。国产的STC系列单片机就具有低功耗、高速度和高度集成的单片机，片上有丰富的资源能满足一般设计需求，而且有不同的系列供市场不同的需求，更为重要的是，在我国市场应用中，STC系列单片机占很大比例。而STC15F2K60S2系列单片机是宏晶公司全新推出的一款1T型、高速度、低功耗超低价、强抗静电强抗干扰、超强加密的单片机，目前在市场上应用十分广泛。为此选用STC15F2K60S2单片机作为高等院校教材就是顺应市场要求的选择。

STC15F2K60S2是宏晶公司推出的一款最新增强型1T性单片机，集成了丰富的片上资源，虽以8051为内核，但与传统51单片机相比，性能上有了改进，功能上有了扩展。60KB Flash程序存储器、256B的片内数据存储器、1792B的扩展数据存储器、1KB的数据Flash、3个16位的可自动重装载的定时/计数器、可编程的时钟输出、两个全双工的异步串行口、一个高速同步SPI通信口、8通道10位ADC、3通道可编程计数器阵列、MAX810专用复位电路、硬件看门狗、高精度R/C时钟、丰富的I/O资源，这些资源的集成使得一个芯片相当于一个片上系统。

STC15系列单片机的在线可编程功能可以省去仿真器和编程器，这不论对教学还是对系统开发都带来了方便。

本教材的特征是双语言教学，汇编语言的目的是让学生理解单片机的工作原理和掌握体系结构；而C语言作为高级语言更容易理解、掌握和应用。尤其STC15F2K60S2单片机的内核是8051，对广大讲解传统8051单片机的教师不存在转型困难的问题。

全书内容丰富，结构完整，共分12章。第1章是微型计算机概述，介绍微型计算机的基本结构和工作原理，以及数制与编码。第2章介绍了STC15F2K60S2单片机的体系结构、存储器配置及I/O口。第3章介绍STC15F2K60S2单片机的指令系统和汇编语言程序设计，以及Keil μVision集成开发环境。第4章介绍keil C语言程序设计。第5章介绍中断的概念及STC15F2K60S2单片机的中断系统及控制。第6章和第7章介绍STC15F2K60S2单片机的定时/计数器的结构、工作原理及可编程计数器阵列。第8章和第9章介绍STC15F2K60S2单片机的异步串行通信和同步通信接口。第10章讲解模数转换和数模转换及性能指标，对STC15F2K60S2单片机集成的A/D和典型的芯片做了应用性介绍。第11章介绍人机交互的键盘、数码管、液晶、8155等接口。第12章介绍STC15F2K60S2单片机EEPROM的编程方法。其中第1～3、5～8、10、12章由蒋维教授编写；第4章由张凌飞老师编写；第9、11章由林倩老师编写。

另外，宏晶科技有限公司的姚永平总经理对全书进行了认真审阅，提出许多宝贵意见，在此深表感谢！

由于作者水平有限，书中难免有不妥或错误之处，敬请读者批评指正。

编　者

2014 年 6 月

目录

第1章 微机基础

1.1 微机基本结构

微处理器(Microprocessor,Mp),本身不是计算机,它是微计算机的控制和处理部分。而微型计算机(Microcomputer),简称微机是具有控制和运算能力的完整的计算机。

1.1.1 微机基本组成

微机由微处理器、存储器和I/O接口等功能部件组成,各部件间通过总线连接起来,如图1-1所示。

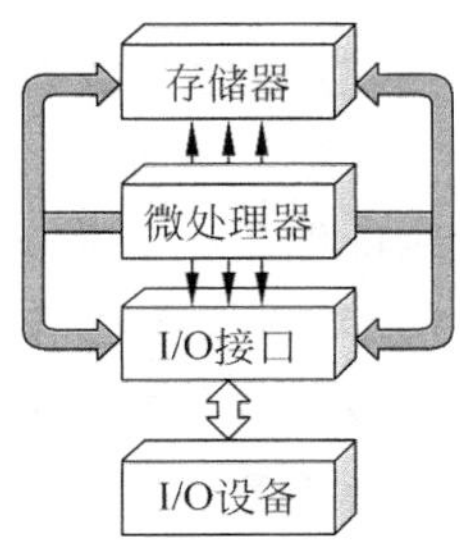

图1-1 微机基本结构

1. 微处理器

微处理器由运算器和控制器构成,如图1-2所示。

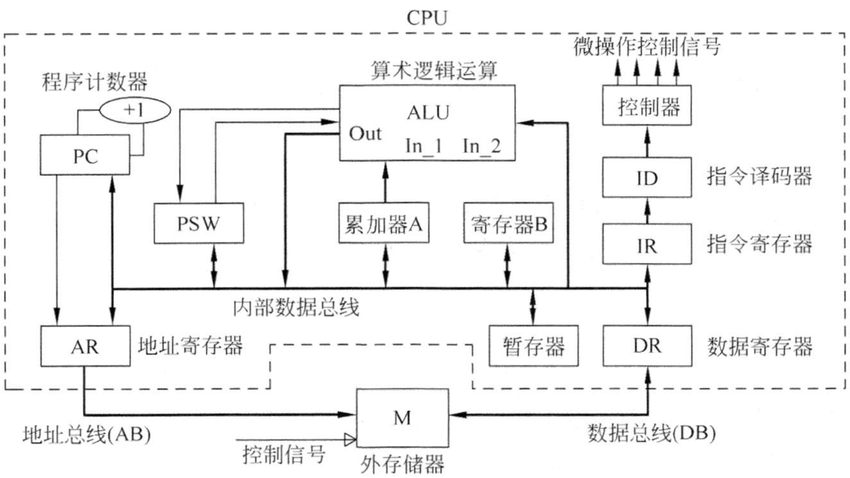

图1-2 CPU的内部结构

运算器由算术逻辑部件(Arithmetic Logical Unit,ALU)、累加器和寄存器等部分组成。ALU的主要功能是把传送到微处理器的数据进行算术运算或逻辑运算。ALU的数据来源有两个,一个来自累加器,另一个来自数据寄存器。ALU能够完成这两个输入数据的算术运算或逻辑运算，ALU 执行不同的运算是由不同的控制信号所确定的。

控制器由程序计数器、指令寄存器、指令译码器、时序发生器及操作控制器等部分组成。控制器是整个系统的决策机构，协调指挥计算机系统工作。控制器的主要功能如下。

- 取指。从内存中取出一条指令，并指出下一条指令在内存中的位置。
- 译码。对指令进行译码或测试，并产生相应的微操作控制信号，以便启动规定的动作。
- 执行。控制运算器完成规定操作，并完成数据存储。

2. CPU 中的主要寄存器

(1) 累加器 (A)

累加器是微处理器中最繁忙的寄存器。在算术和逻辑运算时，它具有双重功能。运算前，用于保存一个操作数；运算后，用于保存所得的和、差或逻辑运算结果。另外通过累加器与外设交换数据。

(2) 程序计数器(PC)

程序计数器 PC 是 CPU 内部的寄存器，用于记录将要执行的指令代码所在存储单元的地址编码。一般来说，PC 长度与 CPU 地址线引脚数目一致，例如 8 位微机的 CPU 一般具有 16 根地址线(A15～A0)，PC 的长度也是 16 位。复位后，PC 具有确定值，一般情况下微机复位后，PC＝0000H，即复位后将从程序存储器的 0000H 单元读取第一条指令码。由于复位后，PC 的值就是第一条指令代码存放的单元，因此设计程序时，必须了解复位后 PC 的值是什么，以便确定第一条指令码从存储器哪一存储单元开始存放。PC 具有自动加 1 的功能，即从存储器中读出一个字节的指令码后，PC 会自动加 1(即指向下一存储单元)。

(3) 数据寄存器(DR)

数据(缓冲)寄存器是通过数据总线向存储器和输入/输出设备送(写)或取(读)数据的暂存单元。

(4) 指令寄存器 (IR)

用于存放取指阶段读出的指令代码的第一字节，即操作码，使指令译码器的输入保持不变。当执行一条指令时先把它从内存取到数据寄存器中，然后再传送到指令译码器中。

(5) 指令译码器 (ID)

指令由指令操作码和指令操作数字段构成，当执行任何给定的指令，必须对操作码进行译码，以便确定所要求的操作。存放在指令寄存器中的指令码经指令译码器 ID 译码后，输入控制器，产生相应的微操作控制信号，使 CPU 完成指令规定的动作。

(6) 地址寄存器(AR)

地址寄存器用来保存当前 CPU 所要访问的内存单元或 I/O 设备的地址。因为存储器及 I/O 设备和 CPU 之间存在着速度上的差别，CPU 在读写存储器或 I/O 设备时不允许地址发生改变，所以必须使用地址寄存器来保存地址信息，直到内存(I/O 设备)读/写操作完成为止。

（7）程序状态字寄存器（PSW）

用于记录运算过程中的状态信息，如是否溢出、是否进借位等。程序执行过程中将会产生一些非常重要的中间状态信息，而这些状态信息对后续指令的运行存在直接相关的作用，为此在计算机中用程序状态寄存器存储这些状态信息。

3. 存储器

存储器是计算机系统中必不可少的存储设备，主要用于存放程序（指令）和数据。尽管寄存器和存储器均用于存储信息，但 CPU 内的寄存器数量少，存取速度快，它主要用于临时存放参加运算的操作数和中间结果；而存储器一般在 CPU 外单独封装。在存储器芯片内，存储单元数目多，从几千字节到数百兆字节，能存放大量的信息，但存取速度比 CPU 内部的寄存器要慢得多。

一块存储器芯片内有很多存储单元，每个存储单元被赋予一个唯一的地址，规定第一个存储单元的地址为 0，下一个为 1，以此类推，后面存储单元的地址按自然顺序排列。

如图 1-3 所示，使用 64K 的 8 位随机存储器与 CPU 交换数据，经常把这种规格的存储器称为 64K×8 位读/写存储器。

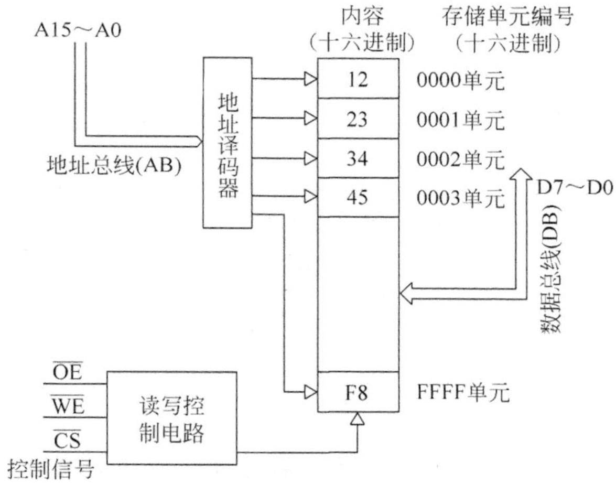

图 1-3 随机存取存储器

当 CPU 读写某一存储单元时，首先通过地址总线给出待访问存储单元的地址，再给出读写控制信号，最后完成读写操作。读操作时读出被选单元的内容，并将数据放到数据总线上，由总线送到 CPU。写操作时把数据总线上的数据写到指定的存储单元中。

4. I/O 接口与 I/O 设备

I/O 接口是计算机与 I/O 设备之间信息交换的桥梁。I/O 设备又称外围设备（简称外设），是微型计算机系统的重要组成部分。程序、数据及现场信息要通过输入设备输入计算机。计算机的处理结果要通过输出设备输出，以便用户使用。

一般来说，与 CPU 相比，外设的工作速度较低。外设处理的信息有数字量、模拟量、开关量等，而计算机只能处理数字量。另外，外设与微型计算机工作的逻辑时序也可能不一致。由于上述原因，计算机与外设之间的连接及信息的交换不能直接进行，而需要通过 I/O 接口电路来实现速度匹配和信号转换等功能。

每个 I/O 接口及对应的外部设备都有一个固定的地址，称为端口地址，在 CPU 的控制下实现对外部设备的读写操作。

1.1.2 微机基本工作原理

在对微型计算机的组成有了基本了解之后，通过在模型机上运行一个简单的程序说明微型计算机的工作原理。

图 1-4 给出了模型机的基本结构。图中虚线框内为微处理器模型，存储器通过系统总线与 CPU 相连，简化起见没有给出 I/O 接口的连接。

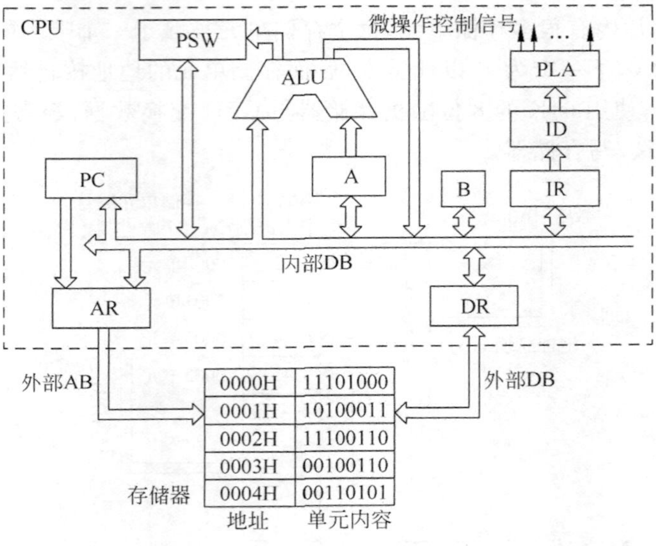

图 1-4 模型机的基本结构

表 1-1 为在模型机上执行的一段机器语言程序及对应的汇编语言程序，假设该机器语言程序从内存中地址为 0000H 单元开始存放。

表 1-1

内存单元地址	机器语言程序	汇编语言程序	指令功能说明
0000H	11101000	MOV A,R0	将寄存器 R0 的值送累加器 A
0001H	10100011	INC DPTR	将数据指针 DPTR 的值增 1
0002H	11100110	MOV A,@R0	将 R0 指定存储单元的数据传送给 A
0003H	00100110	ADD A,@R0	将 A 的值与 R0 指定存储单元的数据相加，结果存入 A

微机内部执行该程序就是遍历执行每一条指令，而执行每一条指令均要经过取指、译码和执行三个步骤，其具体操作过程如图 1-5 所示。

开始执行程序时，首先将第一条指令的首地址 0000H 送程序计数器(PC)，然后就进入

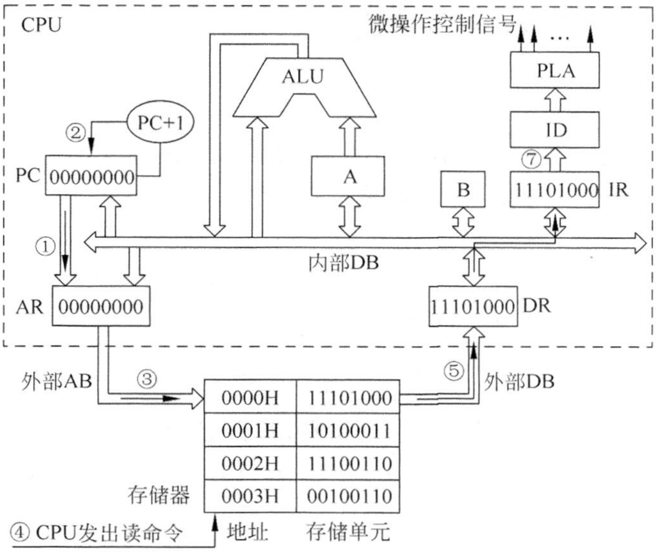

图 1-5 模型机执行过程

第一条指令的取指令阶段，其操作过程如下。

(1) PC 的值(待取指令的地址)通过内部总线传送到地址寄存器 AR。

(2) PC 的值自增 1，为取得下一条指令做好准备。

(3) AR 的值通过外部地址总线 AB 传送到存储器，经地址译码后选中地址为 0 的存储单元。

(4) CPU 发出读命令。

(5) 读出的内容(11101000，即指令 MOV A，R0)，通过外部数据总线 DB 传送到数据寄存器 DR。

(6) DR 的值通过内部 DB 传送到指令寄存器 IR。

(7) 指令译码器译码指令寄存器中的内容，并控制 PLA 产生相应的微操作控制信号，使运算器完成将寄存器 R0 的值传送到累加器 A。

至此一条指令完整执行完毕，接着取下一条指令，如此循环，直到整个程序执行完毕为止。不过现代微机采取流水线技术，同时有三条甚至更多条指令在运行，极大地提高了指令吞吐量。

1.1.3 单片微型计算机

将微处理器、一定容量的程序存储器 ROM、数据存储器 RAM 及 I/O 口、定时器、串口等硬件资源集成到一块芯片上，就构成了单片微型计算机，简称单片机。

1.2 数制与码制

计算机中所有信息均采用二进制表示，下面介绍计算机中常用的数制和编码。

1.2.1 数制及数制间的转换

1. 数制

所谓数制就是计数的进位制。在计算机中采用的是二进制，但由于二进制太繁，不便于表示，所以在讲解过程中经常使用十进制或十六进制。

(1) 十进制(Decimal,D)

在十进制数中用0,1,2,3,4,5,6,7,8,9共10个基本符号表示数。基数为10，运算过程中逢10进1，借1当10。任何一个十进制数N可表示为

$$N=\sum_{i=-m}^{n-1}a_i\times 10^i$$

其中n为整数部分的位数，m为小数部分的位数，a_i为第i位的系数，10^i是第i位的位权。

例如 $25.25=2\times10^1+5\times10^0+2\times10^{-1}+5\times10^{-2}$

(2) 二进制数(Binary,B)

在二进制数中用0,1两个基本符号表示数。基数为2，运算过程中逢2进1，借1当2。任何一个二进制数N可表示为

$$N=\sum_{i=-m}^{n-1}a_i\times 2^i$$

其中n为整数部分的位数，m为小数部分的位数，a_i为第i位的系数，2^i是第i位的位权。

例如 $11001.01\text{B}=1\times2^4+1\times2^3+0\times2^2+0\times2^1+1\times2^0+0\times2^{-1}+1\times2^{-2}$

(3) 十六进制数(Hexadecimal,H)

在十六进制数中用0,1,2,3,4,5,6,7,8,9,A,B,C,D,E,F共16个基本符号表示数。基数为16，运算过程中逢16进1，借1当16。任何一个十六进制数N可表示为

$$N=\sum_{i=-m}^{n-1}a_i\times 16^i$$

其中n为整数部分的位数，m为小数部分的位数，a_i为第i位的系数，16^i是第i位的位权。

例如 $19.4\text{H}=1\times16^1+9\times16^0+4\times16^{-1}$

2. 数制间的转换

根据上面的讲解，任意进制数转换为十进制非常简单，就是按权展开，即各位系数乘该位位权值再依次相加。

(1) 十进制转二进制

对于一个十进制整数$N=\sum_{i=0}^{n-1}a_i\times 2^i$，将两边同除2得到$N/2=\sum_{i=1}^{n-1}a_i\times 2^{i-1}+a_0$，得到余数$a_0$，将商再除2，得到$(N/2-a_0)/2=\sum_{i=2}^{n-1}a_i\times 2^{i-2}+a_1$，又得到余数$a_1$，这样操作$n$次后得到$a_{n-1},a_{n-2},\cdots,a_1,a_0$。以上操作说明只要把十进制数依次除以2并记录每次所得的余数，所得余数倒向排列就是对应的二进制数。这种方法称为“除2取余”法。

【例1-1】 将十进制数25转换成二进制。

所以，25D=11001B

除数	被除数/商	余数
2	25	
2	12	1
2	6	0
2	3	0
2	1	1
	0	1

对于一个十进制小数 $N=\sum_{i=-m}^{-1}a_i\times 2^i$，将两边同乘 2 得到 $N\times 2=\sum_{i=-m}^{-2}a_i\times 2^{i+1}+a_{-1}$，得到整数部分 a_{-1}，将小数部分再乘 2，得到 $(N\times 2-a_{-1})\times 2=\sum_{i=-m}^{-3}a_i\times 2^{i+2}+a_{-2}$，又得到整数部分 a_{-2}，这样操作 m 次后得到 $a_{-1},a_{-2},\cdots,a_{-m}$。以上操作说明只要把十进制小数依次乘 2 并记录每次所得的整数，所得整数按顺序排列就是对应的二进制数。这种方法称为“乘 2 取整”法。

【例 1-2】 将十进制数 0.25 转换成二进制。

0.25×2=0.5　整数为 0

0.5×2=1.0　整数为 1

所以，0.25D=0.01B

因此，25.25D=11001.01B

十进制小数转换二进制小数一般情况下直到小数部分为 0 为止，但在碰到循环小数的情况下取到满足精度即可。

(2) 十进制转二进制

同理，十进制整数转换十六进制采用“除 16 取余”法，十进制小数转换十六进制采用“乘 16 取整”法。

【例 1-3】 将十进制数 25 转换为十六进制。

除数	被除数/商	余数
16	25	
16	1	9
	0	1

所以，25D=19H

【例 1-4】 将十进制数 0.25 转换成十六进制。

0.25×16=4.0　整数位 4

所以，0.25D=0.4H

因此，25.25D=19.4H

(3) 十六进制与二进制数相互转换

由于每一位十六进制数与四位二进制相对应，因此把一个十六进制数转换为二进制就是将十六进制的每一位用四位二进制展开即可。

【例 1-5】 将十六进制数 19H 转换成二进制。

19.4H=0001 1001.0100B

二进制转换为十六进制是上述转换的逆过程，整数部分从小数点开始自右往左每四位(不够四位时前面补零，直到凑够四位)组合成一位十六进制，小数部分从小数点开始自左往右每四位(不够四位时后面补零，直到凑够四位)组合成一位十六进制，直到把所有二进制位全部转变即可。

【例 1-6】 将二进制数 11001.01B 转换成十六进制。

$$\underbrace{0001}_{1}\underbrace{1001}_{9}.\underbrace{0100}_{4}$$

所以,11001.01B=19.4H

1.2.2 计算机中符号数的表示方法

计算机中数值的表示有两种——无符号数和符号数。在 8 位机中对于无符号数 8 位二进制都具有数值意义,表示的范围是 0～255。在计算机中地址采用无符号数表示。

符号数存在正负之分,计算机中一般最高位表示符号位。在 8 位机中用 D7 位表示符号位,0 代表“+”,1 代表“-”。8 位带符号二进制数有三种表达形式,即原码、反码和补码。在计算机中所有的符号数都以补码形式存放。

1. 原码

用最高位表示符号,其余位表示数值本身,这种表示方法称为原码。

$$X=25\text{D}=+0011001\text{B} \qquad [X]_{原}=00011001\text{B}$$
$$Y=-25\text{D}=-0011001\text{B} \qquad [Y]_{原}=10011001\text{B}$$

2. 反码

正数的反码与原码相同,将一个负数的原码符号位不变而其他位按位取反得到的就是该负数的反码。

$$X=25\text{D}=+0011001\text{B} \qquad [X]_{反}=00011001\text{B}$$
$$Y=-25\text{D}=-0011001\text{B} \qquad [Y]_{反}=11100110\text{B}$$

3. 补码

正数的补码与原码相同。负数的补码等于其反码加 1。

$$X=25\text{D}=+0011001\text{B} \qquad [X]_{补}=00011001\text{B}$$
$$Y=-25\text{D}=-0011001\text{B} \qquad [Y]_{补}=11100111\text{B}$$

对于补码有如下关系式存在。

$$[X+Y]_{补}=[X]_{补}+[Y]_{补}$$
$$[X-Y]_{补}=[X]_{补}+[-Y]_{补}$$

$[-Y]_{补}$等于$[Y]_{补}$包括符号位在内的所有二进制位按位求反再在末尾加 1。

计算机中符号数用补码表示的好处就在于补码减法运算变成了补码的加法运算,体现出计算机体系结构中 ALU 的核心部件只有加法器而无减法器的根本所在。

4. 真值

真值就是机器数所代表的数值本身大小。

正数的真值等于其补码,负数的真值等于其补码包括符号位在内按位求反再在末尾加 1。

表 1-2 表示 8 位二进制不同的含义。

表 1-2 数的表示方法

8 位二进制	无符号数	原码	反码	补码
00000000	0	+0	+0	+0
00000001	1	1	1	1
00000010	2	2	2	2
00000011	3	3	3	3
⋮	⋮	⋮	⋮	⋮
01111100	124	124	124	124
01111101	125	125	125	125
01111110	126	126	126	126
01111111	127	127	127	127
10000000	128	0	−127	−128
10000001	129	−1	−126	−127
10000010	130	−2	−125	−126
10000011	131	−3	−124	−125
⋮	⋮	⋮	⋮	⋮
11111100	252	−124	−3	−4
11111101	253	−125	−2	−3
11111110	254	−126	−1	−2
11111111	255	−127	−0	−1

1.2.3 信息编码

由于计算机只能识别和处理二进制数，因此除了数值本身需要用二进制数形式表示外，其他信息，包括数码（如 0，1，2，3，4，5，6，7，8，9）、字母（如 A，B，C，D，…，X，Y，Z 及 a，b，c，d，…，x，y，z）、特殊符号（如%，!，+，−，=等）也必须用二进制数表示，即在计算机中需将数码、字母、特殊符号等编码化，以便于计算机识别、存储和处理。常用的二进制编码有 ASCII 码和 BCD 码等。

1. ASCII（American Standard Code for Information Interchange）码

ASCII 码是美国信息交换标准代码的简称，它用 7 位二进制表示 128 个字符，见表 1-3。其实还存在扩展的 ASCII 码共 128（B7=1）个，扩展 ASCII 用于表示一些特殊的符号，如希腊字母等。

2. BCD（Binary Coded Decimal）码

BCD 码是一种二进制形式的十进制码，也称二-十进制码，它用 4 位二进制表示 1 位十进制数，常用的是 8421 码，见表 1-4。

表 1-3　ASCII 码表

B3B2B1B0 B7B6B5B4	0000	0001	0010	0011	0100	0101	0110	0111	1000	1001	1010	1011	1100	1101	1110	1111
0000	NUL	SOH	STX	ETX	EOT	ENQ	ACK	BEL	BS	HT	LF	VT	FF	CR	SO	SI
0001	DLE	DC1	DC2	DC3	DC4	NAK	SYN	ETB	CAN	EM	SUB	ESC	FS	GS	RS	US
0010	Sp	!	“	#	$	%	&	‘	(	)	*	+	,	—	。	/
0011	0	1	2	3	4	5	6	7	8	9	:	;	<	=	>	?
0100	@	A	B	C	D	E	F	G	H	I	J	K	L	M	N	O
0101	P	Q	R	S	T	U	V	W	X	Y	Z	[	\	]	↑	←
0110	、	a	b	c	d	e	f	g	h	i	j	k	l	m	n	o
0111	p	q	r	s	t	u	v	w	x	y	z	{	|	}	～	DEL

表 1-4　8421 BCD 码

十进制数	8421 BCD 码	十进制数	8421 BCD 码
0	0000	5	0101
1	0001	6	0110
2	0010	7	0111
3	0011	8	1000
4	0100	9	1001

由于 BCD 码只有 4 位，而一个存储单元有 8 位，因此一个存储单元可以存储两个 BCD 码，这种 BCD 码称为压缩 BCD 码，如果一个存储单元只存储一个 BCD 码，则称为非压缩 BCD 码。

1.3 习题

(1) 论述微机工作的基本原理。

(2) 什么叫单片机？单片机有哪些基本特征？

(3) 求下列数据的原码、反码、补码。

① 33　② －33　③ －64H　④ 64H

(4) 用补码计算方法实现 55－100，写出计算过程。

第2章 STC15F2K60S2系列单片机体系结构

2.1 STC15F2K60S2系列单片机简介

STC15F2K60S2 系列单片机是我国深圳宏晶公司生产的 1T 型、高速、低功耗、超强抗干扰的新一代 8051 单片机，CPU 采用 STC-Y5 超高速内核，指令代码完全兼容传统 8051，但速度快 8～12 倍，速度比 STC 早期 1T 型单片机(STC12 等系列)快 20%。内部集成有高精度 R/C 时钟和高可靠复位电路，可彻底省掉外部昂贵的晶振和复位电路。3 路 PCA，8 路 10 位高速 A/D 转换，内置 2KB 大容量 SRAM，2 组高速异步串口 UART1/UART2，1 组高速同步串口 SPI。

2.1.1 STC15F2K60S2系列单片机性能特征

- 增强型 8 位 8051CPU，单时钟/机器周期，指令代码完全兼容传统 8051。
- 宽工作电压：

STC15F2K60S2 系列工作电压：5.5～3.8V(5V 单片机)；

STC12LE5A60S2 系列工作电压：3.6～2.4V(3V 单片机)。

- 高速，工作频率范围为 5～35MHz，相当于普通 8051 的 60～420MHz。
- 片上集成 8～62KB 的 Flash 程序存储器。
- 片上集成 2KB 数据存储器(SRAM)。
- 26～42 个通用 I/O 口(P0、P1、P2、P3、P4、P5)，有 4 种模式，即准双向口/弱上拉、强推挽/强上拉、仅为输入/高阻、开漏。每个 I/O 口驱动能力均可达到 20mA，但整个芯片最大不要超过 120mA。
- 具有 ISP(在系统可编程)/IAP(在应用可编程)，无需专用编程器，无需专用仿真器可通过串口直接下载用户程序。
- 集成有 EEPROM(STC12C5A62S2/AD/PWM 无内部 EEPROM)。
- 集成有硬件看门狗。
- 集成有高精度 R/C 时钟和高可靠复位电路。
- 集成有三通道的比较/捕获单元，可用来实现三路定时器或三个外部中断或作为三路 D/A 使用。

- A/D 转换，10 位精度 ADC，共 8 路，转换速度可达 300k/s(每秒钟 30 万次)。
- 集成有低功耗唤醒专用定时器。
- 6 个 16 位定时器。
- 4 个可编程时钟输出口。
- 有 14 个中断源。
- 1 组高速同步串行通信端口。
- 2 组高速异步串行通信端口(可同时使用)。
- 工作温度范围：－40～＋85℃(工业级)/0 ～ 75℃(商业级)。
- 封装：LQFP-44，LQFP-32，SOP-32，SOP-28，PDIP-40，SKDIP-28，PLCC-44。
- 成熟的开发环境——在 Keil C 开发环境中选择 Intel 8052 编译即可。

2.1.2 STC15F2K60S2 系列单片机性能特征命名规则

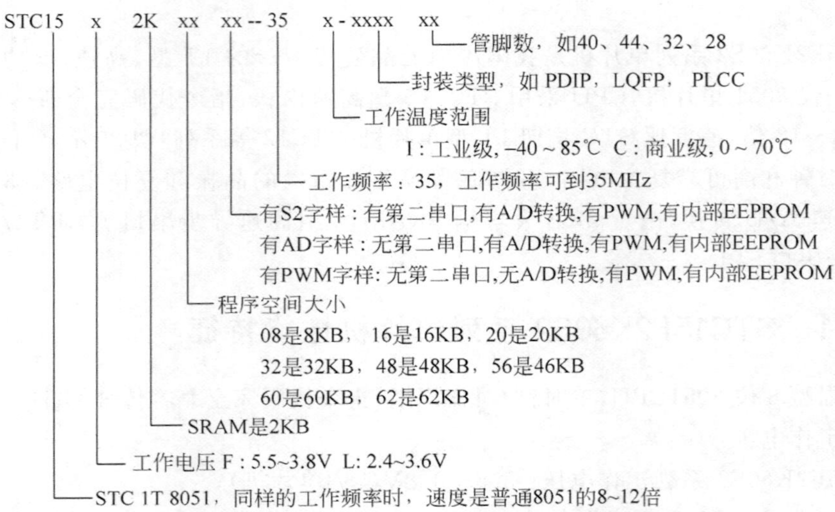

2.1.3 STC15F2K60S2 系列单片机选型

STC15 系列单片机有很多系列，典型的有 STC15F2K60S2 系列和 STC15F4K60S4 等系列，与传统 8051 相比，内部增加了很多片上外设。STC15F2K60S2 系列单片机选型如表 2-1 所示。

STC15 系列单片机用户不可以在用户程序区直接修改用户程序，但集成有专用 EEPROM。而 IAP15F2K61S2 单片机本身就是一个仿真器，用户可以在用户程序区直接修改用户程序。

STC15F2K60S2 系列单片机还有 STC15L2K60S2 系列，它们的基本配置一样，主要体现在工作电压不一样，STC15F2K60S2 系列单片机工作电压为 5.5～3.8V，STC15F2K60S2 系列单片机工作电压为 2.4～3.6V。

表 2-1 STC15F2K60S2 系列单片机选型表

型号	工作电压	Flash	RAM	定时器 T0T1T2	SPI	串行口	掉电唤醒专用定时器	DPTR	E^2PROM	CCP/PCA/PWM	A/D 8路	支持掉电唤醒的外部中断	硬件看门狗	内置可选复位门槛电压复位	内部低压检测
STC15F2K08S2	5.5～3.8V	8KB	2KB	有	有	2	有	2	有	3路	10位	5	有	8级	有
STC15F2K16S2	5.5～3.8V	16KB	2KB	有	有	2	有	2	有	3路	10位	5	有	8级	有
STC15F2K24S2	5.5～3.8V	24KB	2KB	有	有	2	有	2	有	3路	10位	5	有	8级	有
STC15F2K32S2	5.5～3.8V	32KB	2KB	有	有	2	有	2	有	3路	10位	5	有	8级	有
STC15F2K40S2	5.5～3.8V	40KB	2KB	有	有	2	有	2	有	3路	10位	5	有	8级	有
STC15F2K48S2	5.5～3.8V	48KB	2KB	有	有	2	有	2	有	3路	10位	5	有	8级	有
STC15F2K56S2	5.5～3.8V	56KB	2KB	有	有	2	有	2	有	3路	10位	5	有	8级	有
STC15F2K60S2	5.5～3.8V	60KB	2KB	有	有	2	有	2	有	3路	10位	5	有	8级	有
IAP15F2K62S2	5.5～3.8V	62KB	2KB	有	有	2	有	2	IAP	3路	10位	5	有	8级	有

2.2 STC15F2K60S2 系列单片机内部结构

2.2.1 STC15F2K60S2 系列单片机内部结构图

STC15F2K60S2 系列单片机的内部结构框图如图 2-1 所示。STC15F2K60S2 单片机中包含中央处理器(CPU)、程序存储器(Flash)、数据存储器(SRAM)、定时/计数器、UART 串口 1、串口 2、I/O 接口、高速 A/D 转换、SPI 接口、PCA、看门狗及片内 R/C 振荡器、中断控制逻辑和外部晶体振荡电路等模块。

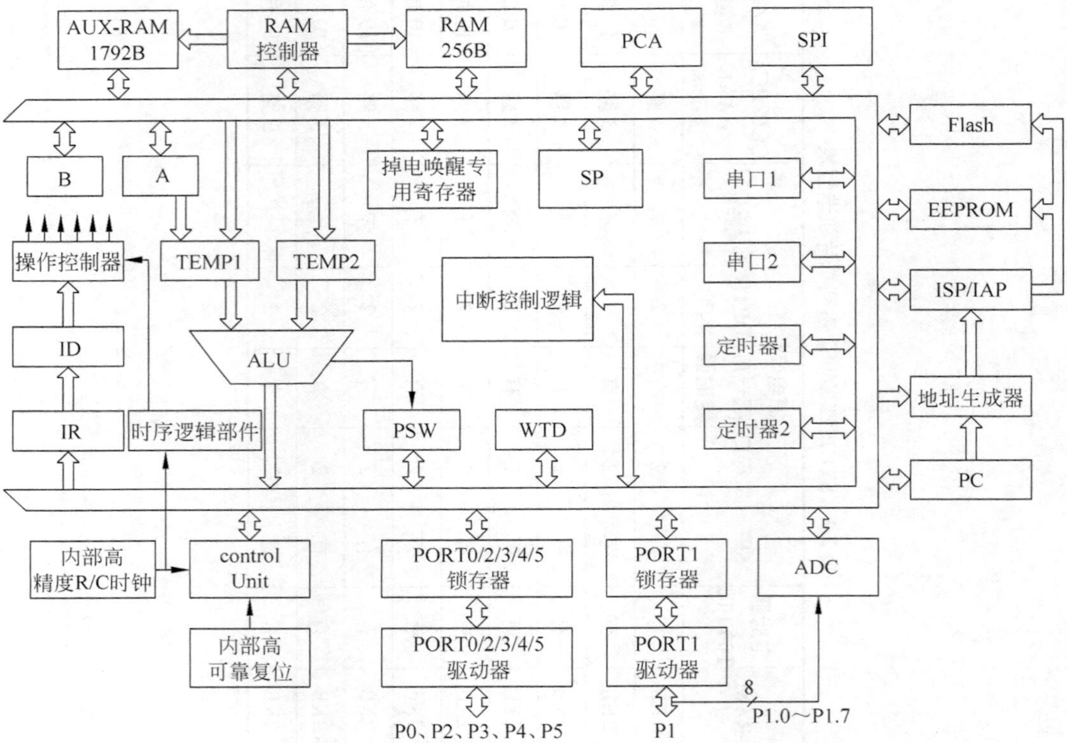

图 2-1　STC15F2K60S2 系列单片机内部结构图

STC15F2K60S2 系列单片机的 CPU 由运算器和控制器构成，控制器负责取指令、分析指令并发出完成指令所需的控制信号，最后由运算器完成指令功能。

1. 运算器

运算器由算术逻辑单元 ALU、累加器 A、寄存器 B、暂存器及程序状态寄存器 PSW 组成。所完成的功能是算术逻辑运算、位处理及数据传输。

ALU 完成 8 位二进制数的加、减、乘、除算术运算，与、或、非、异或、移位等逻辑运算以外，还能完成位处理功能。

累加器 A 是一个非常重要的寄存器，很多指令的执行都依赖累加器 A 进行。一般情况下用累加器 A 给 ALU 提供操作数并存放运算结果，与外设交换数据必须借助累加器 A 完成。

寄存器 B 在一般情况下作为通用寄存器使用，但在乘除法运算中作为专用寄存器使用，在乘法运算中，B 中存放一个操作数，乘积的高 8 位存放在 B 中。在除法运算中，运算前 B 中存放除数，运算后 B 中存放余数。

程序状态寄存器 PSW 用来存放 ALU 运算结果的特征和处理器的状态。PSW 的各位定义如下所示。

PSW D0H	位号	B_7	B_6	B_5	B_4	B_3	B_2	B_1	B_0	复位值
	位名称	CY	AC	F0	RS1	RS0	OV	F1	P	00H

CY 为进位标志位。执行加/减运算时根据进借位关系由硬件置位或清零，有进借位则 CY 为 1，否则 CY 为 0。另外 CY 位在位处理过程中充当位累加器，也称为布尔处理器，简称 C。

AC 为辅助进位标志位。两个 8 位数运算时，反映低 4 位是否存在进借位关系，若存在则 AC 为 1，否则 AC 为 0。主要用于 BCD 码运算时做十进制调整。

F0 为用户自定义标志位。由用户自定义一个状态标志。

RS1、RS0 为 4 个工作寄存器组选择控制位。STC15F2K60S2 系列单片机有 4 组工作寄存器区，每组有 8 个工作寄存器 R0、R1、R2、R3、R4、R5、R6、R7，当前只能用 4 组中的一组作为工作寄存器，其选择可通过设置 RS1、RS0 来完成。这 4 组共 32 个寄存器物理上对应片内 RAM 的低 32 个存储单元。4 个工作寄存器组与 RS1、RS0 及片内 RAM 存储单元的对应关系如表 2-2 所示。

表 2-2　工作寄存器与 RS1、RS0 及片内 RAM 存储单元的对应关系表

第零组工作寄存器 RS1=0　RS0=0		第一组工作寄存器 RS1=0　RS0=1		第二组工作寄存器 RS1=1　RS0=0		第三组工作寄存器 RS1=1　RS0=1	
寄存器	片内 RAM 地址	寄存器	片内 RAM 地址	寄存器	片内 RAM 地址	寄存器	片内 RAM 地址
R0	00H	R0	08H	R0	10H	R0	18H
R1	01H	R1	09H	R1	11H	R1	19H
R2	02H	R2	0AH	R2	12H	R2	1AH
R3	03H	R3	0BH	R3	13H	R3	1BH
R4	04H	R4	0CH	R4	14H	R4	1CH
R5	05H	R5	0DH	R5	15H	R5	1DH
R6	06H	R6	0EH	R6	16H	R6	1EH
R7	07H	R7	0FH	R7	17H	R7	1FH

OV为溢出标志位。当运算结果溢出时OV=1,没有溢出时OV=0。

F1为用户自定义标志位。由用户自定义一个状态标志。

P为奇偶标志位。累加器A中1的个数如果是偶数,则P=0;否则P=1。P位主要用于数据通信中的奇偶校验。

2. 控制器

控制器由指令寄存器IR、指令译码器ID、微操作信号发生器、时序逻辑部件、程序计数器PC等部分组成。

正在执行的指令保存在指令寄存器IR里,并经指令译码器ID译码后由微操作信号发生器产生执行指令所需的控制信号。

程序计数器PC是一个16位寄存器,它存放下一条将要执行指令的地址。STC15F2K60S2系列单片机复位后PC的值为0。

2.2.2 STC15F2K60S2系列单片机封装

STC15F2K60S2系列单片机有LQFP-48,LQFP-44,LQFP-32,SOP-32,SOP-28,PDIP-40,SKDIP-28,PLCC-44 8种封装,图2-2给出了典型的三种封装。

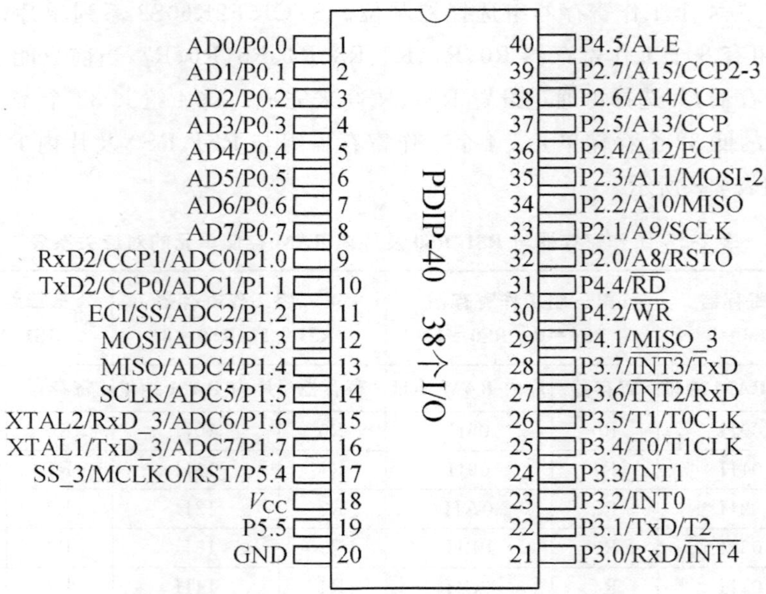

图2-2 STC15F2K60S2系列单片机典型的三种封装

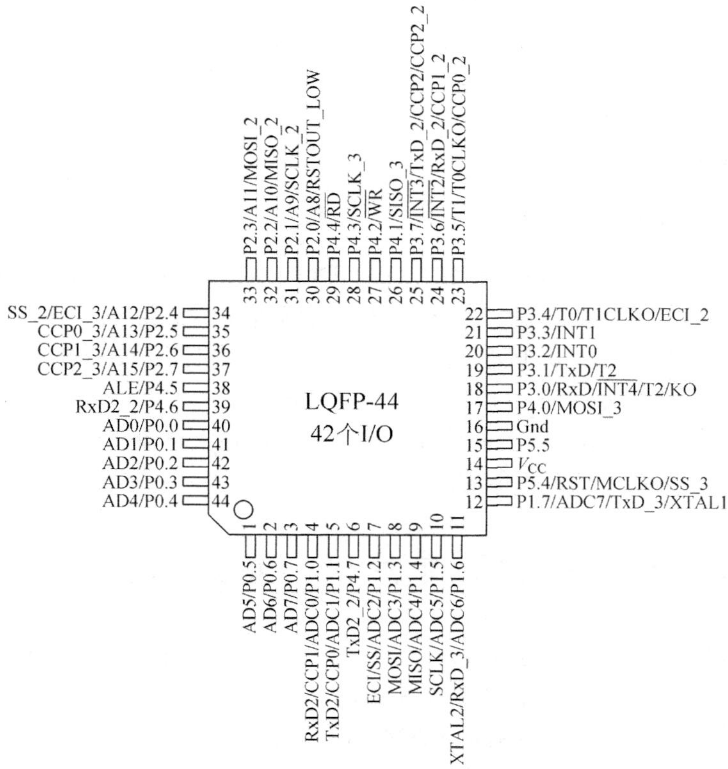
LQFP-44
42个I/O
P2.3/A11/MOSI_2 33
P2.2/A10/MISO_2 32
P2.1/A9/SCLK_2 31
P2.0/A8/RSTOUT_LOW 30
P4.4/RD 29
P4.3/SCLK_3 28
P4.2/WR 27
P4.1/SISO_3 26
P3.7/INT3/TxD_2/CCP2/CCP2_2 25
P3.6/INT2/RxD_2/CCP1_2 24
P3.5/T1/T0CLKO/CCP0_2 23
SS_2/ECI_3/A12/P2.4 34
CCP0_3/A13/P2.5 35
CCP1_3/A14/P2.6 36
CCP2_3/A15/P2.7 37
ALE/P4.5 38
RxD2_2/P4.6 39
AD0/P0.0 40
AD1/P0.1 41
AD2/P0.2 42
AD3/P0.3 43
AD4/P0.4 44
22 P3.4/T0/T1CLKO/ECI_2
21 P3.3/INT1
20 P3.2/INT0
19 P3.1/TxD/T2
18 P3.0/RxD/INT4/T2/KO
17 P4.0/MOSI_3
16 Gnd
15 P5.5
14 V_{CC}
13 P5.4/RST/MCLKO/SS_3
12 P1.7/ADC7/TxD_3/XTAL1
1 AD5/P0.5
2 AD6/P0.6
3 AD7/P0.7
4 RxD2/CCP1/ADC0/P1.0
5 TxD2/CCP0/ADC1/P1.1
6 TxD2_2/P4.7
7 ECI/SS/ADC2/P1.2
8 MOSI/ADC3/P1.3
9 MISO/ADC4/P1.4
10 SCLK/ADC5/P1.5
11 XTAL2/RxD_3/ADC6/P1.6

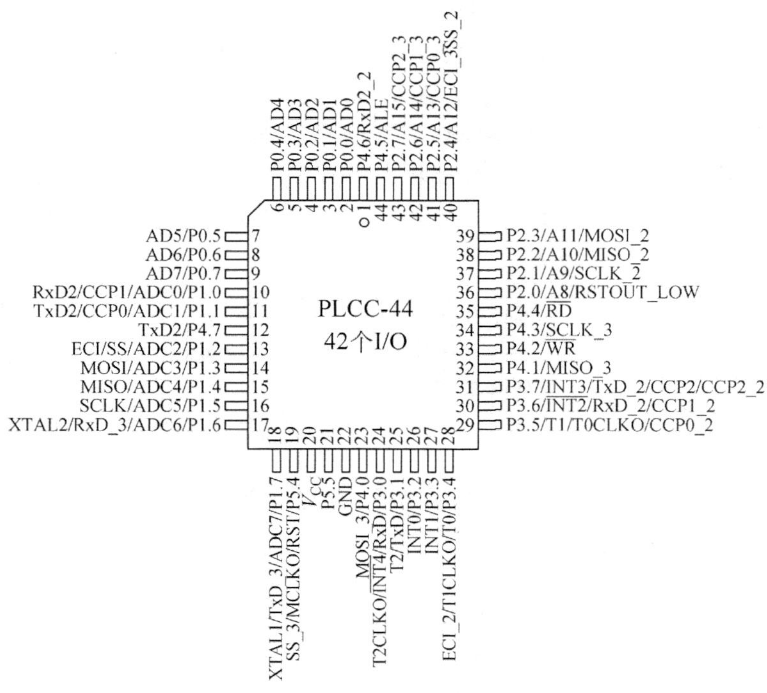
PLCC-44
42个I/O
6 P0.4/AD4
5 P0.3/AD3
4 P0.2/AD2
3 P0.1/AD1
2 P0.0/AD0
1 P4.6/RxD2_2
44 P4.5/ALE
43 P2.7/A15/CCP2_3
42 P2.6/A14/CCP1_3
41 P2.5/A13/CCP0_3
40 P2.4/A12/ECI_3SS_2
AD5/P0.5 7
AD6/P0.6 8
AD7/P0.7 9
RxD2/CCP1/ADC0/P1.0 10
TxD2/CCP0/ADC1/P1.1 11
TxD2/P4.7 12
ECI/SS/ADC2/P1.2 13
MOSI/ADC3/P1.3 14
MISO/ADC4/P1.4 15
SCLK/ADC5/P1.5 16
XTAL2/RxD_3/ADC6/P1.6 17
39 P2.3/A11/MOSI_2
38 P2.2/A10/MISO_2
37 P2.1/A9/SCLK_2
36 P2.0/A8/RSTOUT_LOW
35 P4.4/RD
34 P4.3/SCLK_3
33 P4.2/WR
32 P4.1/MISO_3
31 P3.7/INT3/TxD_2/CCP2/CCP2_2
30 P3.6/INT2/RxD_2/CCP1_2
29 P3.5/T1/T0CLKO/CCP0_2
18 XTAL1/TxD_3/ADC7/P1.7
19 SS_3/MCLKO/RST/P5.4
20 V_{CC}
21 P5.5
22 GND
23 MOSI_3/P4.0
24 T2CLKO/INT4/RxD/P3.0
25 T2/TxD/P3.1
26 INT0/P3.2
27 INT1/P3.3
28 ECI_2/T1CLKO/T0/P3.4

图 2-2　续

STC15F2K60S2 单片机芯片引脚按功能划分为以下两类。

1. 电源引脚

(1) V_{CC}：接电源正极。
(2) GND：接电源地。

2. 输入/输出及功能复用引脚

STC15F2K60S2 单片机最多有 46 个 I/O 口，P0.0～P0.7、P1.0～P1.7、P2.0～P2.7、P3.0～P3.7、P4.0～P4.7、P5.0～P5.5，大多数是功能复用的。每个 I/O 口线有 4 种工作模式，准双向口/弱上拉(标准 8051 输出模式)、推挽输出/强上拉、仅为输入/高阻及开漏输出。上电复位时 STC15F2K60S2 单片机 I/O 口处于准双向口。每个 I/O 口的驱动电流可达到 20mA，但 40-pin 及 40-pin 以上的单片机整个芯片的最大电流不能超过 120mA，40-pin 以下单片机整个芯片的最大电流不能超过 90mA。

2.3 STC15F2K60S2 系列单片机存储器配置

STC15F2K60S2 系列单片机也采取了哈佛结构，其存储器配置为程序存储器和数据存储器。且程序存储器和数据存储器是独立编址的。从物理上有 4 个相互独立的存储器空间，程序存储器(程序 Flash)、片内基本 RAM、片内扩展 RAM 及 EEPROM(数据 Flash)。STC15F2K60S2 系列单片机与传统 8051 单片机不一样，没有外部访问使能信号——EA 和程序存储器允许输出信号——PSEN，因此 STC15F2K60S2 系列单片机的所有程序存储器都是片上 Flash 存储器(8～62KB)，不能访问外部程序存储器。STC15F2K60S2 系列单片机内部有(256＋1792＋128)B 的数据 RAM，其在物理上分为三个空间，内部基本 RAM(256B)、内部扩展 RAM(1792B)及特殊功能寄存器(128B)。另外，STC15F2K60S2 系列单片机还可以访问在片外扩展的 64KB 外部数据存储器。STC15F2K60S2 系列单片机片内集成有 1～28KB 的 EEPROM。如图 2-3 所示为 STC15F2K60S2 单片机的存储器配置。

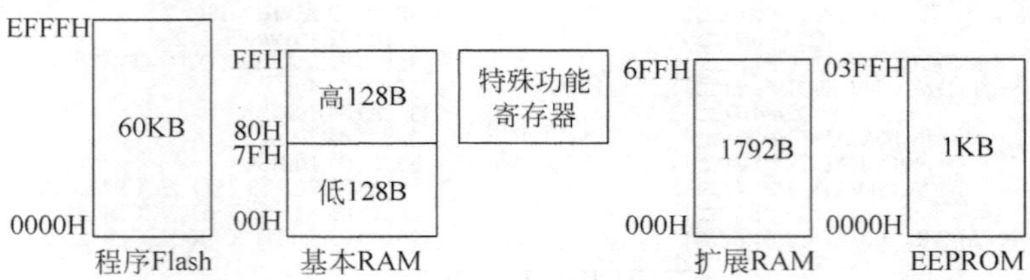

图 2-3 STC15F2K60S2 单片机存储器配置

2.3.1 程序存储器

程序存储器用于存放用户程序、表格等常数数据。STC15F2K60S2 系列单片机集成有 8～62KB 的 Flash 程序存储器。对程序存储器的访问用 MOVC 指令。

在程序存储器中有一些特殊的存储单元，在使用时必须加以注意。

(1) 0000H 单元。上电复位时 PC 值为 0000H，说明单片机从 0000H 地址开始执行程序，但系统把从 0003H 开始的一段存储空间划分为中断向量表，所以用户应用程序一般不从 0000H 地址开始存放，一般在 0000H 地址处放一条长跳转指令，其目标地址为主程序的入口地址。

(2) 0003H～0083H，这些单元用作中断向量。STC15F2K60S2 系列单片机有 14 个中断源，每个中断源有唯一的中断向量。

0003H 为外部中断 0 的中断向量。

000BH 为定时计数器 0 的溢出中断向量。

0013H 为外部中断 1 的中断向量。

001BH 为定时计数器 1 的溢出中断向量。

0023H 为串行口 1 的中断向量。

002BH 为 A/D 转换中断向量。

0033H 为 LVD 检测中断向量。

003BH 为 PCA 中断向量。

0043H 为串行口 2 的中断向量。

004BH 为 SPI 接口中断向量。

0053H 为外部中断 2 的中断向量。

005BH 为外部中断 3 的中断向量。

0063H 为定时计数器 2 的溢出中断向量。

006BH 为保留。

0073H 为保留。

007BH 为保留。

0083H 为外部中断 3 的中断向量。

2.3.2 片内基本 RAM

STC15F2K60S2 系列单片机片内基本 RAM 由三部分组成，即片内 RAM 的低 128B、片内 RAM 的高 128B 和特殊功能寄存器。片内 RAM 低 128B 的地址为 00H～7FH，片内 RAM 高 128B 的地址为 80H～FFH，而特殊功能寄存器的地址与片内 RAM 高 128B 的地址重叠，二者的访问是通过不同的寻址方式区分的，对片内 RAM 高 128B 只能通过寄存器间接寻址方式访问，如 MOV A,@R0，对特殊功能寄存器只能通过直接寻址方式访问，如 MOV A,80H。整个片内基本 RAM 的访问均通过 MOV 指令访问。

1. 基本 RAM 的低 128B

低 128 个字节因各 RAM 单元的差异性分为工作寄存器区、位寻址区和通用 RAM 区，如图 2-4 所示。

(1) 工作寄存器区(00H～1FH)

STC15F2K60S2 系列单片机内部有 4 组工作寄存器，每组有 8 个工作寄存器，用寄存器符号 R0,R1,…,R7 表示，这 32 个工作寄存器分布在片内 RAM 的低 32 个字节(地址为 00H～1FH)。程序运行时只能有一个工作寄存器组为当前工作寄存器组，当前工作寄存器组的选择可通过 PSW 的 RS1、RS0 来实现(如表 2-2 所示)。上电复位时默认第零组为当前工作寄存器组。

(2) 位寻址区(20H～2FH)

片内基本 RAM 的 20H～2FH 共 16 个字节,每个字节有 8 个二进制位,共 128 位。这 16 个字节不仅可按字节寻址也可按位寻址。对应的位地址为 00H～7FH,其位地址具体分布如图 2-4 所示。这块位寻址区其位地址与字节地址存在如下关系。位地址=(字节地址－20H)×8＋位号。当然某地址也可用对应的字节地址加位号表示,如 20H 单元的 B2 位,其位地址可表示成 02H,也可表示成 20H.2。

图 2-4　片内 RAM 低 128B 功能分布图

基本 RAM 低 128B 的地址范围也是 00H～7FH,STC15F2K60S2 系列单片机采用不同的寻址方式来区分,即访问低 128 个字节地址用直接寻址或寄存器间接寻址,而访问 128 个位地址用位寻址方式。

(3) 通用 RAM 区(30H～7FH)

基本 RAM 的 30H～7FH 共 80 个字节为通用 RAM 区,无特殊功能,一般作为数据缓冲区使用。

2. 基本 RAM 的高 128B

基本 RAM 高 128B 的地址范围为 80H～FFH,该区域无特殊功能,属于普通存储区域。基本 RAM 高 128 个存储单元的地址与特殊功能寄存器的地址重叠，STC15F2K60S2 系列单片机采用不同的寻址方式加以区分，对基本 RAM 的高 128B 采用寄存器间接寻址访问，而对特殊功能寄存器采用直接寻址访问。

3. 特殊功能寄存器 SFR

特殊功能寄存器的地址为 80H～FFH，共 128 个存储单元。特殊功能寄存器是对片内各功能模块进行管理、控制、监视的控制寄存器和状态寄存器，是属于特殊功能的 RAM 区。STC15F2K60S2 系列单片机的特殊功能寄存器名称及地址映像如表 2-3 所示。

表 2-3　STC15F2K60S2 系列单片机的特殊功能寄存器名称及地址映像表

	0	1	2	3	4	5	6	7
	可位寻址	不可位寻址						
80H	P0	SP	DPL	DPH				PCON
88H	TCON	TMOD	TL0 RL_TL0	TL1 RL_TL1	TH0 RL_TH0	TH1 RL_TH1	AUXR	INT_CLKO AUXR2
90H	P1	P1M1	P1M0	P0M1	P0M0	P2M1	P2M0	CLK_DIV PCON2
98H	SCON	SBUF	S2CON	S2BUF		P1ASF		
A0H	P2	BUS_SPEED	AUXR1 P_SW1					
A8H	IE	SADDR	WKTCL WKTCL_CNT	WKTCH WKTCH_CNT				IE2
B0H	P3	P3M1	P3M0	P4M1	P4M0	IP2		
B8H	IP	SADEN	P_SW2	IRC_CLKO	ADC_CONTR	ADC_RES	ADC_RESL	
C0H	P4	WTD_CONTR	IAP_DATA	IAP_ADDRH	IAP_ADRL	IAP_CMD	IAP_TRIG	IAP_CONTR
C8H	P5	P5M1	P5M0			SPSTAT	SPCTL	SPDAT
D0H	PSW						TH2 RL_TH2	TL2 RL_TL2
D8H	CCON	CMOD	CCAPM0	CCAPM1	CCAPM2			
E0H	ACC							
E8H		CL	CCAP0L	CCAP1L	CCAP2L			
F0H	B	PCA_PWM0	PCA_PWM1	PCA_PWM2				
F8H		CH	CCAP0H	CCAP1H	CCAP2H			

注：① 表 2-3 中各特殊功能寄存器的地址为行号＋列号。

② 寄存器地址能被 8 整除的可位寻址，不能被 8 整除的不可位寻址。

(1) 堆栈指针 SP

堆栈是在 RAM 区开辟出的一个区域，数据的存取是按“先进后出”原则进行处理的，这种数据结构对中断、子程序调用与返回十分方便。

堆栈有两种操作方式，分别为数据压入(PUSH)和数据弹出(POP)。STC15F2K60S2 系列单片机的堆栈生长方向为向上生长方式，即每压入一个数据，堆栈指针 SP 自动加 1，也就是说 SP 始终指向堆栈的顶部，所以堆栈指针 SP 也称为栈顶指针。其实 SP 就是一个双向计数器，进栈时，每压入一个数据，SP 自动增 1，出栈时，每弹出一个数据，SP 自动减 1，数据的存取是按先进后出、后进先出的原则进行的。

(2) 数据指针 DPTR

数据指针 DPTR 是一个 16 位的专用寄存器，由 DPH(高 8 位)和 DPL(低 8 位)组成，地址分别为 83H 和 82H，DPTR 是唯一一个可按 16 位进行操作的寄存器，也可作为两个 8 位寄存器 DPH 和 DPL 使用。

STC15F2K60S2 单片机有两个数据指针，DPTR0 和 DPTR1，这两个数据指针共用一个地址空间，可通过设置 DPS/AUXR1.0 来选择具体使用哪一个数据指针。

当 DPS/AUXR1.0=0 时，DPTR0 被选择；

当 DPS/AUXR1.0=1 时，DPTR1 被选择；

DPTR 的主要用途就是对扩展 RAM 的间接寻址。

DPTR0 和 DPTR1 的使用举例如下。

```
AUXR1   DATA   0A2H
MOV     AUXR1, #0            ;DPS = 0,DPTR0 有效
MOV     DPTR, #1FFH          ;将 DPTR0 指针设置为 1FFH
MOV     A, #55H
MOVX    @DPTR, A             ;将 1FF 单元内容设置为 55H
MOV     AUXR1, #1            ;DPS = 1,DPTR1 有效
MOV     DPTR, #2FFH          ;将 DPTR1 指针设置为 2FFH
MOV     A, #0AAH
MOVX    @DPTR, A             ;将 2FF 单元内容设置为 AAH
MOV     AUXR1, #0
MOVX    A, @DPTR             ;A 的内容为 55H
MOV     AUXR1, #1
MOVX    A, @DPTR             ; A 的内容为 AAH
```

2.3.3 扩展 RAM

STC15F2K60S2 系列单片机内部扩展了 1792B 的扩展 RAM，地址范围为 000H～6FFH。片内扩展 RAM 类似传统 8051 单片机的片外数据存储器，用 MOVX 指令访问，采取寄存器间接寻址，如 MOVX @DPTR，A 或 MOVX A，@R0 等。

STC15F2K60S2 系列单片机内部集成有扩展 RAM，但还可以外部扩展 64KB 的外部数据存储器，但两者不能同时使用，可通过辅助寄存器 AUXR 的 EXTRAM/AUXR.1 位来选择使用。

AUXR 8EH	位号	B_7	B_6	B_5	B_4	B_3	B_2	B_1	B_0
	位名称	T0X12	T1X12	UAR_M0X6	T2R	T2_C/T	T2X12	EXTRAM	S1ST2

EXTRAM 为内部/外部 RAM 存取控制位。

当 EXTRAM=1 时存取外部数据存储器；

当 EXTRAM=0 时存取内部扩展 RAM，当地址超出 700H 后总是访问外部数据存储

器(包括 700H)。

2.3.4 外部 64KB 数据总线——可扩展 64KB 片外数据存储器或外设

STC15F2K60S2 系列单片机具有扩展 64KB 数据存储器或外设的功能,访问外部数据存储器期间 $\overline{WR}$、$\overline{RD}$信号有效,STC15F2K60S2 系列单片机增设了一个控制访问外部数据存储器速度的特殊功能寄存器——BUS_SPEED,格式如下。

BUS_SPEED	位号	B_7	B_6	B_5	B_4	B_3	B_2	B_1	B_0	Reset value
A1H	位名称	—	—	—	—	—	—	EXRTS[1:0]		xxxxxx10

访问片内扩展 RAM 所需的时钟数是固定的。

MOVX @DPTR,A　需要 3 个时钟周期;

MOVX A,@DPTR　需要 2 个时钟周期;

MOVX @Ri,A　需要 4 个时钟周期;

MOVX A,@Ri　需要 3 个时钟周期。

但访问片外扩展 RAM 所需的时钟数与 EXRTS 有关。

MOVX @Ri,A　需要 $5\times N+3$ 个时钟周期;

MOVX @DPTR,A　需要 $5\times N+2$ 个时钟周期;

MOVX A,@Ri　需要 $5\times N+2$ 个时钟周期;

MOVX A,@DPTR　需要 $5\times N+1$ 个时钟周期。

当 EXRTS[1:0]=00 时,$N=1$。

当 EXRTS[1:0]=01 时,$N=2$。

当 EXRTS[1:0]=10 时,$N=4$。

当 EXRTS[1:0]=11 时,$N=8$。

2.3.5 数据 Flash 存储器(EEPROM)

STC15F2K60S2 系列单片机内部集成了大容量 EEPROM,其与程序空间是分开的。利用 ISP/IAP 技术进行擦除、改写。EEPROM 分为若干个扇区,每个扇区 512 个字节,数据的擦除是按扇区进行的,使用时建议同一次修改的数据放在同一个扇区,不是同一次修改的数据放在不同的扇区。具体操作详见第 12 章。

2.4 STC15F2K60S2 系列单片机的并行 I/O 口

2.4.1 STC15F2K60S2 系列单片机 I/O 功能

STC15F2K60S2 系列单片机 I/O 共有 5 组,最多可有 46 个 I/O 口,P0.0～P0.7、P1.0～P1.7、P2.0～P2.7、P3.0～P3.7、P4.0～P4.7、P5.0～P5.5,大多数是功能复用的。

(1) P0 口。P0 口的每一位可作为一般的 I/O 使用,对 LQFP48、LQFP4、PDIP40 三种封装还可作为地址/数据分时复用总线使用。当 P0 口作为输入/输出口时,P0 是一个 8 位准双向口,内部有弱上拉电阻,无需外接上拉电阻。当 P0 作为地址/数据复用总线使用时,是低 8 位地址线(A0～A7),数据线的 D0～D7。

(2) P1 口。P1 口每一位可作为一般的 I/O 使用,且每一位均有第二、第三甚至存在第四功能。P1 口各位的复用功能如表 2-4 所示。

表 2-4　P1 口的复用功能

引　脚	说　明	
P1.0/ADC0/CCP1/RxD2	ADC0	ADC 输入通道一0
	CCP1	外部信号捕获、高速脉冲输出、PWM 输出通道 1
	RxD2	串口 2 数据接收端
P1.1/ADC1/CCP0/TxD2	ADC1	ADC 输入通道一1
	CCP0	外部信号捕获、高速脉冲输出、PWM 输出通道 0
	TxD2	串口 2 数据接收端
P1.2/ADC2/SS/ECI	ADC2	ADC 输入通道一2
	SS	SPI 接口的从机选择信号
	ECI	PCA 计数器的外部脉冲输入脚
P1.3/ADC3/MOSI	ADC3	ADC 输入通道一3
	MOSI	SPI 接口的主出从入端
P1.4/ADC4/MISO	ADC4	ADC 输入通道一4
	MISO	SPI 接口的主入从出端
P1.5/ADC5/SCLK	ADC5	ADC 输入通道一5
	SCLK	SPI 同步串行接口的时钟信号
P1.6/ADC6/RxD_3/XTAL2	ADC6	ADC 输入通道一6
	RxD_3	串口 1 数据接收端
	XTAL2	内部时钟电路反相放大器的输出端
P1.7/ADC7/TxD_3/XTAL1	ADC7	ADC 输入通道一7
	TxD_3	串口 1 数据发送端
	XTAL1	内部时钟电路反相放大器的输入端

(3) P2 口。P2 口的每一位可作为一般的 I/O 使用,还可作为高 8 位地址(A8～A15)使用。另外还有复用功能。P2 口各位的复用功能如表 2-5 所示。

(4) P3 口。P3 口每一位可作为一般的 I/O 使用,且每一位均有第二、第三甚至存在第四功能。P3 口各位的复用功能如表 2-6 所示。

表 2-5　P2 口的复用功能

引　脚	说　明	
P2.0/RSTOUT_LOW	RSTOUT_LOW	上电后输出低电平,复位期间也输出低电平,用户可通过软件输出高电平或低电平,如读外部状态,可将该口设置为高电平再读
P2.1/SCLK_2	SCLK_2	SPI 同步串行口的时钟信号
P2.2/MISO_2	MISO_2	SPI 同步串行口的主入从出

续表

引 脚	说 明	
P2.3/MOSI_2	MOSI_2	SPI 同步串行口的主出从入
P2.4/ECI_2/SS_2	ECI_2	CCP/PCA 计数器的外部脉冲输入脚
	SS_2	SPI 同步串行口从机选择信号
P2.5/CCP0_2	CCP0_2	外部信号捕获、高速脉冲输出、PWM 输出通道 0
P2.6/CCP1_2	CCP1_2	外部信号捕获、高速脉冲输出、PWM 输出通道 1
P2.7/CCP2_2	CCP2_2	外部信号捕获、高速脉冲输出、PWM 输出通道 2

表 2-6 P3 口的复用功能

引 脚	说 明	
P3.0/RxD/INT4/T2CLKO	RxD	串口 1 数据接收端
	INT4	外部中断 4,只能下降沿触发
	T2CLKO	T2 时钟输出
P3.1/TxD/T2	TxD	串口 1 数据发送端
	T2	定时器/计数器 2 的外部输入
P3.2/INT0	INT0	外部中断 0,可以上升沿触发也可下降沿触发
P3.3/INT1	INT1	外部中断 1,可以上升沿触发也可下降沿触发
P3.4/T0/T1CLKO/ECI_3	T0	定时器/计数器 0 的外部输入
	T1CLKO	定时器/计数器 0 的时钟输出
	ECI_3	CCP、PCA 计数器的外部脉冲输入脚
P3.5/T1/T0CLKO/CCP0_3	T1	定时器/计数器 1 的外部输入
	T0CLKO	定时器/计数器 0 的时钟输出
	CCP0_3	外部信号捕获、高速脉冲输出、PWM 输出通道 0
P3.6/INT2/RxD_3/CCP1_3	INT2	外部中断 2,只能下降沿触发
	RxD_3	串行口 1 数据接收端
	CCP_3	外部信号捕获、高速脉冲输出、PWM 输出通道 1
P3.7/INT3/TxD_3/CCP2/CCP2_3	INT3	外部中断 2,只能下降沿触发
	TxD_3	串行口 1 数据发送端
	CCP2/CCP2_3	外部信号捕获、高速脉冲输出、PWM 输出通道 2

(5) P4 口。P4 口每一位可作为一般的 I/O 使用,且每一位均有第二复用功能。P4 口各位的复用功能如表 2-7 所示。

表 2-7 P4 口的复用功能

引 脚	说 明	
P4.0/MOSI_3	MOSI_3	SPI 接口的主出从入端
P4.1/MISO_3	MISO_3	SPI 接口的主入从出端
P4.2/WR	WR	外部存储器写脉冲
P4.3/SCLK_3	SCLK_3	SPI 同步串行口的时钟信号
P4.4/RD	RD	外部存储器读脉冲
P4.5/ALE	ALE	地址锁存信号
P4.6/RxD2_2	RxD2_2	串行口 2 数据接收端
P4.7/TxD2_2	TxD2_2	串行口 2 数据发送端

(6) P5 口。P5 口每一位可作为一般的 I/O 使用，且 P5.4 具有复用功能。P5.4 的复用功能如表 2-8 所示。

表 2-8　P5.4 口的复用功能

引　脚	说　明	
P5.4/RST/IRC_CLKO/SS_3	RST	复位脚
	IRC_CLKO	内部 RC 振荡输出，输出频率可为 IRC_CLK/1、IRC_CLK/2、IRC_CLK/4
	SS_3	SPI 同步接口的从机选择信号

2.4.2 STC15F2K60S2 系列单片机 I/O 口工作模式及配置方法

1. STC15F2K60S2 系列单片机 I/O 口工作模式

STC15F2K60S2 系列单片机所有 I/O 口均有 4 种工作模式，准双向口/弱上拉(标准 8051 输出模式)、推挽输出/强上拉、仅为输入(高阻)、开路输出模式。每个口均有两个控制寄存器相应位控制每个引脚的工作类型，STC15F2K60S2 系列单片机上电复位后为准双向口模式。

2. STC15F2K60S2 系列单片机 I/O 口工作模式的配置方法

每个口的工作模式由控制寄存器 PnM1 和 PnM0(n=0、1、2、3、4、5)相应位来控制。例如 P5M1.0 和 P5M0.0 用于设置 P5.0 的工作模式。具体设置关系如表 2-9 所示。

表 2-9　STC15F2K60S2 系列单片机 I/O 口工作模式的设置

控制信号		I/O 口工作模式
PnM1[7:0]	PnM0[7:0]	
0	0	准双向口(标准 8051I/O 工作模式)，灌电流为 20mA，拉电流仅为 270μA
0	1	推挽输出(强上拉输出，可达 20mA，需加限流电阻)
1	0	仅为输入(高阻)
1	1	开漏，内部上拉电阻断开，需外加上拉电阻

3. 引脚 P1.7、P1.6 的特别说明

STC15F2K60S2 单片机复位后所有 I/O 口都是准双向口模式，但 P1.7、P1.6 还可作为外部晶振 XTAL1 和 XTAL2 或时钟输入端使用，因此 P1.7/XTAL1、P1.6/XTAL2 引脚上电复位后的模式不一定是准双向模式，当 P1.7/XTAL1、P1.6/XTAL2 作为外部晶振或时钟输入端使用时，P1.7/XTAL1、P1.6/XTAL2 的模式是高阻输入。STC15F2K60S2 单片机复位后对 P1.7、P1.6 的工作模式做如下设置。

首先单片机在短时间(几十个时钟)内将 P1.7、P1.6 设置为高阻输入；

然后单片机会自动判断上次用户 ISP 编程时将 P1.7、P1.6 设置成普通 I/O 口还是 XTAL1、XTAL2。

如果上次 ISP 编程时将 P1.7、P1.6 设置为普通 I/O 口，则单片机上电复位后将 P1.7、

P1.6 设置为准双向口模式。如果上次 ISP 编程时将 P1.7、P1.6 设置为 XTAL1、XTAL2，则单片机上电复位后将 P1.7、P1.6 设置为高阻输入。

4. 引脚 P5.4 的特别说明

P5.4 可作为普通 I/O 口使用，也可作为复位脚。如果上次 ISP 编程时设置为普通 I/O 口，则上电复位后将模式设置为准双向口，如果上次 ISP 编程时设置为复位脚，则上电复位后还是复位脚。

2.4.3 STC15F2K60S2 系列单片机 I/O 口不同模式的结构图

1. 准双向口工作模式

准双向口工作模式下，I/O 口的电路结构如图 2-5 所示。

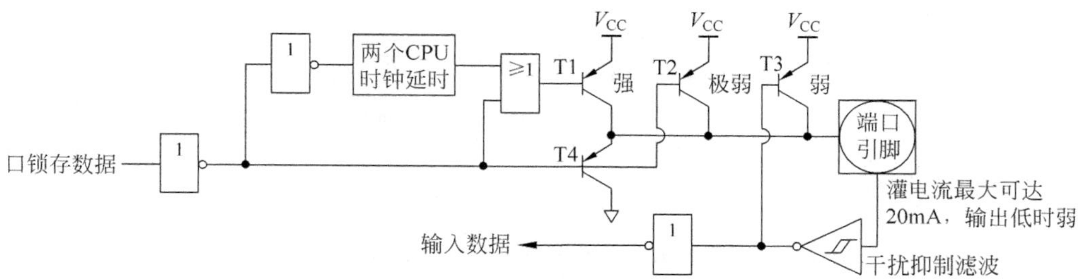

图 2-5　准双向口工作模式 I/O 口的电路结构

准双向口模式可用作输出或输入而无需重新配置口线输出状态。这是因为当口线输出为 1 时驱动能力很弱，允许外部装置将其拉低。当引脚输出为 0 时，驱动能力很强，可吸收大电流。准双向口有三个上拉晶体管适应不同的需要。

T3 晶体管称为“弱上拉”，当口线寄存器输出为 1 且引脚电平也为 1 时打开，此上拉提供基本驱动电流使准双向口输出为 1。当口线寄存器输出为 1 且引脚电平也为低时，T3 管关闭而 T2 管(极弱)维持开状态，为了把这个引脚强拉为低，外部设备必须有足够的灌电流能力使引脚上的电压降到门槛电压以下。

T2 晶体管称为“极弱上拉”，当口线寄存器输出为 1 时打开。当引脚悬空时，这个极弱的上拉源产生极弱的上拉电流使引脚为 1。

T1 晶体管称为“强上拉”。当口线寄存器从 0 跳变 1 时，T3 管加快准双向口由逻辑 0 向逻辑 1 转换，当发生这种情况时，强上拉打开大约两个时钟以使引脚能够迅速地上拉到高电平。

准双向口带有一个干扰抑制电路的施密特触发输入，在输入前先必须向口线寄存器写 1。使 T4 管截止，即高阻抗匹配输入。

2. 强推挽工作模式

强推挽工作模式下，I/O 口的电路结构如图 2-6 所示。

强推挽工作模式下，I/O 口输出的下拉结构、输入电路结构与准双向口模式是一致的，

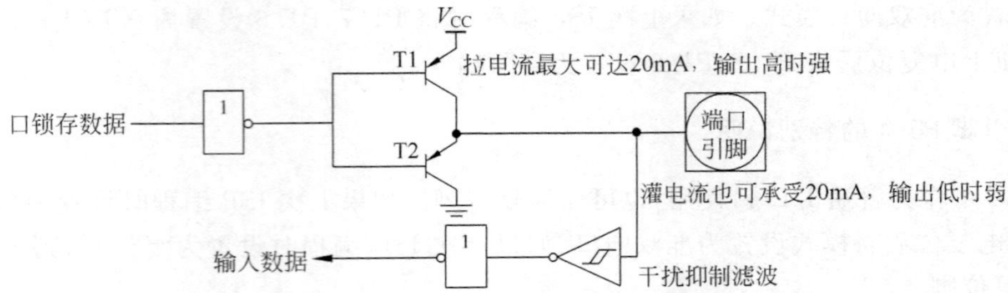

图 2-6 强推挽工作模式 I/O 口的电路结构

不同的是强推挽工作模式下 I/O 口的上拉是“强上拉”，如输出 1，则输出拉电流达 20mA，因此强推挽模式用于需要更大驱动电流的情况。

当然在输入前必须向口线寄存器写 1，使 T2 管截止，即进行高阻抗匹配输入。

3. 仅为输入模式

仅为输入工作模式下，I/O 口的电路结构如图 2-7 所示。

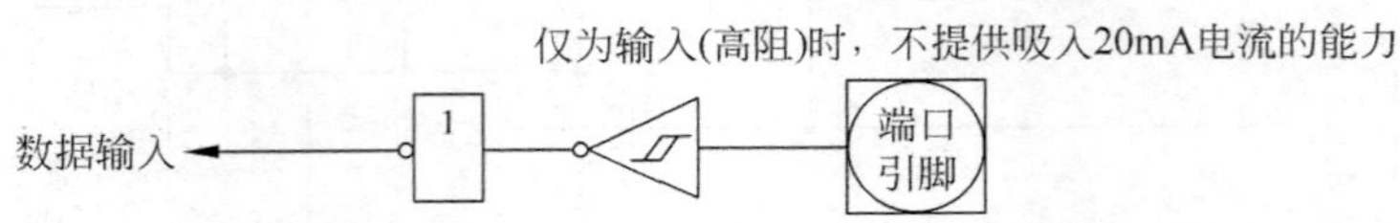

图 2-7 仅为输入工作模式 I/O 口的电路结构

输入口带有一个干扰抑制电路的施密特触发输入，在此模式下，可从引脚直接读入数据而无需先对口线寄存器写 1。

4. 开漏输出模式

开漏输出工作模式下，I/O 口的电路结构如图 2-8 所示。

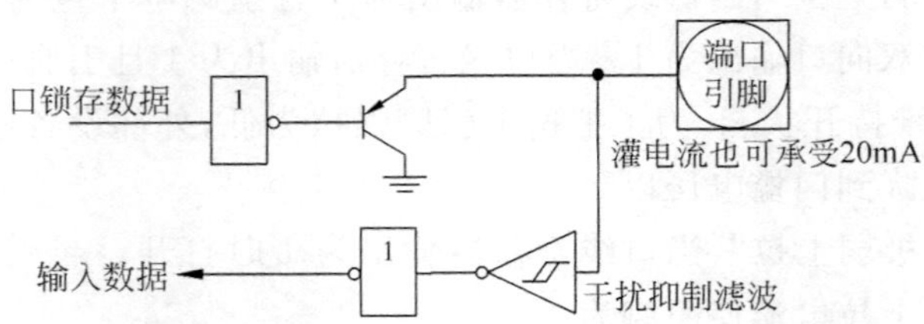

图 2-8 开漏输出工作模式 I/O 口的电路结构

在开漏输出模式下，必须外配上拉电阻，其下拉结构与准双向口一致。

在输入前需向口线寄存器写 1。

2.4.4 STC15F2K60S2 系列单片机 I/O 口使用注意事项

1. 配置外部上拉电阻

当 I/O 工作在开漏输出模式时必须配置上拉电阻。另外在准双向口、强推挽模式下内部有上拉场效应管，在实际使用时还是建议外配上拉电阻，阻值一般取 5.1kΩ 或 10kΩ。当外接设备是 SPI 或 IIC 等漏极开路时，必须外接上拉电阻。当外接器件是 NPN 晶体管时，基极串接多大电阻，I/O 口也应该接多大的上拉电阻，但如果将 I/O 口设置为强推挽模式就不用接上拉电阻。

2. 外部状态的读入

由于 1T 型单片机速度很快，软件执行由低变高的指令后立即读外部状态，此时实际输出还可能没有变高，从而读入的数据可能不对，正确的方法是在软件执行由低变高的指令后，加两个空操作指令，之后再读引脚状态。

3. 典型发光二极管控制电路

STC15F2K60S2 系列单片机 I/O 口能提供 20mA 的驱动电流，可直接驱动 LED，但必须加限流电阻，在使用时可用拉电流或灌电流方式，如图 2-9 所示。

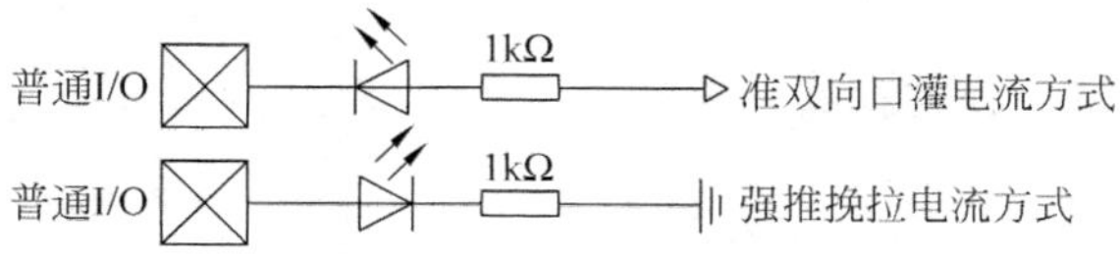

图 2-9 灌电流和拉电流驱动二极管

4. 典型三极管控制电路

如果用准双向口控制，建议加上拉电阻R1(3.3kΩ～10kΩ)，如果不加上拉电阻 R1，建议 R2 的阻值在 15kΩ 以上，或采用强推挽方式控制，如图 2-10 所示。

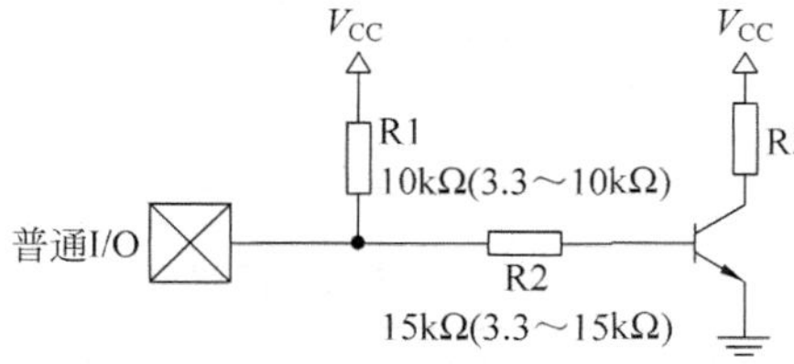

图 2-10 典型三极管驱动电路

5. 3V/5V 器件混合供电系统 I/O 互连

STC15F2K60S2 系列 5V 单片机连接 3.3V 器件时，为防止 3.3V 器件损坏，可将 5V 单片机 I/O 口先串一个 330Ω 限流电阻到 3.3V 器件 I/O 口，且把 5V 单片机的 I/O 配置成开漏输出模式，对应 I/O 口外部加 10kΩ 上拉电阻到 3.3V 器件的 V_{CC}，如图 2-11 所示，这样高电平是 3.3V，低电平是 0V，保证正常输入输出。

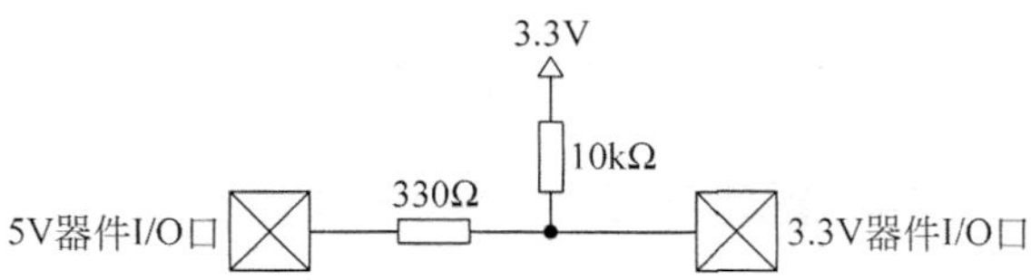

图 2-11 5V/3V 器件互连

2.5 STC15F2K60S2 系列单片机的时钟与复位

2.5.1 STC15F2K60S2 系列单片机时钟

1. 时钟源的选择

STC15F2K60S2 系列单片机有两个时钟源，内部 RC 振动器时钟和外部时钟，由 XTAL1 和 XTAL2 外接晶振产生时钟，或直接从 XTAL1 输入时钟，但也可以直接悬空 XTAL1 和 XTAL2，而直接利用内部高精度时钟，在 ISP 下载程序时进行时钟频率的配置，如图 2-12 所示。

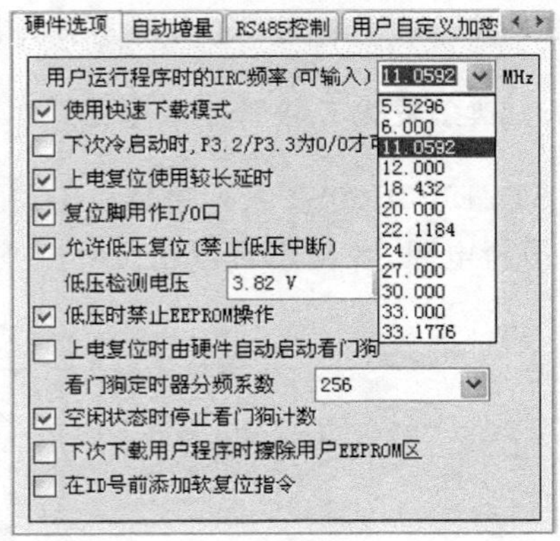

图 2-12 ISP 下载程序内部时钟频率配置

2. 内部时钟分频及分频寄存器

为了降低功耗，时钟源输出信号并没有直接供给 CPU 及内部各接口，而是经过一个可编程时钟分频器再供给 CPU 及内部接口的。这里将时钟源的输出信号的频率记为 f_{osc}，时钟分频器的各位定义如下：

CLK_DIV 97H	位号	B_7	B_6	B_5	B_4	B_3	B_2	B_1	B_0
	位名称	MCKO_S1	MCKO_S0	ADRJ	Tx_Rx	—	CLKS2	CLKS1	CLKS0

其中 CLKS2、CLKS1、CLKS0 用于系统时钟的设置，如表 2-10 所示。

表 2-10 系统时钟配置

CLKS2	CLKS1	CLKS0	系统时钟(供给 CPU、串口、SPI、定时器、CCP、A/D)
0	0	0	主时钟频率/1
0	0	1	主时钟频率/2
0	1	0	主时钟频率/4
0	1	1	主时钟频率/8
1	0	0	主时钟频率/16
1	0	1	主时钟频率/32
1	1	0	主时钟频率/64
1	1	1	主时钟频率/128

主时钟可以是内部 RC 时钟，也可以是外部晶振产生的时钟或外部直接输入的时钟。

2.5.2 STC15F2K60S2 系列单片机复位

能正确复位是单片机正常工作的基础，复位后单片机处于初始化状态，并从这个初始状态开始工作，复位分热启动复位和冷启动复位两种，如表 2-11 所示。

表 2-11　热启动复位和冷启动复位

复位种类	复　位　源	现　　象
热启动复位	内部看门狗复位	系统从用户程序区 0000H 处开始执行程序
	RESET 引脚产生的硬复位	系统从用户程序区 0000H 处开始执行程序
	通过读一 IAP_CONTR 寄存器送入 20H 产生的软复位	系统从用户程序区 0000H 处开始执行程序
	通过读一 IAP_CONTR 寄存器送入 60H 产生的软复位	从系统 ISP 监控程序区开始执行程序，如果检测不到合法的 ISP 下载命令流，则从用户程序区 0000H 处开始执行程序
冷启动复位	系统上电引起的硬复位	从系统 ISP 监控程序区开始执行程序，如果检测不到合法的 ISP 下载命令流，则从用户程序区 0000H 处开始执行程序

STC15F2K60S2 单片机有 6 种复位方式：RESET 引脚复位、软件复位、掉电/上电复位、内部低电压检测复位、MAX810 专用复位电路复位及看门狗复位。

1. RESET 引脚复位

如将 P5.4/RESET 引脚设置为复位引脚，则在该脚加一正脉冲，脉冲宽度至少 24 个系统时钟加 20μs，单片机进入复位状态，并从用户程序区 0000H 处开始执行程序。

2. 软件复位

有时因某种需求在系统运行过程中对单片机复位，STC15F2K60S2 单片机设置了控制寄存器 IAP_CONTR，用户通过控制 IAP_CONTR 寄存器的 SWBS/SWRST 两位，就可以实现复位。IAP_CONTR 各位的定义如下。

IAP_CONTR C7H	位号	B_7	B_6	B_5	B_4	B_3	B_2	B_1	B_0
	位名称	IAPEN	SWBS	SWRST	CMD_FAIL	—	WT2	WT1	WT0

SWRST 位决定软件复位是否产生，若 SWRST＝0，不产生软件复位；若 SWRST＝1，产生软件复位，且由硬件自动清零。

SWBS 位决定软件复位后从何位置运行程序。若 SWBS＝0，从用户应用程序区 0000H 开始运行程序；若 SWBS＝1，从系统 ISP 监控程序区开始执行程序，如果检测不到合法的 ISP 下载命令流，则从用户程序区 0000H 处开始执行程序。

软件复位是属于整体复位，当发生软件复位时所有特殊功能寄存器都复位到初始值，I/O 口也被初始化。

3. 掉电复位/上电复位

当电源电压 V_{CC} 低于掉电复位/上电复位检测门槛电压时，所有的逻辑电路都会复位。

当内部 V_{CC} 上升至上电复位检测门槛电压以上后，延迟 32 768 个时钟，掉电复位/上电复位结束。

4. MAX810 专用复位电路复位

STC15F2K60S2 单片机内部集成了 MAX810 专用复位电路。若 MAX810 专用复位电路在 STC-ISP 编程器中被允许，则掉电复位/上电复位后将再产生约 180ms 复位延时，复位才被解除。

5. 内部低电压检测复位

STC15F2K60S2 单片机集成有一组可靠的内部低电压检测机构，当电源电压 V_{CC} 低于内部低电压检测的门槛电压时，可产生复位（前提是在 STC-ISP 编程时，允许低电压检测复位，即将低电压检测门槛电压设置为复位门槛电压）。

STC15F2K60S2 单片机内置了 8 级可选的内部低电压检测门槛电压。表 2-12 列出了不同温度下 5V 单片机和 3.3V 单片机的低电压检测门槛电压。

表 2-12　不同温度下 STC15F2K60S2 单片机的低电压检测门槛电压　　单位：V

5V 单片机的低电压检测门槛电压			3.3V 单片机的低电压检测门槛电压		
−40℃	25℃	85℃	−40℃	25℃	85℃
4.74	4.64	4.60	3.11	3.08	3.09
4.41	4.32	4.27	2.85	2.82	2.83
4.14	4.05	4.00	2.63	2.61	2.61
3.90	3.82	3.77	2.44	2.42	2.43
3.69	3.61	3.56	2.29	2.26	2.26
3.51	3.43	3.38	2.14	2.12	2.12
3.36	3.28	3.23	2.01	2.00	2.00
3.21	3.14	3.09	1.90	1.89	1.89

如果用户使用的是 5V 单片机，用户可根据单片机的实际工作频率，在 STC-ISP 编程时选择表 2-12 中所列的低电压检测门槛电压作为复位门槛电压。例如，常温下工作频率在 20MHz 以上时，可选 4.32V 电压作为复位门槛电压；在 12MHz 以下时，可选 3.82V 电压作为复位门槛电压。复位门槛电压的选择如图 2-13 所示。

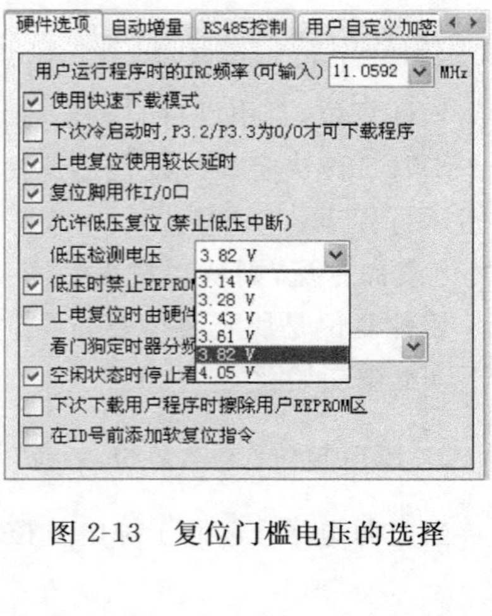

图 2-13　复位门槛电压的选择

对于 3.3V 单片机，常温下工作频率在 20MHz 以上时，可选 2.82V 作为复位门槛电压；在 12MHz 以下时，可选 2.42V 作为复位门槛电压。

如果在 STC-ISP 编程时，不将低电压检测设置为低电压检测复位，则用户可将低电压检测设置为低电压检测中断。当电源电压 V_{CC} 低于内部低电压检测

(LVD)门槛电压时，低电压检测中断请求标志位(LVDF/PCON.5)被硬件置位，此时如果低电压检测中断被允许(ELVD/IE.6=1)，则一定会产生低电压检测中断。

6. 看门狗复位

在高可靠性的系统中，为了防止程序跑飞，需要在系统中使用看门狗电路。其基本作用是监视 CPU 的工作，如果 CPU 在规定的时间内没有按要求喂狗，就认为 CPU 处于异常状态，看门狗就强迫 CPU 复位，使系统从银行程序区 0000H 处重新执行程序。在正常工作时，单片机定时向看门狗脉冲输入端输入脉冲(脉冲宽度不超出看门狗电路的溢出时间即可)，俗称喂狗。

STC15F2K60S2 单片机集成了看门狗定时器(Watch Dog Timer，WDT)，是单片机系统的设计更加方便、简洁。通过设置 WDT 控制寄存器 WDT_CONTR 来使用看门狗。WDT_CONTR 寄存器的各位定义如下：

WDT_CONTR C1H	位号	B_7	B_6	B_5	B_4	B_3	B_2	B_1	B_0
	位名称	WDT_FLAG	—	EN_WDT	CLR_WDT	IDLE_WDT	PS2	PS1	PS0

其中，

WDT_FLAG 是看门狗溢出标志位，溢出时该位被硬件置位，可用软件将其清零。

EN_WDT 是看门狗允许位，当其设为 1 时启动看门狗。

CLR_WDT 是看门狗清“零”位，当期设为 1 时，看门狗将最新计数，硬件将其自动清零。

IDLE_WDT 是看门狗“IDLE”模式(空闲模式)位，当其设为 1 时，WDT 在“空闲模式”计数，当其设为 0 时，WDT 在“空闲模式”不计数。

PS2、PS1、PS0 是 WDT 预分频系数控制位。常见的预分频系数和对应溢出时间如表 2-13 所示。

表 2-13　不同频率下 WDT 的预分频和溢出时间

PS2	PS1	PS0	预分频系数	WDT 溢出时间 20MHz	WDT 溢出时间 12MHz	WDT 溢出时间 11.0592MHz
0	0	0	2	39.3ms	65.5ms	71.1ms
0	0	1	4	78.6ms	131.0ms	142.2ms
0	1	0	8	157.3ms	262.1ms	284.4ms
0	1	1	16	314.6ms	524.2ms	568.8ms
1	0	0	32	629.1ms	1.0485s	1.1377s
1	0	1	64	1.25ms	2.0971s	2.2755s
1	1	0	128	2.5ms	4.1943s	4.5511s
1	1	1	256	5s	8.3886s	9.1022s

WDT 溢出时间的计算方法为：

WDT 的溢出时间=(12×预分频系数×32 768)/时钟频率

使用 STC-ISP 编程时，可以对看门狗进行相关设置，如图 2-14 所示。

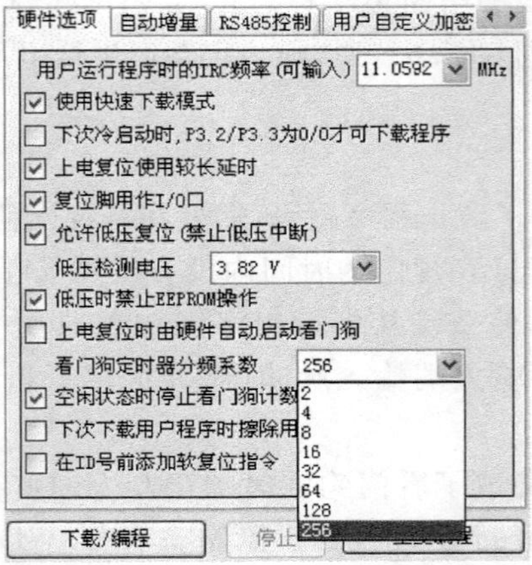

图 2-14　看门狗设置

2.5.3 STC15F2K60S2 系列单片机省电方式

STC15F2K60S2 单片机可以运行三种省电模式以降低功耗，分别是低速模式、空闲模式和掉电模式。在正常工作模式下，STC15F2K60S2 单片机的功耗在 2.7～7mA，空闲模式下功耗大约为 1.8mA，在掉电模式下功耗＜0.1μA。

1. 空闲模式及唤醒方法

空闲模式和掉电模式的进入受电源控制寄存器 PCON 的相应位控制。PCON 寄存器的各位定义如下。

PCON 87H	位号	B_7	B_6	B_5	B_4	B_3	B_2	B_1	B_0	复位值
	位名称	SMOD	SMOD0	LVDF	POF	GF1	GF0	PD	IDL	30H

IDL 为空闲模式控制位，当 IDL＝1 时，单片机进入空闲模式。在空闲模式下除 CPU 停止工作外，其余部件仍正常工作。

当任意一个中断产生或引脚复位发生时，均会将单片机从空闲模式唤醒，如果是中断产生而唤醒单片机，CPU 将继续执行进入空闲模式指令的下一条指令。如果是引脚复位唤醒单片机，则单片机从用户程序区的 0000H 处执行程序。

2. 掉电模式及唤醒方法

PD 为掉电模式控制位，当 PD＝1 时，单片机进入掉电模式。在掉电模式下内部时钟停振，CPU、定时器、看门狗、A/D、串口全部停止工作，只有外表中断继续工作。

进入掉电模式的单片机可通过外部中断唤醒。唤醒资源有 INT0/P3.2、INT1/P3.3、INT2/P3.6、INT3/P3.7、INT4/P3.0、CCP0/CCP1/CCP2、RxD/RxD2 及掉电唤醒专用定时器。单片机从掉电模式唤醒后，CPU 将继续执行进入掉电模式指令的下一条指令。

掉电唤醒专用定时器由 WKTCL 和 WKTCH 两个特殊功能的寄存器进行控制。

WKTCL 和 WKTCH 寄存器的定义如下：

WKTCL AAH	位号	B_7	B_6	B_5	B_4	B_3	B_2	B_1	B_0	复位值
										00H

WKTCH ABH	位号	B_7	B_6	B_5	B_4	B_3	B_2	B_1	B_0	复位值
	位名称	WKTEN								00H

WKTEN 为掉电唤醒专用定时器的使能控制位。

当 WKTEN＝0 时，禁止掉电唤醒专用定时器工作；当 WKTEN＝1 时，允许掉电唤醒专用定时器工作。

掉电唤醒专用定时器是一个 15 位的定时器（WKTCH[6:0]，WKTCL[7:0]），通过软件将 WKTEN 位置 1，允许掉电唤醒专用定时器工作后，当单片机一旦进入掉电模式，掉电唤醒专用定时器开始计数，直到计数值与 WKTCH[6:0]，WKTCL[7:0]所设定的值相等后就启动系统振荡器，并经 4096 个时钟后将时钟信号供给 CPU，单片机从上次掉电的地方继续往下执行。

【例 2-1】 利用外部中断 0 和外部中断 1 将单片机从掉电模式唤醒。

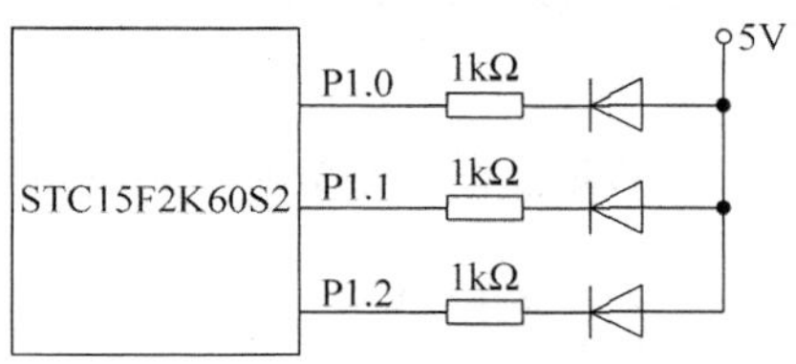

P1.0 对应灯为正常工作指示灯，正常工作时闪烁，进入掉电模式时熄灭，P1.1 对应灯为 INT0 唤醒指示灯，当 INT0 唤醒时点亮，P1.2 对应灯为 INT1 唤醒指示灯，当 INT1 唤醒时点亮。

C 语言程序如下。

```
#include "stc15.h"
sbit normal_led = P1 ^0;            //正常工作指示灯
sbit wakeint0_led = P1 ^1;          //在掉电模式下且通过外部中断 0 唤醒该灯亮，退出中断时熄灭
sbit wakeint1_led = P1 ^2;          //在掉电模式下且通过外部中断 1 唤醒该灯亮，退出中断时熄灭
unsigned char power_down = 0;       //掉电模式标志，正常模式为 0，掉电模式为 1
void delay(void)
{
    unsigned int i,j;
    for(i = 0;i < 5;i++)
      for(j = 0;j < 10000;j++);
}
void main(void)
{
IT0 = 1;
IT1 = 1;
EX0 = 1;
```

```
EX1 = 1;
EA = 1;
While(1)
   {
   …                                        //正常工作任务
   for(i = 0;i <= 3;i++)
     {
      normal_led = 0;
      delay();
      normal_led = 1;
      delay();
     }
   power_down = 1;                          //进入掉电模式标志置 1
   PCON = 0x02;                             //进入掉电模式
   _nop_();                                 //唤醒后先执行该语句,之后进入中断服务程序
   _nop_();
   }
}
void INT0_ISR(void) interrupt 0
{
  if(power_down)
   {
     wakeint0_led = 0;                      //点亮 int0 唤醒灯
     power_down = 0;
     delay();
     wakeint0_led = 1;                      //熄灭 int0 唤醒灯
   }
…                                           //正常工作任务
}
void INT1_ISR(void) interrupt 1
{
  if(power_down)
   {
     Wakeint1_led = 0;                      //点亮 int1 唤醒灯
     power_down = 0;
     delay();
     wakeint0_led = 1;                      //熄灭 int0 唤醒灯
   }
…                                           //正常工作任务
}
```

汇编语言程序如下。

```
$INCLUDE (STC15.INC)
    ORG 0000H
    LJMP START
    ORG 0003H
    LJMP INT0_ISR
    ORG 0013H
    LJMP INT1_ISR
    ORG 100H
START:
```

```
    MOV SP, #70H
    SETB IT0
    SETB IT1
    MOV IE, #10000101B
     …                          ;正常工作任务
WAKEUP:MOV R4, #4
LOOP:CLR P1.0
    LCALL DELAY
    SETB P1.0
    LCALL DELAY
    DJNZ R4,LOOP
    SETB 20H                    ;掉电模式标志
    MOV PCON, #02H
LOOP1:CJNE R3, #0,WAKEUP
    SJMP LOOP1

INT0_ISR:
    JBC 20H,WAKEINT0
    JMP NORMAL0
WAKEINT0:
    CLR P1.1
    LCALL DELAY
    SETB P1.1
NORMAL0:
     …                          ;正常任务
    RETI
INT1_ISR:
    JBC 20H,WAKEINT1
    JMP NORMAL1
WAKEINT1
    CLR P1.2
    LCALL DELAY
    SETB P1.2
NORMAL1:
     …                          ;正常任务
    RETI
DELAY:
    MOV R0, #100
DEL3:MOV R1, #200
DEL2:DEMOV R2, #126
DEL1:DJNZ R2,DEL1
    DJNZ R1,DEL2
    DJNZ R0,DEL3
    RET
    END
```

习题

(1) 叙述 STC15F2K60S2 单片机的存储器组织结构及各空间的特征。

(2) 叙述 STC15F2K60S2 单片机的 I/O 口不同工作模式的结构特征及配置方法。

第3章 指令系统与汇编语言程序设计

3.1 指令与程序设计语言

3.1.1 指令

指令是让计算机完成某种指定操作的命令。

一台计算机所能执行的全部指令的集合称为这个计算机的指令系统。一台计算机性能的高低在很大程度上取决于它的指令系统功能的强弱。

程序是为解决某一问题让 CPU 按顺序执行的一条条指令序列。

3.1.2 程序设计语言

计算机程序设计语言有机器语言、汇编语言和高级语言三种。

机器语言用二进制编码表示每条指令，是计算机能直接识别和执行的语言，是 CPU 唯一能够直接识别和执行的语言。

例如，把数据 10 放到累加器 A 中，其机器指令为：

```
01110100   00001010
```

机器语言的缺点是不直观、难以记忆和理解，因此普通用户很难使用机器语言直接编写程序。

汇编语言是用助记符、符号和数字来表示指令的程序设计语言，相对容易理解和记忆，每一条汇编指令与一条机器指令一一对应。当然用汇编语言编写的源程序是不能被 CPU 直接识别和执行的，必须通过汇编程序汇编以后才能执行。

把数据 10 放到累加器 A 中，可用如下汇编语言编写为：

```
MOV   A,#10
```

可见汇编语言比机器语言容易理解和记忆。尽管如此，汇编语言仍属于低级语言，存在着机器语言的某些缺点，首先，汇编语言与 CPU 的硬件结构紧密相关，不同的 CPU 其汇编语言是不同的，从而使用汇编语言编写的程序不具备可移植性；其次，用汇编语言进行程序设计，必须了解机器的硬件结构和性能，对程序设计者有很高的要求。

3.1.3 指令格式

STC15F2K60S2 系列单片机汇编语言指令由指令操作码助记符字段和操作数字段组

成。指令格式如下：

```
ADD A,#10
```

操作码部分指定指令所完成的功能，例如 MOV、ADD、SUB、AND、JB、LCALL 等。

操作数部分指出参加操作的数据来源及结果存放的目的单元。操作数可以以立即数的形式在指令中直接给出，也可以给出操作数所在的寄存器或存储单元地址。例如：

```
MOV  A,20H
```

这条指令中源操作数在片内数据存储器 20H 单元中，执行时从该单元读出数据传送到累加器 A 中。

每条指令都对应一组二进制编码，由若干个字节组成，不同的指令其字节长度不同，在 STC15F2K60S2 系列单片机中有单字节、双字节及三字节指令。

1. 单字节指令

单字节指令中的 8 位二进制编码既包括操作码也同时包括操作数信息。例如，对数据指针 DPTR 加 1 指令“INC DPTR”，其指令编码为 A3H。

STC15F2K60S2 单片机指令系统中单字节指令有 49 条。

2. 双字节指令

双字节指令编码由两个字节组成，其中第一个字节表示操作码，第二个字节表示操作数或操作数所在的地址。例如，指令 MOV A,#10，其指令编码为 74H,0AH。

STC15F2K60S2 单片机指令系统中单字节指令有 45 条。

3. 三字节指令

三字节指令编码由三个字节组成，其中第一个字节表示操作码，另外两个字节表示操作数或操作数地址。例如，指令 MOV DPTR,1000H，其指令编码为 90H,10H,00H。

10010000
00010000
00000000

3.2 STC15F2K60S2 系列单片机寻址方式

寻址方式描述指令运行时其数据来源和结果的去向问题，不同的指令其数据来源和去向不同，操作数可以直接给出，也可以是操作数所在寄存器或存储器的地址，指令中寻找操作数的方式称为寻址方式。在 STC15F2K60S2 系列单片机的寻址方式有立即数寻址、直接寻址、寄存器寻址、寄存器间接寻址、变址寻址、相对寻址及位寻址。

3.2.1 STC15F2K60S2 单片机的 7 种寻址方式

1. 立即数寻址

在指令操作数中直接给出参加运算的操作数，这种寻址方式称为立即数寻址方式。例如：

```
MOV  A,#10H              ;将立即数 10H 传送给累加器 A
```

在汇编语言中，使用立即数寻址的标志是在数据前面加一个“#”符号。

这条指令的机器码占两个字节，即 74H，10H。可见参加运算的操作数作为指令的一部分在指令中直接给出。

01110100	操作码
10000000	操作数

2. 寄存器寻址

指令指定寄存器的内容就是操作数，其寄存器可以是 Rn(n=0～7)中的某一个或其他寄存器(A，B，DPTR 等)。例如：

```
MOV  A,R0
```

在指令码中给出的是一个寄存器编号，在此寄存器中存放着真正被操作的数据对象，寄存器的编号由指令操作码的最低三位指定，其对应关系如表 3-1 所示。

表 3-1 指令操作码与寄存器 Rn 的对应关系

操作码低 3 位 rrr	000	001	010	011	100	101	110	111
寄存器 Rn	R0	R1	R2	R3	R4	R5	R6	R7

指令 MOV A,Rn 是一条单字节指令，指令功能是将寄存器 Rn 的内容传递给累加器 A。设 A 的原内容是 5，R0 的内容是 8，该指令运行后 A 的内容变为 8。其运行过程如图 3-1 所示。

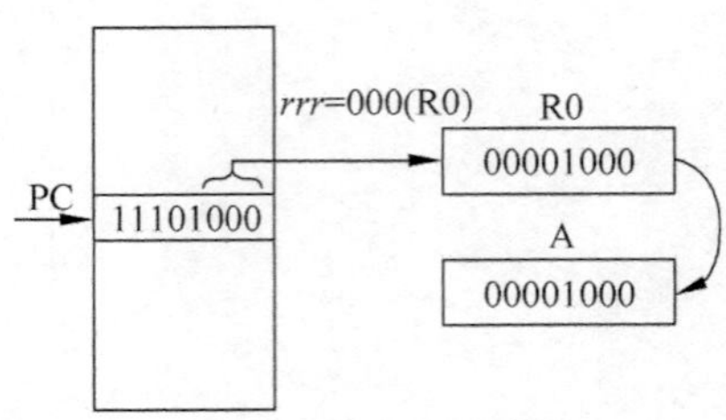

图 3-1 寄存器寻址方式

3. 直接寻址

指令中直接给出操作数所在存储单元的地址。即这个存储单元中存放着被操作的操作数据。例如：

```
MOV  A,30H
```

这是一条双字节指令，指令功能是将片内数据存储器 RAM 30H 单元的内容传送给 A。设(30H)=10H，则指令运行后 A=10H。该指令的运行过程如图 3-2 所示。

4．寄存器间接寻址

寄存器间接寻址就是以寄存器的内容作为地址访问存储单元，该单元的内容才是被操作的数据对象。在 STC15F2K60S2 中规定 Ri（i=0 或 1）或 DPTR 作为间接寻址寄存器，用 Ri 可以间接访问片内 RAM 低 128B 或扩展 RAM 的低 256B，用数据指针 DPTR 可以间接访问扩展 RAM 的 64KB 空间。例如：

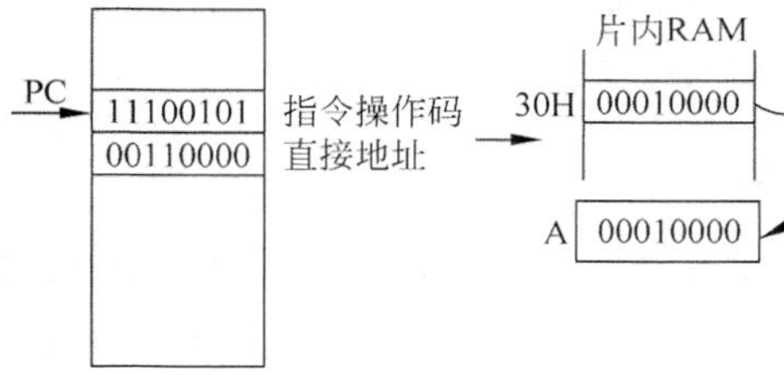

图 3-2　直接寻址方式

```
MOV     A,@R0               ；将以寄存器 R0 的内容为地址的片内 RAM 单元的数据传送给 A
MOVX    @DPTR,A             ；将 A 的内容传送到扩展 RAM，地址为 DPTR 的内容
```

在汇编语言中，使用间接寻址的标志是在寄存器前面加一个“@”符号，以区别于寄存器寻址。

设寄存器 R0 的内容为 20H，片内 RAM 20H 单元的内容为 30H，则执行 MOV A,@R0 指令后 A 的内容为 30H。该指令的执行过程如图 3-3 所示。

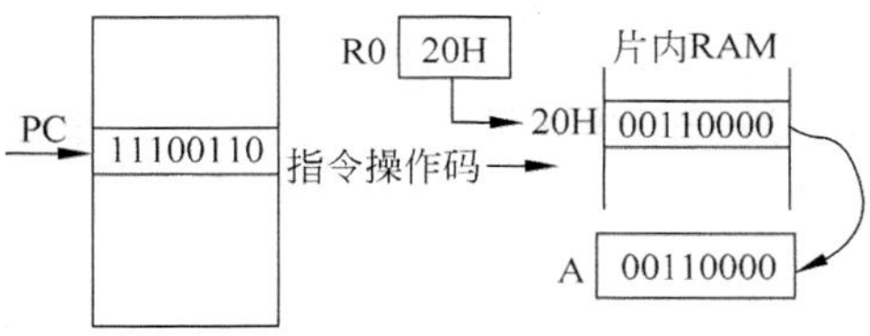

图 3-3　寄存器间接寻址方式

5．变址寻址

变址寻址就是以一个基址寄存器内容与一个偏移量相加作为存储单元的地址，该存储单元的内容才是真正被操作的数据对象。在变址寻址中偏移量由累加器(A)提供，基址由数据指针 DPTR 或程序计数器 PC 提供。例如：

```
0100H  MOV  A,#7
0102H  MOVC A,@A+PC
  ⋮
010AH TABLE:DB 2,3
```

当执行指令 MOVC A,@A+PC 时，A=7，PC=0103H，A+PC=010AH，因此该指令执行的功能是把程序存储器中地址为 010AH 单元的数据传送给 A，该指令执行后 A 的内容为 2。该指令的执行过程如图 3-4 所示。

上述功能也可用以下程序段完成。

```
MOV DPTR,#TABLE
MOV A,#0
MOVC A,@A+DPTR
  ⋮
TABLE:DB 2,3
```

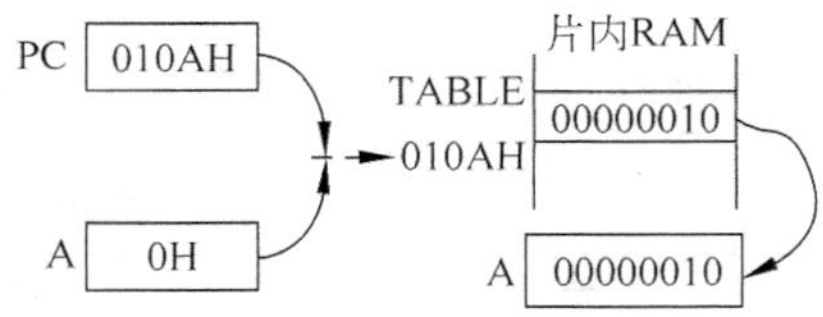

图 3-4　变址寻址方式

在查表操作中，DPTR 一般指向数据表的起始地址，在此把数据表的起始地址 TABLE 赋给指针 DPTR；而偏移量是待访问数据所在位置相对于数据表起始地址的偏移，在此访问的数据“2”所处位置刚好是数据表中的第一个，因此偏移为 0，所以 A 应赋值为 0，在执行完 MOVC A,@A+DPTR 指令后，A 的内容为 2。

变址寻址指令适合于访问固化在程序存储器中的数据表格，以完成软件译码等不同码制数据间的转换功能。

6. 相对寻址

相对寻址主要针对程序转移。指令执行后转移到的目标地址为当前程序计数器 PC 和指令给定的偏移量之和。这里所说的当前 PC 值是执行完相对转移指令后的 PC 值。一般将相对转移指令所在的地址称为源地址，转移后的地址称为目标地址。因此有：

目标地址＝源地址＋转移指令字节数＋rel

设在地址为 100H 处存放指令 JC rel，rel＝10H，CY＝1，这是一条双字节指令，并且 CY＝1，所以该指令执行后程序转移到 100H＋2＋10H＝112H 地址处执行。执行过程如图 3-5 所示。

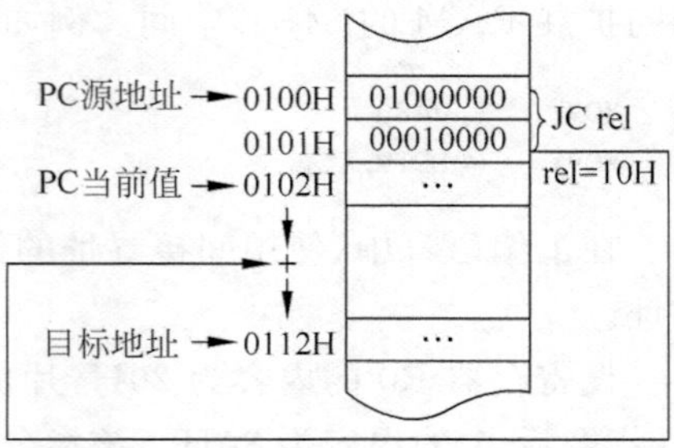

图 3-5　相对寻址

7. 位寻址

位寻址指令直接操作 8 位二进制数中的某一位，在指令中给出的是位地址。在 STC15F2K60S2 中两个区域具有位地址。一个区域是分布在片内 RAM 中 20H～2FH 的 16 个存储单元，共计 128 位；另一个区域是字节地址能被 8 整除的特殊功能寄存器。位地址中指令中用 bit 表示。例如：

```
SETB bit
```

指令功能是将该位置 1。

在汇编语言中，位地址一般用以下三种表示方式。

- 直接使用位地址。如 CLR 20H。
- 对于特殊功能寄存器的某一位，可直接用特殊功能寄存器名加位号表示。如 SETB IE.7。
- 也可直接用位名表示。如 SETB EA。

3.2.2 寻址空间及符合约定

1. 寻址空间

7 种寻址方式涉及不同的寻址空间，表 3-2 概括了不同寻址方式可涉及的寻址空间。

表 3-2　寻址方式与涉及的寻址空间

寻 址 方 式	操作数寻址空间	指 令 示 例
立即数寻址	程序存储器	MOV R0，#200
寄存器寻址	R0～R7，A，B，DPTR	MOV A，R1
直接寻址	片内数据存储器	MOV A，20H
寄存器间接寻址	片内 RAM 的低 128B 及扩展存储器	MOVX A，@DPTR
变址寻址	程序存储器	MOVC A，@A＋DPTR
相对寻址	程序存储器	SJMP 20H
位寻址	位寻址区	SETB 20H

2. 符号约定

在描述指令系统时，经常使用一些符号，各符号及意义如表 3-3 所示。

表 3-3 指令系统中常用符号释义

符 号	释 义
Rn	工作寄存器 R0～R7
Ri	可进行寄存器间接寻址的寄存器 R0 或 R1
#data	8 位立即数
#data16	16 位立即数
direct	片内 RAM 的 8 位地址
addr11	11 位目标地址
addr16	16 位目标地址
rel	补码形式的 8 位偏移量
bit	位地址
/	在位操作中，表示对该位进行取反再操作，但不影响该位原值
∧	表示逻辑与操作
∨	表示逻辑或操作
⊕	表示逻辑异或操作
(x)	表示 x 中的内容
((x))	表示由 x 指定存储单元的内容
→	数据传送方向

3.3 STC15F2K60S2 系列单片机指令系统

STC15F2K60S2 单片机共有 111 条指令，与传统 8051 单片机指令系统完全兼容，但运行速度大幅提升，在 111 条指令中，其中，1 个时钟可执行完成的指令有 22 条；2 个时钟可执行完成的指令有 37 条；3 个时钟可执行完成的指令有 31 条；4 个时钟可执行完成的指令有 12 条；5 个时钟可执行完成的指令有 8 条；6 个时钟可执行完成的指令有 1 条。从指令长度看单字节指令有 49 条、双字节指令有 45 条和三字节指令有 17 条。

STC15F2K60S2 单片机指令按功能分为 5 类。

- 数据传送类指令(28 条)；
- 算术运算类指令(24 条)；
- 逻辑运算和移位类指令(25 条)；
- 控制转移类指令条(17 条)；
- 位操作指令(17 条)。

3.3.1 数据传送类指令

数据传送类指令是最基本、也是使用最频繁的一类指令，主要用来给单片机内、外部资源赋值等操作。

1. 以累加器 A 为目标操作数的传送类指令

具体如表 3-4 所示。

表 3-4 以累加器 A 为目标操作数的传送类指令

汇编指令格式	机器码格式	操　　作	指令长度/B	执行速度/时钟
MOV A,#data	01110100 #data	data→A	2	2
MOV A,Rn	11101rrr	Rn→A	1	1
MOV A,@Ri	1110011r	(Ri)→A	1	2
MOV A,direct	11100101 direct	(direct)→A	2	2

例如，

设 R0=10H,R1=30H,(20H)=30H,(30H)=40H,执行以下各指令后 A 的内容为：

```
MOV    A,#20H            ;A = 20H
MOV    A,R0              ;A = 10H
MOV    A,@R1             ;A = 40H
MOV    A,20H             ;A = 30H
```

上述指令执行后只影响程序状态 PSW 的 P 标志位。

2. 以寄存器 Rn 为目标操作数的传送类指令

具体如表 3-5 所示。

表 3-5 以寄存器 Rn 为目标操作数的传送类指令

汇编指令格式	机器码格式	操　　作	指令长度/B	执行速度/时钟
MOV Rn,#data	01111rrr #data	data→Rn	2	2
MOV Rn,A	11111rrr	A→Rn	1	1
MOV Rn,direct	10101rrr direct	(direct)→Rn	2	3

例如，

设 A=30H,(20H)=30H，执行以下各指令后 Rn 的内容为：

```
MOV    R2,#20H           ;R2 = 20H
MOV    R1,A              ;R1 = 30H
MOV    R0,20H            ;R0 = 30H
```

3. 以间接地址@Ri 为目标操作数的传送类指令

具体如表 3-6 所示。

表 3-6 以间接地址@Ri 为目标操作数的传送类指令

汇编指令格式	机器码格式	操 作	指令长度/B	执行速度/时钟
MOV @Ri,#data	0111011r #data	data→Ri	2	2
MOV @Ri,A	1111011r	A→Ri	1	2
MOV @Ri,direct	1010011r direct	(direct)→Ri	2	3

例如，

设 A=30H，R0=30H，R1=40H，(20H)=30H，执行以下各指令后 R*n* 的内容为：

```
MOV    @R0,#20H          ;(30H) = 20H
MOV    @R1,A             ;(40H) = 30H
MOV    @R0,20H           ;(30H) = 30H
```

4. 以直接地址 direct 为目标操作数的传送类指令

具体如表 3-7 所示。

表 3-7 以直接地址 direct 为目标操作数的传送类指令

汇编指令格式	机器码格式	操 作	指令长度/B	执行速度/时钟
MOV direct,#data	01110100 direct #data	data→(direct)	3	3
MOV direct,Rn	10001rrr direct	Rn→(direct)	2	2
MOV direct,@Ri	1000011r direct	(Ri)→(direct)	2	3
MOV direct,A	11110101 direct	A→(direct)	2	2
MOV direct,direct	10000101 源 direct 目的 direct	(direct)→(direct)	3	3

例如，设 A=10H，R0=25H，R2=5，(25H)=10，执行以下各指令后对应存储单元的内容为：

```
MOV    20H,#20H          ;(20H) = 20H
MOV    30H,R2            ;(30H) = 25H
MOV    40H,@R0           ;(40H) = 10
MOV    50H,A             ;(50H) = 10H
MOV    60H,50H           ;(60H) = 10H
```

用 MOV 指令访问的是片内数据存储器，其操作功能如图 3-6 所示。

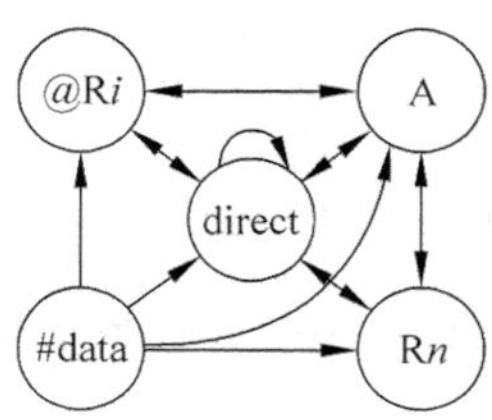

图 3-6 MOV 指令访问片内数据存储器的操作功能

5. 以 DPTR 为目标操作数的传送类指令

具体如表 3-8 所示。

表 3-8 以 DPTR 为目标操作数的传送类指令

汇编指令格式	机器码格式	操　　作	指令长度/B	执行速度/时钟
MOV DPTR, #data16	10010000	data16→(DPTR)	3	3
	高 8 位	高 8 位→DPH		
	低 8 位	低 8 位→DPL		

该指令是唯一一条 16 位立即数传送指令，其功能是把 16 位的立即数 data16 传送给寄存器 DPTR，其实 DPTR 由两个特殊功能寄存器 DPH、DPL 组成，该指令执行后，16 位立即数的高 8 位传送给 DPH，低 8 位传送给 DPL。例如：

```
MOV   DPTR, #1234H
```

指令执行后 DPTR＝1234H，DPH＝12H，DPL＝34H。

6. 查表指令

具体如表 3-9 所示。

表 3-9 查表指令

汇编指令格式	机器码格式	操　　作	指令长度/B	执行速度/时钟
MOVC A, @A+DPTR	10010011	(A+DPTR)→A	1	5
MOVC A, @A+PC	10000011	PC+1→PC (A+PC)→A	1	4

MOVC 指令访问程序存储器，常用于数据查表。由于 PC 内容不能随意改动，只能查找相对当前 PC 指针后 256B 范围内的数据，因此称为近程查表。而 DPTR 的内容可以灵活改变，所以查表范围可达整个程序存储器的 64KB 空间，因此称为远程查表。例如，以下代码可实现 BCD 码译为七段码。

```
MOV     A,R0                        ;R0 存放的是待译码的 BCD 码
MOV     DPTR, #TABLE
MOVC    A,@A + DPTR
 ⋮
TABLE:DB 3FH,06H,5BH,4FH,66H,6DH,7DH,07H,7FH,6FH
```

7. 扩展 RAM 与累加器 A 之间的传送指令

具体如表 3-10 所示。

STC15F2K60S2 单片机内部集成有扩展 RAM，但还可以外部扩展 64KB 的外部数据存储器，但两者不能同时使用，可通过辅助寄存器 AUXR 的 EXTRAM/AUXR.1 位来选择使用，当 EXTRAM＝1 时存取外部数据存储器；当 EXTRAM＝0 时存取内部扩展 RAM，

当地址超出 700H 后总是访问外部数据存储器(包括 700H)。

表 3-10 扩展 RAM 与累加器 A 之间的传送指令

汇编指令格式	机器码格式	操 作	指令长度/B	执行速度/时钟
MOVX A,@Ri	1110001r	(Ri)→A	1	3 或 5×N+2
MOVX @Ri,A	1111001r	A→(Ri)	1	4 或 5×N+3
MOVX A,@DPTR	11100000	(DPTR)→A	1	2 或 5×N+1
MOVX @DPTR,A	11110000	A→(DPTR)	1	3 或 5×N+2

当访问片内扩展 RAM 时上述指令运行速度分别为 3、4、2、3 个时钟，当访问片外数据存储器时上述指令运行速度分别为 5×N+2、5×N+3、5×N+1、5×N+2 个时钟。其中 N 由特殊功能寄存器 BUS_SPEED 的 EXRTS[1:0]决定。

当 EXRTS[1:0]=00 时，N=1；

当 EXRTS[1:0]=01 时，N=2；

当 EXRTS[1:0]=10 时，N=4；

当 EXRTS[1:0]=11 时，N=8。

例如：

扩展 RAM(100H)=20H，则执行

```
MOV     DPTR, #100H
MOVX    A,@DPTR                     ;指令执行后 A = 20H
```

8. 栈操作指令

在子程序或中断服务程序调用时必须要保存返回地址、现场保护等操作，目的在于返回主程序并正确执行，这种操作主要应用的是堆栈技术。堆栈其实是在片内 RAM 中开辟的一段存储区域，类似一个桶结构，一端密封，一端开口，开口端称为栈顶，有一个专门寄存器 SP 始终指向栈顶，即 SP 的内容就是栈顶的地址，在 STC15F2K60S2 单片机中堆栈是向上生长的，即压入新数据时栈顶指针是向高地址移动的。其操作方法是后进先出规则(LIFO)，即最后压入堆栈的数据先弹出。在汇编指令中用 PUSH 将寄存器的值压入堆栈(保护)，用 POP 将数据从堆栈弹出(恢复)，且指令 PUSH 和 POP 只能直接寻址。堆栈操作指令如表 3-11 所示。

表 3-11 堆栈操作指令

汇编指令格式	机器码格式	操 作	指令长度/B	执行速度/时钟
PUSH direct	11100000 direct	先 SP+1→SP 后(direct) →(SP)	2	3
POP direct	11010000 direct	先(SP) →(direct) 后 SP−1→SP	2	2

例如：

```
PUSH    ACC                         ;保护累加器 A 的内容
PUSH    PSW                         ;保护标志寄存器 PSW 的内容
```

```
PUSH    00H                  ;保护规则寄存器 R0 的内容
⋮
                             ;执行相关程序
POP     00H                  ;恢复寄存器 R0 的内容
POP     PSW                  ;恢复标志寄存器 PSW 的内容
POP     ACC                  ;恢复累加器 A 的内容
```

9. 数据交换指令

具体如表 3-12 所示。

表 3-12　数据交换指令

汇编指令格式	机器码格式	操　作	指令长度/B	执行速度/时钟
XCH A,Rn	11001rrr	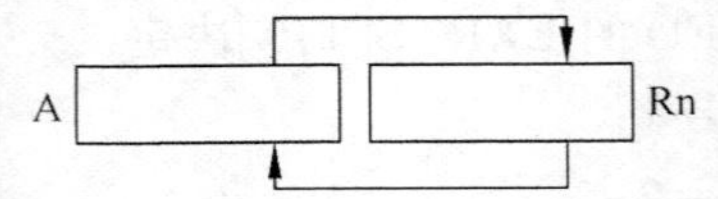	1	2
XCH A,direct	11000101 direct	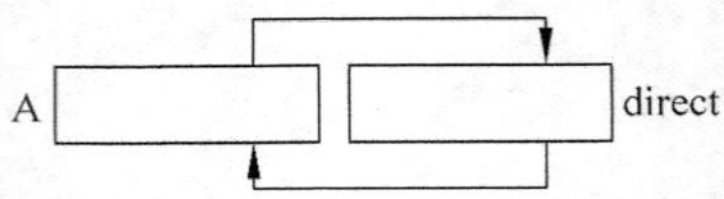	2	3
XCH A,@Ri	1100011r	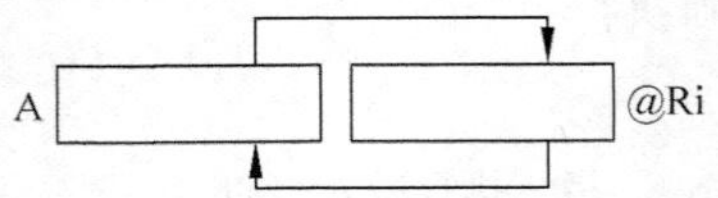	1	3
XCHD A,@Ri	1101011r	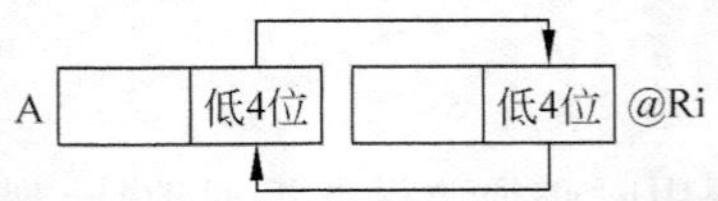	1	3

例如 A＝80H，R1＝20H，R7＝08H，R0＝30H，(40H)＝F0H，(30H)＝0FH，(20H)＝21H。

执行下列指令。

```
XCH     A,R7                 ;A 与 R7 互换
XCH     A,40H                ;A 与(40H)互换
XCH     A,@R0                ;A 与(R0)互换
XCHD    A,@R1                ;A 与(R1)低 4 位互换
```

结果

```
A = 01H,R7 = 80H,(40H) = 08H,(30H) = F0H,(20H) = 2FH
```

3.3.2　算术运算类指令

STC15F2K60S2 单片机算术运算指令主要完成加、减、乘、除、加 1、减 1、十进制调整等功能。大多数算术运算指令对标志位有影响。

1. 加减运算指令

在加减运算指令中，以累加器 A 为目标操作数，源操作数可以是立即数、寄存器寻址、

寄存器间接寻址或直接寻址。运算结果影响条件标志位 CY、OV、AC、P。

加减运算指令如表 3-13 所示。

表 3-13　加减运算指令

汇编指令格式	机器码格式	操　　作	指令长度/B	执行速度/时钟
ADD A,#data	00100100 #data	A+#data→A	2	2
ADD A,Rn	00101rrr	A+Rn→A	1	1
ADD A,@Ri	0010011r	A+(Ri)→A	1	2
ADD A,direct	00100101 direct	A+(direct)→A	2	2
ADDC A, #data	00110100 #data	A+#data+CY→A	2	2
ADDC A,Rn	00111rrr	A+Rn+CY→A	1	1
ADDC A,@Ri	0011011r	A+(Ri)+CY→A	1	2
ADDC A,direct	00110101 direct	A+(direct) +CY→A	2	2
SUBB A,#data	10010100 #data	A−#data−CY→A	2	2
SUBB A,Rn	10011rrr	A−Rn−CY→A	1	1
SUBB A,@Ri	1001011r	A−(Ri)−CY→A	1	2
SUBB A,direct	10010101 direct	A−(direct)−CY→A	2	2

加法指令分不带进位的加法指令 ADD 和带进位的加法指令 ADDC,加法指令执行后影响标志位 CY、AC、OV、P。ADD 与 ADDC 的区别在于后者在源操作数与目标操作数之和的基础上再加 CY。ADDC 指令主要用于 16 位或更多位加法运算。

SUBB 是带借位的减法指令,其功能是从累加器 A 中减去源操作数及进位位 CY 的值,差存放到累加器 A 中。在单字节减法操作时首先应该清除 CY;在多字节减法运算中,低字节相减时同样应该清除 CY,由于低字节相减时可能向高字节产生借位(CY=1),所以高字节相减时直接用带借位的减法指令。

【例 3-1】 设 A=0C3H,R0=20H,(20H)=0AAH,CY=1,执行指令 ADDC A,@R0。

```
   A        1100 0011
  CY     +  0000 0001
  -------------------
            1100 0100
 @R0     +  1010 1010
  -------------------
          1 0110 1110
```

指令执行后 A=6EH,

标志位 CY=1,AC=0, P=1, OV=C7⊕C6=1。

【例 3-2】 两个 16 位数相减,被减数放在 20H、21H,减数放在 30H、31H,差放到 40H、

41H 单元，数据存放规则是高地址存放高字节，低地址存放低字节。试编程实现。

【解】 实现其功能的程序代码如下。

```
CLR     C                       ;低字节相减前清除 CY
MOV     A,20H                   ;被减数低字节传送到 A
SUBB    A,30H                   ;低字节相减
MOV     40H,A                   ;差的低字节存放到 40H 单元
MOV     A,21H                   ;被减数的高字节传送到 A
SUBB    A,31H                   ;高字节相减
MOV     41H,A                   ;差的高字节存放到 41H 单元
```

2. 乘除运算指令

乘除运算指令中在累加器 A 和寄存器 B 之间进行，A、B 中的数均为无符号数。乘法运算时参加运算的操作数在累加器 A 和寄存器 B 中，运算结果的高 8 位在 B 中，低 8 位在 A 中。除法运算时被除数在累加器 A 中，除数在寄存器 B 中，运算结果的商在 A 中，余数在 B 中。乘除运算指令如表 3-14 所示。

表 3-14 乘除运算指令

汇编指令格式	机器码格式	操 作	指令长度/B	执行速度/时钟
MUL AB	10100100	$A\times B\rightarrow B_{15\sim8}, A_{7\sim0}$	1	2
DIV AB	10000100	A÷B 商→A A÷B 余数→B	1	6

在乘法运算中，若乘积大于 0FFH，则 OV 置 1，否则 OV 清零，CY 总是被清零。在除法运算中 CY 和 OV 均被清零，但若除数 B 为零，则运算结果无法确定，且 OV 置 1。

【例 3-3】 设 A＝4EH，B＝5DH，则执行指令

```
MUL  AB
```

指令执行后其结果为 B＝1CH，A＝56H，即乘积为 1C56H，CY＝0，OV＝1。

【例 3-4】 设 A＝BFH，B＝32H，则执行指令

```
DIV AB
```

指令执行后其结果为 A＝03H，B＝29H，CY＝0，OV＝0。

3. 加 1、减 1 指令

加 1 指令的功能是将操作数内容加 1，该操作不影响标志位。加 1、减 1 指令如表 3-15 所示。

4. 十进制调整指令

加法指令是按二进制运算的，因此两个压缩 BCD 码通过 ADD 或 ADDC 指令运算后，其结果必须用十进制调整指令进行调整以实现十进制加法功能。十进制调整指令如表 3-16 所示。

表 3-15 加 1、减 1 指令

汇编指令格式	机器码格式	操　　作	指令长度/B	执行速度/时钟
INC A	00000100	A+1→A	1	1
INC Rn	00001rrr	Rn+1→Rn	1	2
INC direct	00000101 direct	(direct)+1→(direct)	2	3
INC @Ri	0000011r	(Ri)+1→(Ri)	1	3
INC DPTR	10100011	DPTR+1→DPTR	1	1
DEC A	00010100	A−1→A	1	1
DEC Rn	00011rrr	Rn−1→Rn	1	2
DEC direct	00010101 direct	(direct)−1→(direct)	2	3
DEC @Ri	0001011r	(Ri)−1→(Ri)	1	3

表 3-16 十进制调整指令

汇编指令格式	机器码格式	操　　作	指令长度/B	执行速度/时钟
DA A	10010000	若($A_{3\sim0}$>9 或 AC=1) 则 $A_{3\sim0}+6\rightarrow A_{3\sim0}$ 若($A_{7\sim4}$>9 或 CY=1) 则 $A_{7\sim4}+6\rightarrow A_{7\sim4}$	1	3

该指令的运算过程如下。若 A 的低 4 位大于 9 或 AC=1，则将 A 的低 4 位加 6 进行调整，以产生低 4 位正确的 BCD 码，如果调整后，低 4 位产生进位，且高 4 位均为 1，则进位会一直向前传递，以使 CY 值为 1，在其他情况下 CY 保持原来的值而不被清零；若 A 的高 4 位大于 9 或 CY=1，则将 A 的高 4 位加 6 进行调整，以产生高 4 位正确的 BCD 码，同样调整后，若产生进位，则 CY=1，否则 CY 保持原来的值而不被清零。进位标志的状态指明了原来两个 BCD 数据之和是否大于 99，因而 DA 指令可以精确实现多字节十进制加法运算。注意：DA 指令对 OV 标志没有影响。

【例 3-5】 设累加器即 A=56H(01010110B)，表示十进制数 56 的 BCD 码，R3=67H(01100111B)，表示十进制数 67 的 BCD 码，且 CY=1，则执行指令

```
ADDC    A,R3
DA      A
```

```
 A        0101 0110          1011 1110
 CY     + 0000 0001        + 0110 0110
 ---------------------    --------------
          0101 0111        1 0010 0100
 R3     + 0110 0111
 ---------------------
          1011 1110
```

首先进行标准的二进制补码加法运算，其结果为 BEH，明显结果的高 4 位和低 4 位均大于 9，所以需加 66H 进行调整。其结果为 124 的 BCD 码。

若要进行两个压缩 BCD 码的减法运算，则应首先把减数化为模 100 的补码，再用加法

指令，最后用 DA 指令进行调整。

【例 3-6】 设 A＝57H（01010111B），表示十进制数 57 的 BCD 码，R3＝28H（00101000B），表示十进制数 28 的 BCD 码，设计指令代码完成 A－R3。

【解】 28 模 100 的补码是 72，所以 57－28＝57＋$(-28)_{补}$＝57＋72

```
MOV    R3,#72        ;          0101 0111            57
ADD    A,R3          ;        + 0111 0010          - 28
                              ------------        ------
DA     A             ;          1100 1001            29
                           调整 0110 0000
                              ------------
                              1 0010 1001
                           丢失  2    9
```

所以运算结果为 29。

3.3.3 逻辑运算和移位类指令

逻辑操作指令包括清零、取反、与、或、异或、移位等操作。

1. 累加器 A 清零、取反指令

具体如表 3-17 所示。

表 3-17 累加器 A 清零、取反指令

汇编指令格式	机器码格式	操　　作	指令长度/B	执行速度/时钟
CLR A	11100100	0→A	1	1
CPL A	11110100	$\overline{A}$→A	1	1

累加器 A 清零指令，只影响标志位 P，累加器取反指令不影响标志位。

2. 移位指令

具体如表 3-18 所示。

表 3-18 移位指令

汇编指令格式	机器码格式	操　　作	指令长度/B	执行速度/时钟
RL A	00100011	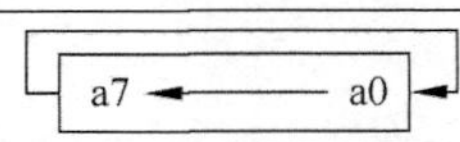	1	1
RLC A	00110011	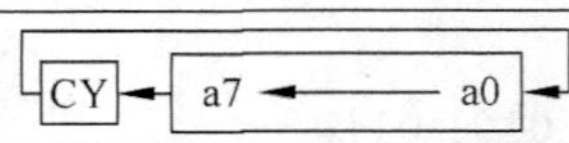	1	1
RR A	00000011	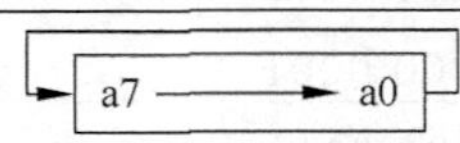	1	1
RRC A	00010011	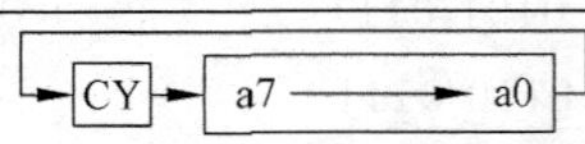	1	1
SWAP A	11000100	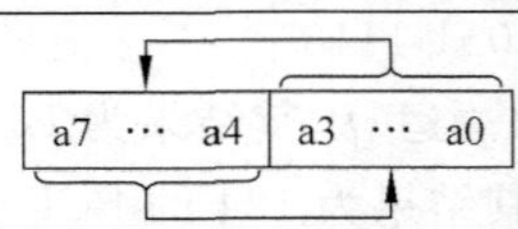	1	1

循环左移 RL 指令将 A 的内容循环左移一位，循环右移 RR 指令将 A 的内容循环右移一位，而带进位的 RLC、RRC 将 A 的内容连同进位位 CY 一起循环左移或右移一位。其实左移一位相当于乘 2，右移一位相当于除 2，因此乘 2 或除 2 运算一般不通过乘除法指令完成，而是借助左移或右移完成。

SWAP 指令将累加器 A 的高 4 位和低 4 位两个半字节交换。

3. 逻辑"与"指令

具体如表 3-19 所示。

表 3-19　逻辑"与"指令

汇编指令格式	机器码格式	操　　作	指令长度/B	执行速度/时钟
ANL A,#data	01010100 #data	A∧#data→A	2	2
ANL A,Rn	01011rrr	A∧Rn→A	1	1
ANL A,@Ri	0101011r	A∧(Ri)→A	1	2
ANL A,direct	01010101 direct	A∧(direct)→A	2	2
ANL direct,A	01010010 direct	(direct)∧A→(direct)	2	3
ANL direct,#data	01010011 direct #data	(direct)∧#data→(direct)	3	3

按位逻辑与运算规则，只要两个操作数中任意一位为"0"，则该位操作结果为"0"，只有两位均为"1"时，运算结果才为"1"。

实际应用中，逻辑与指令通常用于屏蔽某些位，方法是将需要屏蔽的位和"0"相与即可。

4. 逻辑"或"指令

具体如表 3-20 所示。

表 3-20　逻辑"或"指令

汇编指令格式	机器码格式	操　　作	指令长度/B	执行速度/时钟
ORL A,#data	01000100 #data	A∨#data→A	2	2
ORL A,Rn	01001rrr	A∨Rn→A	1	1
ORL A,@Ri	0100011r	A∨(Ri)→A	1	2
ORL A,direct	01000101 direct	A∨(direct)→A	2	2
ORL direct,A	01000010 direct	(direct)∨A→(direct)	2	3
ORL direct,#data	01000011 direct #data	(direct)∨#data→(direct)	3	3

按位逻辑或运算规则，只要两个操作数中任意一位为"1"，则该位操作结果为"1"，只有两位均为"0"时，运算结果才为"0"。

实际应用中，逻辑或指令通常用于使某些位置位。

5. 逻辑"异或"指令

具体如表 3-21 所示。

表 3-21 逻辑"异或"指令

<table>
<tr><th>汇编指令格式</th><th>机器码格式</th><th>操 作</th><th>指令长度/B</th><th>执行速度/时钟</th></tr>
<tr><td rowspan="2">XRL A,#data</td><td>01100100</td><td rowspan="2">A⊕#data→A</td><td rowspan="2">2</td><td rowspan="2">2</td></tr>
<tr><td>#data</td></tr>
<tr><td>XRL A,Rn</td><td>01101rrr</td><td>A⊕Rn→A</td><td>1</td><td>1</td></tr>
<tr><td>XRL A,@Ri</td><td>0110011r</td><td>A⊕(Ri)→A</td><td>1</td><td>2</td></tr>
<tr><td rowspan="2">XRL A,direct</td><td>01100101</td><td rowspan="2">A⊕(direct)→A</td><td rowspan="2">2</td><td rowspan="2">2</td></tr>
<tr><td>direct</td></tr>
<tr><td rowspan="2">XRL direct,A</td><td>01100010</td><td rowspan="2">(direct) ⊕A→(direct)</td><td rowspan="2">2</td><td rowspan="2">3</td></tr>
<tr><td>direct</td></tr>
<tr><td rowspan="3">XRL direct,#data</td><td>01100011</td><td rowspan="3">(direct) ⊕ # data →(direct)</td><td rowspan="3">3</td><td rowspan="3">3</td></tr>
<tr><td>direct</td></tr>
<tr><td>#data</td></tr>
</table>

按位逻辑异或运算规则，只要两个操作数中进行异或的两个位相同，则该位操作结果为0，只有两个位不同时，运算结果才为 1，即相同为"0"，相异为"1"。

实际应用中，逻辑异或指令通常用于使某些位取反，方法是将取反的位与 1 进行异或运算。

逻辑与、或、异或指令中若目标地址是直接寻址且地址正好是 I/O 端口，则为"读→修改→写"操作。

3.3.4 控制转移类指令

程序运行顺序往往根据某种条件成立与否无条件地改变，这种改变需要转移指令，对一个计算机系统来说，转移指令的多少及功能设置如何，直接影响这台计算机的智能性。在STC15F2K60S2 单片机中共有转移指令 17 条，包括无条件转移指令、条件转移指令、调用指令及返回指令。所有转移指令的目标地址都在 64KB 程序存储器地址空间内。

1. 无条件转移指令

无条件转移指令的功能是当执行该类指令后程序无条件地转移到指令提供的目标地址处执行。无条件转移指令有短转移指令、长转移指令、相对转移指令及间接转移指令(散转指令)。具体如表 3-22 所示。

(1) 短转移指令

AJMP 指令执行后用指令提供的 11 位地址替代当前 PC 的低 11 位。指令可实现 2KB 范围内的无条件转移。转移操作如图 3-7 所示。

表 3-22　无条件转移指令

汇编指令格式	机器码格式	操　　作	指令长度/B	执行速度/时钟
AJMP addr11	a10a9a800001	PC＋2→PC	2	3
	a7～a0	addr11→$PC_{10\sim0}$		
LJMP addr16	00000010	addr16→PC	3	4
	a15～a8			
	a7～a0			
SJMP rel	10000000	PC＋2→PC	2	3
	rel	PC＋rel→PC		
JMP @A＋DPTR	01110011	A＋DPTR→PC	1	5

指令执行后只改变 PC 的低 11 位地址，而高 5 位不变，因此转移目标地址必须在 AJMP 后面指令第一个字节开始的 2KB 范围内。

(2) 长转移指令

LJMP 指令执行后，将指令的第二字节装入 PC 的高 8 位，指令的第三字节装入 PC 的低 8 位，由于该指令直接提供 16 位的目标地址，所以程序可在 64KB 程序存储器地址空间内转移。转移操作如图 3-8 所示。

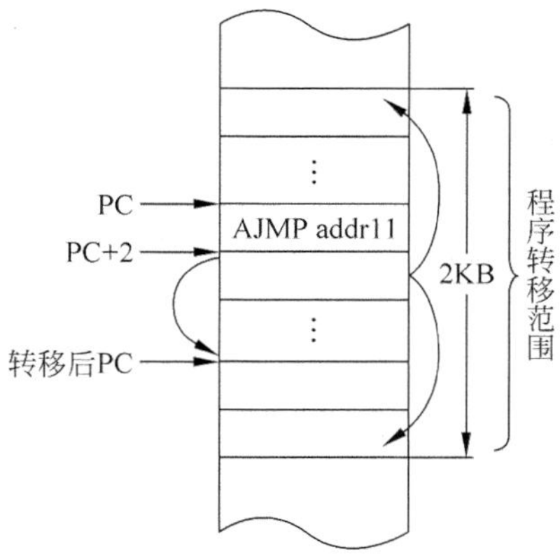

图 3-7　AJMP 转移示意图

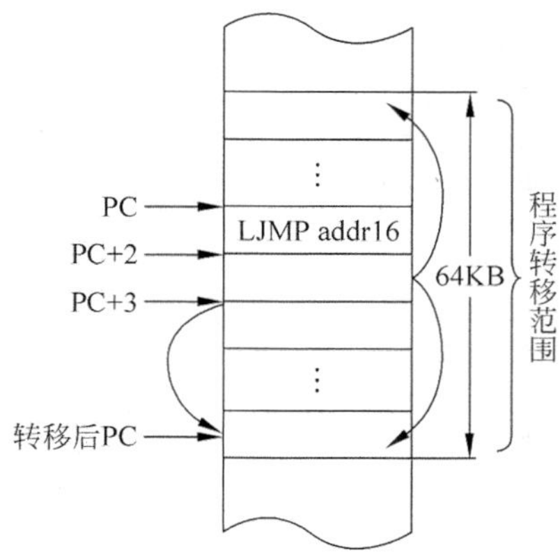

图 3-8　LJMP 转移示意图

(3) 相对转移指令

SJMP 指令执行后，当前 PC 的内容与指令给定的 8 位偏移量 rel(2 的补码)相加形成转移地址，因此转移目标地址相对当前 PC 值的偏移为－128～127。转移操作如图 3-9 所示。

设在 PC＝0100H 地址单元有 SJMP rel 指令，如果 rel＝F6H，则转移后的目标地址为 0100H＋2＋FFF6H＝00F8H，即转移后的目标地址相对当前 PC 的偏移为－10；如果 rel＝15H，则转移后的目标地址为 0100H＋2＋0015H＝0117H，即转移后的目标地址相对当前 PC 的偏移为 21。

(4) 间接转移指令(散转指令)

JMP 指令转移的目标地址是数据指针 DPTR 与累加器 A 两无符号数之和。实际使用时 DPTR 指向一表格的首地址，表格的内容是一系列转移指令，A 的内容是表格中某条转移指令相对表格首地址的偏移量。JMP 指令执行后接着执行一条转移指令，从而转移到目标地址继续执行程序。因此散转指令的功能类似 C 语言中的多分支语句。转移操作如图 3-10 所示。

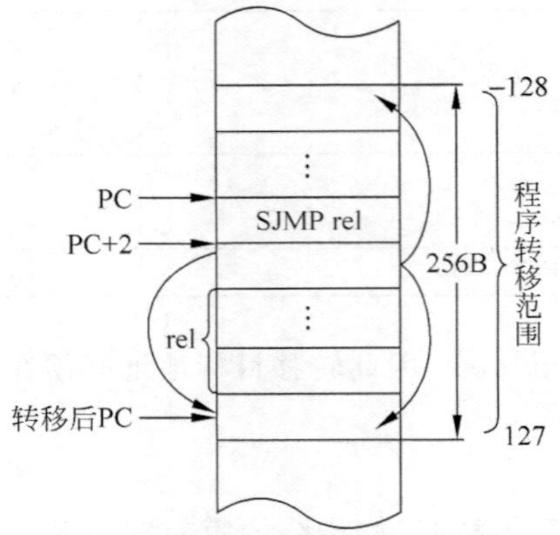

图 3-9 SJMP 转移示意图

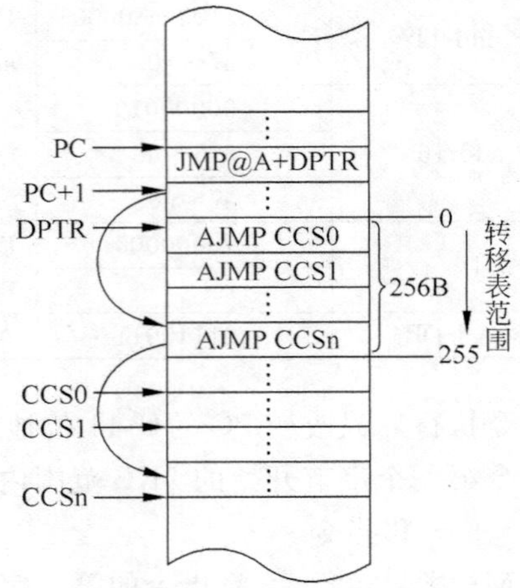

图 3-10 JMP 转移示意图

【例 3-7】 根据累加器 A 中的命令键值,设计程序跳转到对应程序段执行。

```
   CLR C
   RLC A
   MOV DPTR,@JTABLE
   JMP @A + DPTR
       ⋮
JTABLE:
   AJMP CCS0
   AJMP CCS1
       ⋮
   AJMP CCSn
CCS0:
       ⋮
CCS1:
       ⋮
CCSn:
       ⋮
```

2. 条件转移类指令

STC15F2K60S2 单片机有丰富的条件转移指令,指令根据条件是否成立决定程序流向,若条件满足,则程序转向转移目标地址执行,否则按顺序执行。条件转移指令如表 3-23 所示。

(1) 判零转移指令

JZ 和 JNZ 指令分别对累加器 A 的内容为零和不为零进行判断并转移。当条件满足时,程序转向指令指定的目标地址继续执行,其目标地址为当前 PC 与指令提供的偏移量之和。由于偏移量只有 8 位,所以转移的目标地址相对当前 PC 之差在−128～127 之间。若条件不满足,则按顺序执行。本指令不改变累加器 A 的内容,也不影响任何标志位。指令流程图如图 3-11 所示。

表 3-23　条件转移指令

汇编指令格式	机器码格式	操　　作	指令长度/B	执行速度/时钟
JZ rel	01100000 rel	PC＋2→PC；如 A＝0，则 PC＋rel→PC	2	4
JNZ rel	01110000 rel	PC＋2→PC；如 A≠0，则 PC＋rel→PC	3	4
CJNE A,direct,rel	10110101 direct rel	PC＋3→PC； 如 A≠(direct) 则 PC＋rel→PC	3	5
CJNE A,#data,rel	10110100 #data rel	PC＋3→PC； 如 A≠(direct) 则 PC＋rel→PC	3	4
CJNE Rn,#data,rel	10111rrr #data rel	PC＋3→PC； 如 Rn≠#data 则 PC＋rel→PC	3	4
CJNE @Ri,#data,rel	1011011r #data rel	PC＋3→PC； 如 Rn≠#data 则 PC＋rel→PC	3	5
DJNZ Rn,rel	11011rrr rel	PC＋2→PC；Rn－1→Rn；如 Rn≠0 则 PC＋rel→PC	2	4
DJNZ direct,rel	11010101 Direct rel	PC＋3→PC；(direct)－1→(direct)；如 (direct)≠0 则 PC＋rel→PC	3	5

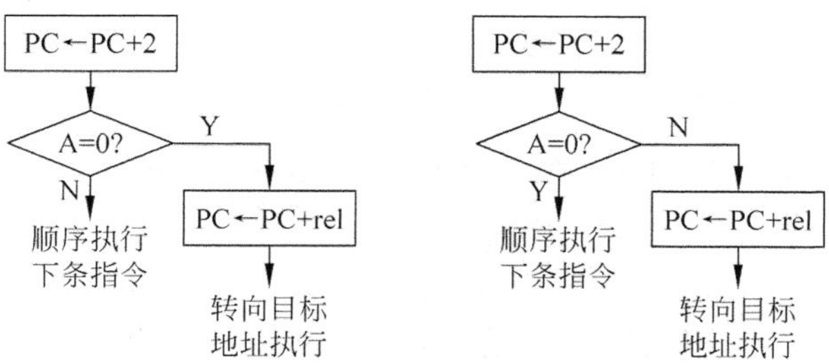

(a) "JZ rel"指令　　(b) "JNZ rel"指令

图 3-11　JZ 和 JNZ 指令流程图

(2) 比较转移指令

比较转移指令是三字节指令，其格式为

```
CJNE (目的字节),(源字节),rel
```

其功能为将目的字节与源字节进行比较，若二者的值不等，则转移到目标地址执行程序，否则按顺序执行。目标地址为当前 PC 值与指令提供的偏移量之和。即目标地址＝PC＋3＋rel。该指令执行影响标志位 CY，若目标字节大于源字节数据，则 CY 清零；若目标字节小于源字节数据，则 CY 置 1。CJNE 指令流程图如图 3-12 所示。

(3) 循环转移指令

循环转移指令的格式为

```
DJNZ (第一操作数),rel
```

该指令执行时首先对第一操作数减 1，再判断其结果是否为 0，如果不为 0，则转移到目标地址执行程序，否则按顺序执行。若第一操作数寻址方式为寄存器寻址，则转移目标地址为目标地址＝PC＋2＋rel；若第一操作数寻址方式为直接寻址，则转移目标地址为目标地址＝PC＋3＋rel。DJNZ 指令流程图如图 3-13 所示。

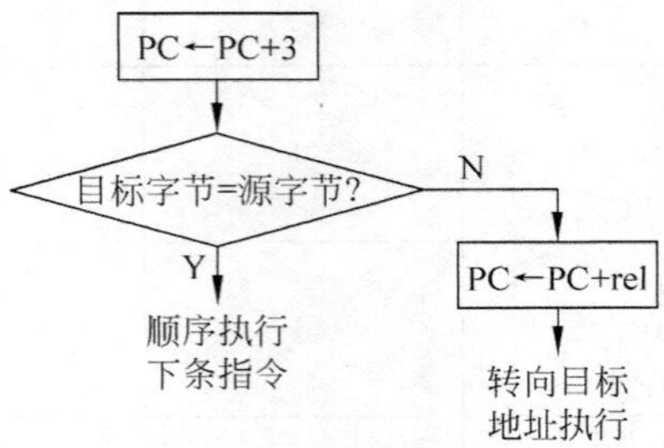

图 3-12 CJNE 指令流程图

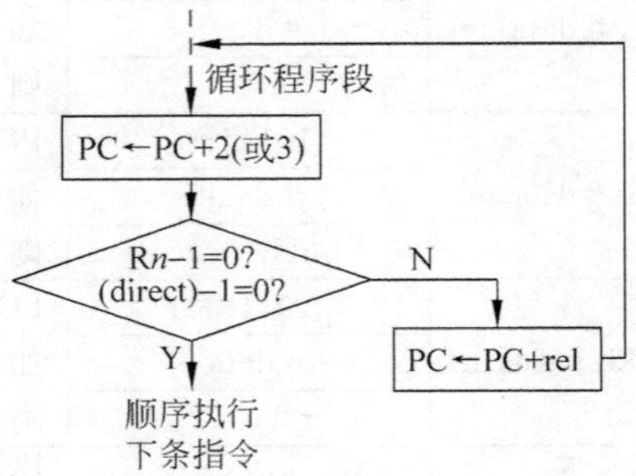

图 3-13 DJNZ 指令流程图

【例 3-8】 利用 DJNZ 指令构成延时程序段，延时时间为 10ms。设主频 f＝12MHz。

【解】 执行一条 MOV Rn，# data 指令消耗的时间为(1/12)×2μs，执行一条 DJNZ Rn，rel 指令消耗的时间为(1/12)×4μs。

```
        MOV     R0, #200
LOOP:   MOV     R1, #x
        DJNZ    R1, $
        DJNZ    R0, LOOP
```

上述程序段共消耗时间即 $t=(1+200+2\times x\times 200+2\times 200)\times(1/12)\times 2\mu s=10\ 000\mu s$

解得 $x\approx 149$

软件延时虽方便实现，但定时不够精确，且消耗 CPU 资源，所以在精确定时一般不用软件定时法，而是用定时器。

3. 子程序调用与返回指令

在实际的程序设计中，往往存在某种操作(功能)反复执行，为了便于修改、调试及减少程序量，引入了子程序的概念，通常把具有一定功能的公用程序段定义为子程序，而把调用子程序的原程序称为主程序。子程序的调用与返回示意图如图 3-14 所示。

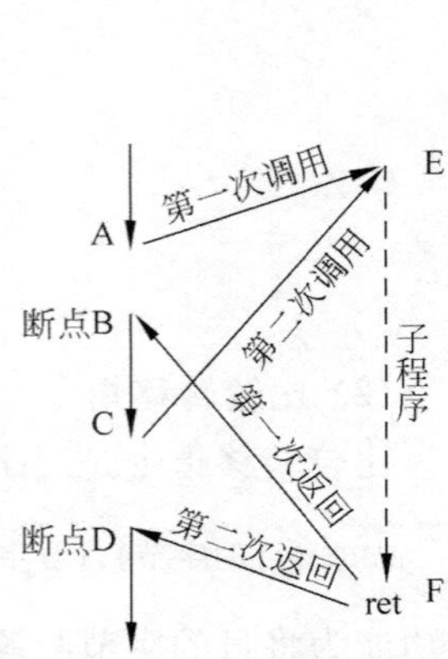

图 3-14 子程序的调用与返回示意图

在地址 A 处存放了子程序调用指令，当 CPU 执行地址 A 处指令后，自动把下条指令地址(B 处地址，即当前 PC 值)压入堆栈中，并将子程序的入口地址(E 处地址)送入 PC，于是 CPU 转向子程序执行，当 CPU 执行到地址 F 处时遇到子程序返回指令 RET，自动从堆栈中恢复 B 处断点地址给 PC，于是 CPU 又返回到断点 B 处继续执行主程序。同理当执行到 C 处时再次调用子程序，之后又返回到断点 D 处继续执行。可见，子程序能被主程序多次调用。

(1) 短调用指令(ACALL)

ACALL 指令是一条双字节指令，指令执行后将当前 PC 压入堆栈，并用指令提供的 11 位地址(a10～a0)替代 PC 的低 11 位，从而转移到子程序的入口开始执行。由于这里只改变当前 PC 的低 11 位，因此，所调用子程序的入口地址必须在相对当前 PC 值 2KB 范围内的程序存储器中。

(2) 长调用指令(LCALL)

LCALL 指令是一条三字节指令，指令执行后将当前 PC 压入堆栈，并用指令提供的 16 位地址(a15～a0)替代 PC 值，从而转移到子程序的入口开始执行。由于指令直接提供了 16 位地址，所以，子程序的入口地址可设置在 64KB 的程序存储器的任何位置。

【例 3-9】 设 SP＝07H，在地址 0110H 处有子程序调用指令 LCALL SUBRTN，其中子程序的入口地址 SUBRTN 为 1234H。这条指令的执行过程如何？

【解】 从地址 0110H 处执行指令 LCALL SUBRTN，PC＝0110H＋3＝0113H，接着将当前 PC 压入堆栈，07H＋1＝08 H→SP，13H→(08H)，08H＋1＝09 H→SP，01H→(09H)，之后将子程序的入口地址送给 PC，1234H→PC。

(3) 返回指令(RET/RETI)

RET 指令是子程序返回指令，指令执行后从堆栈中弹出断点地址给 PC，并移动 SP 到栈顶，从而返回到断点地址处继续执行程序。

RETI 指令是中断返回指令，具有 RET 指令的功能，另外还具有开放中断逻辑的功能。

子程序调用与返回指令如表 3-24 所示。

表 3-24 子程序调用与返回指令

汇编指令格式	机器码格式	操　作	指令长度/B	执行速度/时钟
ACALL addr11	a10a9a810001 a7～a0	PC＋2→PC SP＋1→SP $PC_{7\sim0}$→(SP) SP＋1→SP $PC_{15\sim8}$→(SP) addr11→$PC_{10\sim0}$	2	4
LCALL addr16	00010010 a15～a8 a7～a0	PC＋3→PC SP＋1→SP $PC_{7\sim0}$→(SP) SP＋1→SP $PC_{15\sim8}$→(SP) addr16→$PC_{15\sim0}$	3	4
RET	00100010	(SP)→$PC_{15\sim8}$ SP－1→SP (SP)→$PC_{7\sim0}$ SP－1→SP	1	4
RETI	00110010			

4. 空操作指令

空操作指令 NOP 是一条单字节指令，无指令操作数，格式为 NOP，机器码为 00000000，这条指令执行后除 PC 加 1 之外无其他功能，也不影响标志位。该指令用来产生一个时钟周期的延时。

3.3.5 位操作类指令

STC15F2K60S2 单片机有位处理器也称为布尔处理器，具有一套丰富的位处理指令，包括位传送、位逻辑运算及位控制转移等指令。

进行位操作时，位处理器 C 就是进位标志位 CY，处理的对象就是位地址。

位地址的表示方法有如下几种。

- 直接用位地址表示，如 20H；
- 点操作符表示方式，如 IE.7、20H.4；
- 位名称表示方式，如 EA、IE0 等；
- 使用伪指令预先定义的符号地址，如 AA BIT 20H.0。

1. 位数据传送指令

具体如表 3-25 所示。

表 3-25 位数据传送指令

汇编指令格式	机器码格式	操 作	指令长度/B	执行速度/时钟
MOV C,bit	10100010 bit	(bit)→C	2	2
MOV bit,C	10010010 bit	C→(bit)		3

上述指令中，一个操作数为位地址，另一个操作数必须为位处理器 C，在操作时把源操作数指定的位变量传送到目的操作数指定的位单元中。例如，

```
MOV    C,20H      ;把位地址为 20H 的数据 0 或 1 传送到位处理器 C 中
MOV    20H,C      ;把位处理器 C 的数据 0 或 1 传送给位地址 20H
```

2. 位取反、置位清零指令

这组指令可对所操作的位进行置位或清零操作，指令执行后不影响标志位。当位地址为 P0～P3 中的某一位，指令执行具有读→修改→写功能。

置位清零指令如表 3-26 所示。

表 3-26 置位清零指令

汇编指令格式	机器码格式	操 作	指令长度/B	执行速度/时钟
CPL C	10110011	$\overline{C}$→C	1	1
CPL bit	10110010	$\overline{(bit)}$→(bit)		3
SETB C	11010011	1→C		1
SETB bit	11010010	1→(bit)		3
CLR C	11000011	0→C		1
CLR bit	11000010	0→(bit)		3

例如：

```
SETB  EA     ;EA = 1
CLR   IE.1   ;IE.1 = 0
```

3. 位逻辑运算指令

这组指令的目标操作数是位处理器 C，其功能是将 C 的内容与指令给定的位地址内容进行与、或操作，将其结果回送到位处理器 C 中，具体如表 3-27 所示。

表 3-27　位逻辑运算指令

<table>
<tr><th>汇编指令格式</th><th>机器码格式</th><th>操　　作</th><th>指令长度/B</th><th>执行速度/时钟</th></tr>
<tr><td rowspan="2">ANL C,bit</td><td>10000010</td><td rowspan="2">C∧(bit)→C</td><td rowspan="8">2</td><td rowspan="2">1</td></tr>
<tr><td>bit</td></tr>
<tr><td rowspan="2">ANL C,$\overline{\text{bit}}$</td><td>10110000</td><td rowspan="2">C∧($\overline{\text{bit}}$)→C</td><td rowspan="2">3</td></tr>
<tr><td>bit</td></tr>
<tr><td rowspan="2">ORL C,bit</td><td>01110010</td><td rowspan="2">C∨(bit)→C</td><td rowspan="2">1</td></tr>
<tr><td>bit</td></tr>
<tr><td rowspan="2">ORL C,$\overline{\text{bit}}$</td><td>01010000</td><td rowspan="2">C∨($\overline{\text{bit}}$)→C</td><td rowspan="2">3</td></tr>
<tr><td>bit</td></tr>
</table>

注意：指令中斜杠(/)表示对该位取反后再参与运算，但不改变原来的数值。

4. 位条件转移类指令

具体如表 3-28 所示。

表 3-28　位条件转移类指令

<table>
<tr><th>汇编指令格式</th><th>机器码格式</th><th>操　　作</th><th>指令长度/B</th><th>执行速度/时钟</th></tr>
<tr><td rowspan="2">JC rel</td><td>01000000</td><td rowspan="2">PC+2→PC 若 C=1 则 PC+rel→PC</td><td rowspan="4">2</td><td rowspan="4">3</td></tr>
<tr><td>rel</td></tr>
<tr><td rowspan="2">JNC bit,rel</td><td>01010000</td><td rowspan="2">PC+2→PC 若 C=0 PC+rel→PC</td></tr>
<tr><td>rel</td></tr>
<tr><td rowspan="3">JB bit,rel</td><td>00100000</td><td rowspan="3">PC + 3 → PC 若 (bit)=1 PC+rel→PC</td><td rowspan="9">3</td><td rowspan="9">5</td></tr>
<tr><td>bit</td></tr>
<tr><td>rel</td></tr>
<tr><td rowspan="3">JNB bit,rel</td><td>00110000</td><td rowspan="3">PC + 3 → PC 若 (bit)=0 PC+rel→PC</td></tr>
<tr><td>bit</td></tr>
<tr><td>rel</td></tr>
<tr><td rowspan="3">JBC bit,rel</td><td>00010000</td><td rowspan="3">PC + 3 → PC 若 (bit)=1 PC+rel→PC 0→(bit)</td></tr>
<tr><td>bit</td></tr>
<tr><td>rel</td></tr>
</table>

(1) 判微处理器 C 的转移指令

该类指令是双字节指令，通过判断当前 CY 状态决定程序流程，不影响标志位。在 JC

指令中，若 CY＝1，则转向目标地址执行；反之按顺序执行。在 JNC 指令中，若 CY＝0，则转向目标地址执行，反之按顺序执行。

(2) 判位变量转移指令

该类指令是三字节指令，通过判断指定位的状态决定程序流程，不影响标志位。JB 指令中，若(bit)＝1，则转向目标地址执行；反之按顺序执行。在 JNB 指令中，若(bit)＝0，则转向目标地址执行，反之按顺序执行。

(3) 判位变量并清零转移指令

该类指令是三字节指令，通过判断指定位的状态决定程序流程，不影响标志位。JBC 指令中，若(bit)＝1，则转向目标地址执行，同时 bit 位清零；反之按顺序执行。

3.3.6 伪指令

用户使用汇编语言进行程序设计时，往往需要一些专门的说明性语句，例如，指定程序的入口地址、符号地址定义、数据表的定义、源程序的结束等。这些说明性语句不是真正的指令，在用汇编程序进行汇编时不会产生对应的机器码，所以称为伪指令。在汇编语言源程序中有时对某条指令指定符号地址，此时应该在符号地址与指令分隔处必须加一个“:”。

在 STC15F2K60S2 汇编程序中常用的伪指令有以下几条。

1. ORG 起始地址设置伪指令

格式　ORG 16 位地址

功能是指定后面程序的存放地址。例如：

```
      ORG 0000H
START:MOV R0,#10
```

这里指定符号地址 START 对应的物理地址是 0000H，也就是指令 MOV R0，#10 从地址 0000H 开始存放。

2. EQU 等值伪指令

格式　字符名称 EQU 表达式

功能是将表达式赋值给这里的字符名称。

这里的表达式可以是一个数据，也可以是一个汇编符号。用 EQU 赋值过的标号之后的意义就是原表达式的值。例如：

```
WW   EQU  10      ;在此之后出现 WW 之初代表数据 10
QQ   EQU  A       ;在此之后出现 QQ 之初代表累加器 A
```

3. DATA 数据地址赋值伪指令

格式　字符名称 DATA 表达式

功能是将表达式的值赋值给这里的字符名称。

DATA 与 EQU 在功能上有些类似，但两者存在以下区别。

- EQU 伪指令必须先定义后使用，DATA 无此限制；

- EQU 用来定义常量，而 DATA 可用来定义变量；
- EQU 伪指令可将一个数据或将一个汇编符号赋给字符名称，而 DATA 只能将一个数据赋给字符名称，DATA 甚至可以把一个可求表达式的值赋给字符名称。

4. DB 定义字节伪指令

格式　[标号：]　DB　8 位的数据表或数据表

功能是通知汇编程序从当前 ROM 地址开始，从低地址往高地址以此保存 DB 后面的数据，每个数据占一个字节。例如：

```
  ORG 0100H
DB 20H
DB 0BEH,26,26H
DB 'ADCB'
      ⋮
```

经汇编后数据 20H、BEH、26、26H、41H(A 的 ASCII 码)、42H(B 的 ASCII 码)、43H(C 的 ASCII 码)、44H(D 的 ASCII 码)从地址 0100 开始，每个数据占一个字节，从低地址向高地址以此存放。即

(0100H)=20H，(0101H)=BEH，(0102H)=26，(0103H)=26H，(0104H)=41H，(0105H)=42H，(0106H)=43H，(0107H)=44H。

5. DW 定义字伪指令

格式　[标号：]　DW　16 位的数据表或数据表

功能是通知汇编程序从当前 ROM 地址开始，从低地址往高地址以此保存 DW 后面的数据，每个数据占一个字。例如：

```
  ORG 200H
DW 1234H,12H,4567H
```

经汇编后数据 1234H、12H、4567H 从地址 0200H 开始，每个数据占一个字，即每个数据占两个字节存储空间，依据高位数据放在高地址中，低位数据放在低地址中的存放原则，从低地址向高地址以此存放。即

(0200H)=34H，(0201H)=12H，(0202H)=12H，(0203H)=00H，(0204H)=67H，(0205H)=45H。

6. DS 定义存储空间伪指令

格式　DS 表达式

功能是从指定地址开始保留表达式值所规定的存储单元，以备后面存放数据。例如，

```
  ORG 1000H
DS 04H
DB 01H,02H
```

经汇编后存储空间的分配如图 3-15 所示。

7. bit 位地址符号定义伪指令

格式　字符名 bit 位地址

功能是把一个位地址赋给字符名，之后当出现这一字符名时就代表此位地址。例如，

```
AA bit 20.1
BB bit IE.7
```

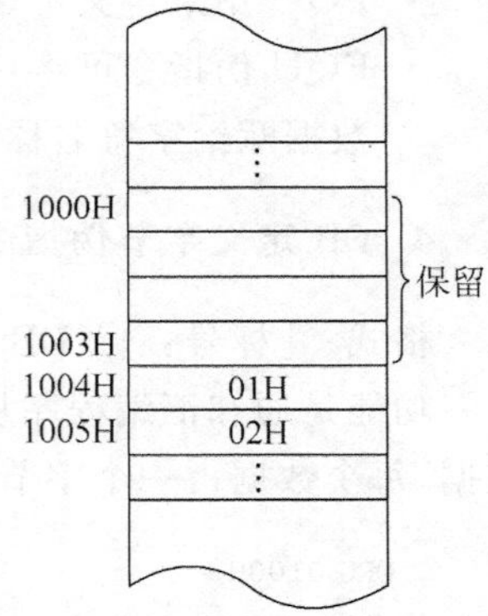

图 3-15　DS 伪指令保留存储单元示意图

8. INCLUDE 文件包含伪指令

格式　$INCLUDE（文件名）

功能是将".INC"的文件包含到当前程序中。类似 C 语言中的＃include 预处理语句。例如

```
$INCLUDE (STC15.INC)
```

这里 STC15.INC 文件中定义了 STC15F2K60S2 单片机的相关特殊功能寄存器。

9. END 汇编结束伪指令

格式　END

功能是告之汇编程序汇编语言源程序到此结束。

3.4　汇编语言程序设计

汇编语言源程序就是汇编指令的有序集合。根据解决的任务编写功能完善、结构合理的源程序，由于在单片机系统中资源缺乏，因此在此过程中应考虑存储空间的大小及每条指令的功能、长度、执行速度等，总之尽可能使程序优化。

3.4.1　汇编语言程序设计的一般步骤

汇编语言程序设计的一般步骤如下。

1. 分析课题

首先对待解决的课题进行全面分析，理清待解决课题的核心问题。

2. 确定算法

常常某一问题有多种解决办法，这时应综合问题的核心、现有的资源状况及是否要求实时性等因素找出最适宜的算法。

3. 根据算法分配系统资源

略。

4. 画程序流程图

程序流程图就是用各种图形、符号及箭头等来说明程序设计的一种直观表示方法。常用的图形符号如下。

- 桶形框（▭），表示程序的开始或结束。
- 矩形框（□），表示正在进行的工作。
- 菱形框（◇），表示判断。
- 指向箭头（→），表示程序的流向。

5. 编写程序

略。

6. 注释

注释不是程序的组成部分，只是为了便于阅读程序，利于修改程序。指令后面加"；"号，在其后面的就是注释内容。

7. 上机调试，再修改调试，确定源程序

略。

3.4.2 汇编语言程序设计的方法

1. 包含 STC15F2K60S2 单片机寄存器定义头文件

虽然 STC15F2K60S2 单片机 CPU 内核是 MCS51，但这款单片机集成了更多的片上资源，自然增加了很多特殊功能的寄存器，而在 Keil μVision4 等集成开发环境中特殊功能寄存器定义头文件 fx2regs.inc 不包含新增寄存器的定义，因此需要把 STC15F2K60S2 单片机寄存器定义头文件包含进来。

格式为 $INCLUDE(STC15.INC)。

2. 以模块化组织源程序

实际的应用程序由主程序和若干个子程序组成。每一子程序模块都能完成一个明确的任务，实现某一具体的任务，例如延时、显示、定时、发送、接收、A/D、D/A 等。采用模块化的程序设计方法有如下优点。

- 易于分工，使多个程序员能同时进行程序的编写、调试和修改，加快了软件开发进度。
- 程序具有更好的可读性，便于功能的扩展和升级。
- 单个模块的功能单一，便于编写、调试和修改。
- 在保持程序整体框架的前提下，可修改局部程序而保持其他部分不变。
- 采取子程序设计方法，便于其他模块调用，从而使程序的紧凑性更强。

3. 汇编语言程序设计的基本框架

基于 STC15F2K60S2 单片机的汇编源程序编写遵循以下基本框架。

```
$INCLUDE(STC15.INC)          ;包含 STC15F2K60S2 单片机寄存器定义头文件
    ORG 0000H
    LJMP START               ;跳转到系统程序的入口地址
    ORG 0003H
    LJMP INT0_ISR            ;外部中断 0 入口
    ORG 000BH
    LJMP T0_ISR              ;定时器 0 中断入口
    ORG 0013H
    LJMP INT1_ISR            ;外部中断 1 入口
    ORG 001BH
    LJMP T1_ISR              ;定时器 1 中断入口
    ORG 0023H
    LJMP UART1_ISR           ;串口 1 中断入口
    ORG 002BH
    LJMP ADC_ISR             ;ADC 中断入口
    ORG 0033H
    LJMP LVD_ISR             ;低电压检测中断入口
    ORG 003BH
    LJMP PCA_ISR             ;PCA 中断入口
    ORG 0043H
    LJMP UART2_ISR           ;串口 2 中断入口
    ORG 004BH
    LJMP SPI_ISR             ;SPI 中断入口
    ORG 0053H
    LJMP INT2_ISR            ;外部中断 2 入口
    ORG 005BH
    LJMP INT3_ISR            ;外部中断 3 入口
    ORG 0063H
    LJMP T2_ISR              ;定时器 2 中断入口
    ORG 0083H
    LJMP INT4_ISR            ;外部中断 4 入口
START: …
      …                      ;主程序
      LJMP START
  INT0_ISR:
      …                      ; 外部中断 0 服务子程序
      RETI
  INT1_ISR:
      …                      ;外部中断 1 服务子程序
      RETI
  INT2_ISR:
      …                      ;外部中断 2 服务子程序
      RETI
  INT3_ISR:
      …                      ;外部中断 3 服务子程序
      RETI
  INT4_ISR:
      …                      ;外部中断 4 服务子程序
      RETI
```

```
T0_ISR:
    …                          ;定时器 0 中断服务子程序
    RETI
T1_ISR:
    …                          ;定时器 1 中断服务子程序
    RETI
T2_ISR:
    …                          ;定时器 2 中断服务子程序
    RETI
UART1_ISR:
    …                          ;串口 1 中断服务子程序
    RETI
UART2_ISR:
    …                          ;串口 2 中断服务子程序
    RETI
SPI_ISR:
    …                          ;SPI 中断服务子程序
    RETI
ADC_ISR:
    …                          ;ADC 中断服务子程序
    RETI
PCA_ISR:
    …                          ;PCA 中断服务子程序
    RETI
LVD_ISR:
    …                          ;低电压检测中断服务子程序
    RETI
    END
```

系统从上电复位 0000H 地址开始运行，之后跳转到一个合适的地址反复执行主程序。

地址 0003H、000BH、0013H、001BH、0023H、002BH、0033H、003BH、0043H、004BH、0053H、005BH、0063H、001BH、0083H 是各中断的向量地址，但给每个中断服务程序只预留了 8 个字节，而一般中断服务程序长度超过 8 个字节，所以通常的做法是将中断服务程序放在程序存储器的其他区域，在对应中断的向量地址处存放一条转移指令，其目标地址为对应中断服务程序的入口地址。在真正使用时根据实际可将中断预留空间做适当安排，可少用甚至不用中断功能，此时 0003H～0083H 区域中的部分用于中断处理，而其他区域可作为一般的程序存储器使用，在没有任何中断的情况下，主程序可从 0000H 开始连续存放下去。

3.4.3　汇编语言的基本结构

汇编语言有 4 种基本结构，分别为顺序结构、分支结构、循环结构及子程序结构。

1. 顺序结构

顺序结构也称直线结构，是最简单的程序结构，程序按自然顺序逐条往下执行。

【例 3-10】 设被加数存放于片内 RAM 的 20H(低 8 位)和 21H(高 8 位)，加数存放于 22H 和 23H(高 8 位)，编写程序完成加法将和存放于 20H 和 21H(和的高 8 位)。其程序段如下。

```
MOV     A,20H      ; 被加数的低 8 位放到累加器 A
```

```
ADD     A,22H     ;完成低 8 位相加
MOV     20H,A     ;低 8 位和存放到 20H
MOV     A,21H     ;被加数的高 8 位放到累加器 A
ADDC    A,23H     ;完成高 8 位相加
MOV     21H,A     ;高 8 位和存放到 21H
```

【例 3-11】 片内 RAM21H(高位)和 20H 单元中存放着 3 位压缩 BCD 码，请将其转换成二进制数，其结果存放于 23H(高位)和 22H 中。

20H	十位	个位
21H		百位

【解】 根据题意其转换结果为(百位×100)+(十位×10)+个位，结果最大为 999，可用 10 位二进制表示，也就是将结果用两个存储单元保存即可，其程序代码如下。

```
MOV A,21H
ANL A,#0FH
MOV B,#100
MUL AB
MOV 22H,A
MOV 23H,B
MOV A,20H
MOV A,#0F0H
MOV B,#10
MUL AB
ADD A,22H
MOV 22H,A
MOV A,B
ADDC A,23H
MOV 23H,A
MOV A,20H
ANL A,#0FH
ADD A,22H
MOV 22H,A
CLR A
ADDC A,23H
MOV 23H,A
```

2. 分支程序

程序分支是通过条件转移指令实现的。首先判断条件，若满足条件则出现转移到目标地址执行，否则按顺序执行。在 STC15F2K60S2 单片机中实现分支的指令有 JZ、JNZ、CJNE、DJNZ、JC、JNC、JB、JNB、JBC 等。实验这些指令，可实现程序的条件转移。

【例 3-12】 编程实现下面的分段函数。设变量 x 存放在 30H 中。将结果存放到 31H 中。

$$Y=\begin{cases}1 & x>5\\ 0 & x=5\\ -1 & x<5\end{cases}$$

【解】 本题可以用 CJNE 和 JC 指令结合判断来实现，程序段如下。

```
            MOV     A,30H
            CJNE    A,#5,LOOP1
            MOV     A,#0
            SJMP    LOOP2
LOOP1:      JC      LOOP3
            MOV     A,# -1
            SJMP    LOOP2
LOOP3:      MOV     A,#1
LOOP2:      MOV     31H,A
```

【例 3-13】 在 ONE、TWO 存储单元存放着两个无符号数，编写程序将两者中的大数存放到 THREE 单元。程序段如下。

```
            MOV     A,ONE
            CJNE    A,TWO,LOOP1
            SJMP    LOOP2
LOOP1:      JNC     LOOP2
            MOV     A,TWO
LOOP2:      MOV     THREE,A
```

【例 3-14】 多分支转移程序。根据情况号分别执行不同的程序代码，入口参数为 R3。程序代码如下。

```
            MOV     DPTR,#JMPTAB
            MOV     A,R3
            RL      A
            JMP     @A + DPTR
JMPTAB:
            AJMP    HANDLE0
            AJMP    HANDLE1
            AJMP    HANDLE2
                ⋮
HANDLE0:        ⋮
HANDLE1:
                ⋮
HANDLE2:
```

3. 查表程序

查表就是事先把相关数据按一定的顺序编制成表格，查表程序根据被测参数从表中取出对应数据。

查表法具有程序简单、处理速度快的优点，在计算机控制系统中得到广泛应用。例如软件译码法中根据待显示的数字取得对应字模；在一些快速计算场合，一般将函数值按一定顺序事先编制成表格，计算时根据自变量值，从表格中直接取得函数值等。

【例 3-15】 累加器 A 中存放着待显示的数据，显示器为共阳极 LED 管，编程实现将 A 中数据转换为对应字模码。

【解】 LED数码管中各二极管按如图3-16所示排列。每一个二极管的亮灭由一位二进制信息决定，对共阳极二极管来讲，输出0对应二极管亮，输出1对应二极管灭。设数码管的各段二极管对应二进制排列为

dp g f e d c b a

则如输出0，其字模码为C0H；输出9，其字模码为90H。

实现代码如下。

```
    MOV DPTR, # TABLE
    MOVC A,@A + DPTR
           ⋮
TABLE:DB 0C0H,0F9H,0A4H,0B0H,99H,92H,82H,0F8H,80H,90H
```

0,1,2,3,4,5,6,7,8,9的共阳极字模码

4. 循环程序

循环程序的组织结构如图3-17所示，包括循环初始化、循环体、修改控制变量及循环控制4个部分。

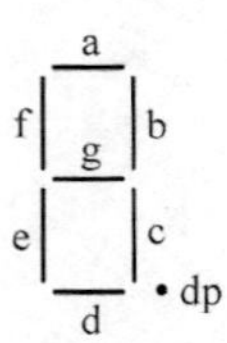

图3-16 LED数码管

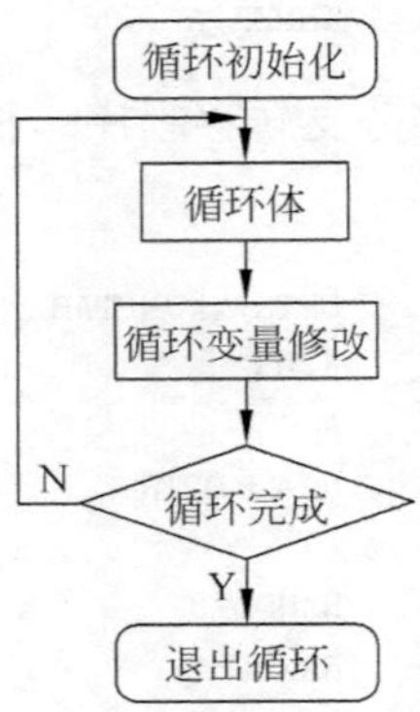

图3-17 循环程序组织图

如下为一简单的延时程序段。

```
MOV     R7,#120
DJNZ    R7,$
```

STC15F2K60S2为1T型8051单片机，当系统时钟为12MHz时，每个时钟周期为1/12μs，则上述程序段延时为(2+120×4)×1/12μs≈0.04ms。

可通过多重循环实现更长时间的定时，例如以下程序段。

```
        MOV  R0,#240
LOOP:   MOV  R7,#120
        DJNZ R7,$
        DJNZ R0,LOOP
```

上述程序段延时为(2+2×240+240×120×4+240×4)×1/12μs≈9.72ms。

【例3-16】 将片内RAM20H～27H中的数据按从小到大的次序排列。

【解】 采用冒泡法进行排序。冒泡法就是比较相邻两个数据，若前者大于后者，则互换，这样一次冒泡可将最大的数据排到数据块的最后，再冒泡一次将次最大的数据排到倒数第二的位置，以此类推 7 次冒泡后可将 8 个数据按从小到大的次序排列。

```
        MOV  R2, #7
LOOP1:  CLR  F0
        MOV  R0, #20H
        MOV  A,R2
        MOV  R3,A
LOOP:   MOV  A,@R0
        INC  R0
        MOV  30H,@R0
        CJNE A,30H,HUHUAN
        SJMP NEXT
HUHUAN: JC   NEXT
        MOV  @R0,A
        DEC  R0
        MOV  @R0,30H
        INC  R0
        SETB F0
NEXT:   DJNZ R3,LOOP
        JNB  F0,JIESHU
        DJNZ R2,LOOP1
JIESHU: …
```

【例 3-17】 在片内 RAM 中从 BLOCK 单元开始存放着无符号数据块，其数据块的长度存放在 LEN 单元中，编程找出数据块中的最大数并存放到 MAX 单元。

【解】 从数据块中找最大数方法很多，可用上例冒泡法，这里用另外一种方法，可将第一个数据先存放到 MAX 单元，然后构成一个循环，使 MAX 单元数据与数据块中的其他数据一一比较，若 MAX 单元数据小于比较数据则交换，否则与下一个数据比较，直到循环结束。程序段如下。

```
        MOV  R0, #BLOCK
        MOV  R2, LEN
        MOV  MAX,@R0
LOOP:   CLR  C
        MOV  A,MAX
        MOV  30H,@R0
        CJNE A,30H,LOOP1
        SJMP LOOP2
LOOP1:  JNC  LOOP2
        MOV  MAX,@R0
LOOP2:  INC  R0
        DJNZ R2,LOOP\
```

5. 子程序

为了提高程序代码的可重用性，一般都采取子程序方法。把具有独立功能的程序代码维护成子程序的形式，在主程序其他位置需要该子程序的功能时通过 LCALL 或 ACALL

指令调用子程序即可，在子程序的末尾必须用 RET 返回指令返回主程序。

在使用子程序时有时还牵扯到参数的传递，如子程序从主程序获得数据，常称为入口参数，也可以子程序给主程序返回处理结果，常称为出口参数。在单片机中主程序与子程序参数传递有三种方法。

- 通过累加器(A)或寄存器传递；
- 通过堆栈传递；
- 通过指针传递。

【例 3-18】 通过子程序调用方法实现 N 个无符号数的求和，结果存放到 20H 和 21H(高 8 位)两个单元中。设和 $S<2^{16}$。

这里有三种参数需要传递。

① 参与运算的无符号数个数，用 R2 传递；

② 存放在 RAM 中的具体参与运算的 N 个数据，通过 R0 指针(寄存器间接寻址)方式传递；

③ 运算结果，用 R1 指针方式传递。

具体实现程序代码如下。

```
START:      LEN    EQU ADDR2-ADDR1          ;数据长度
            MOV    R0, # ADDR1              ;数据表的首地址
            MOV    R1, # 20H                ;存放结果指针
            MOV    R2, # LEN
            LCALL SUBADD                    ;调用子程序
               ⋮
SUBADD:     MOV    @R1, # 0
            INC    R1
            MOV    @R1, # 0
LOOP:       DEC    R1
            MOV    A,@R0
            INC    R0
            ADD    A,@R1
            MOV    @R1,A
            CLR    A
            INC    R1
            ADDC   A,@R1
            MOV    @R1,A
            DJNZ   R2,LOOP
            RET
ADDR1:      DB     1,2,5,9,…
ADDR2:
```

【例 3-19】 利用子程序设计方法完成$\sum N!$，结果存放于 20H，21H(设 $N!<256$，其结果小于 2^{16})。

$\sum N!=N!+(N-1)!+\cdots+2!+1!$，所以 $N!$ 就是一个独立功能，编写子程序完成阶乘运算，在主程序中完成连加运算，程序代码如下。

```
            MOV    R2, # N
            MOV    20H, # 0
```

```
          MOV   21H,#0
CALL:     PUSH  02H
          ACALL SUBPRO
          ADD   A,20H
          MOV   20H,A
          CLR   A
          ADDC  A,#0
          MOV   21H,A
          DJNZ  R2,0,CALL
          SJMP  FINISH

SUBPRO:   MOV   A,R2
SUBPRO1:  DJNZ  R2,#0,LOP
          SJMP  RETURN
LOP:      MOV   B,R2
          MUL   AB
          SJMP  SUBPRO1
RETURN:   POP   02H
          RET
FINISH:   END
```

3.5 汇编语言程序调试

程序编写完成后，往往存在语法或逻辑功能错误，一般需要经过调试和验证。常见的集成开发环境是 Keil μVision。

3.5.1 Keil μVision 集成开发环境简介

Keil μVision 集成开发环境是基于 Windows 的开发平台，包含高效的代码编辑器、项目管理器、编译工具。支持所有的 Keil 8051 工具，包括 C 编译器、宏汇编器、目标代码到 HEX 的转换器。Keil 的主要特性如下。

- 全功能的代码编辑器
- 以器件库的选择方式来配置开发工具
- 项目管理器用来创建和维护项目
- 集成的 MAKE 工具可以汇编编译和连接用户的嵌入式应用
- 所有开发工具的设置都是对话框形式的
- 实现源代码级对 CPU 和外围器件的调试
- GDI 用来在目标硬件上进行软件调试

3.5.2 Keil μVision 集成开发环境的安装

Keil 是标准的 Windows 应用程序，双击安装图标开始安装直到完成。Keil μVision4 需要授权，否则只是一个评估板，代码被限制在 2KB 内。安装授权的方法是在 File 菜单中选择 License Management 菜单项，弹出如图 3-18 所示的对话框。

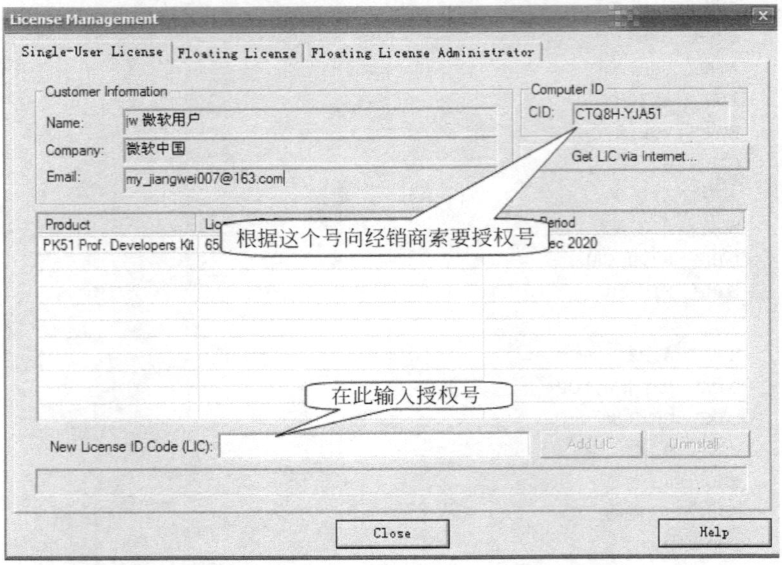

图 3-18　License Management 对话框

根据 License Management 对话框右上方的 Computer ID 号，向经销商索要 New License ID Code 并填入对应文本框内，之后单击 Add LIC 按钮完成软件授权安装。

3.5.3 Keil μVision 集成开发环境下新项目的建立

1. 建立新工程项目

要新建项目，在 Keil μVision4 软件的 Project 菜单中选择 New Project 菜单项，将打开 Create New Project 对话框，如图 3-19 所示。

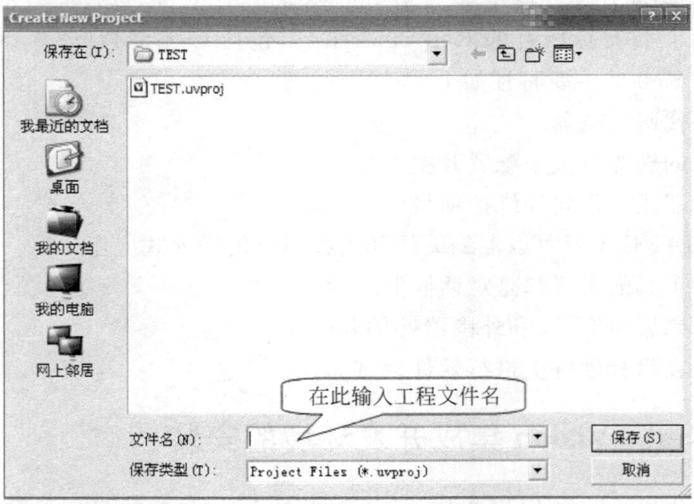

图 3-19　Create New Project 对话框

在此对话框中输入工程文件名，并保存到指定的文件夹中，此时将弹出 Select Device Target 'Target 1'对话框，提示为项目选择一款单片机，如图 3-20 所示。

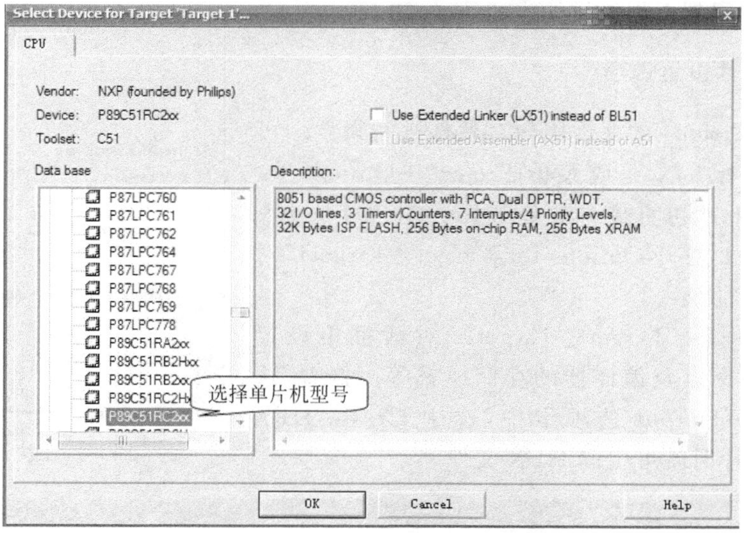

图 3-20　Select Device Target 'Target 1'对话框

在此对话框中列出了各单片机生产厂家，只要单击前面的"+"号，就会显示出该厂家系列型号的单片机，单击选择所需要的单片机即可。在 Keil μVision4 集成开发环境中没有 STC 系列单片机，只能选择相近的单片机，而与 STC15F2K60S2 单片机最相近的单片机是 NXP 公司的 P89C51RC2xx，并且这款单片机指令系统完全兼容 8051 单片机，因此在这里选择 NXP 公司的 P89C51RC2xx 即可。当然这种做法使 STC15F2K60S2 单片机的一些特有特殊功能寄存器并没有定义，但我们只需在程序中直接声明即可。更好的办法就是将 STC15.INC 直接拷贝到当前工程文件夹中，然后在程序的开始处加入以下语句即可。

```
$INCLUDE(STC15.INC)
```

之后单击 OK 按钮，将弹出如图 3-21 所示的对话框，提示是否把标准 8051 启动代码文件 STARTUP.A51 拷贝到当前工程文件夹并添加到工程中。启动代码主要是清除数据寄存器、初始化硬件及重入函数堆栈指针，所以在一般的工程项目中都选择"否"。

图 3-21　STARTUP.A51 启动代码提示对话框

2. 将源文件添加到工程项目

从 File 菜单中选择 New 菜单项，将打开一个空的编辑窗口，在这个窗口中输入程序源代码，之后将源文件以".asm"格式保存到源工程文件夹中。接着通过如下方法将汇编源程序加入到当前工程项目中。在 Project Workspace 窗口中单击 Target 1 前面的"+"展开下一层的 Source Group 1 文件夹，在 Source Group 1 文件夹上右键单击弹出快捷菜单如图 3-22 所示。在快捷菜单中选择 Add Files to Group 'Source Group 1'菜单项，接着选择待添加的源程序，完成源程序到工程项目的添加。

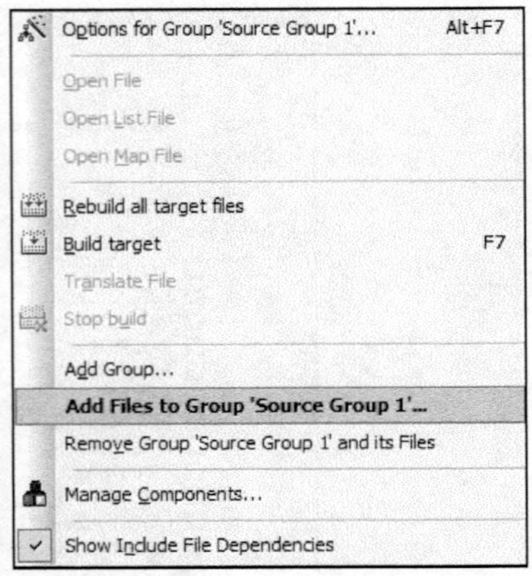

图 3-22 快捷菜单

3. 目标硬件设置选项

在 Keil μVision4 中允许用户对硬件进行设置。可通过工具栏图标"　"、或菜单 Project→Options for Target Target1、也可直接右键单击 Project Workspace 窗口的 Target 1，打开 Options for Target 'Target1'对话框，如图 3-23 所示。

在 Options for Target 'Target1'对话框中设置 CPU 的时钟频率以及编译器的存储模式等。接着，选中此对话框的 Output 选项卡中，选中 Create HEX File，这样在编译时就可生成 HEX 文件。

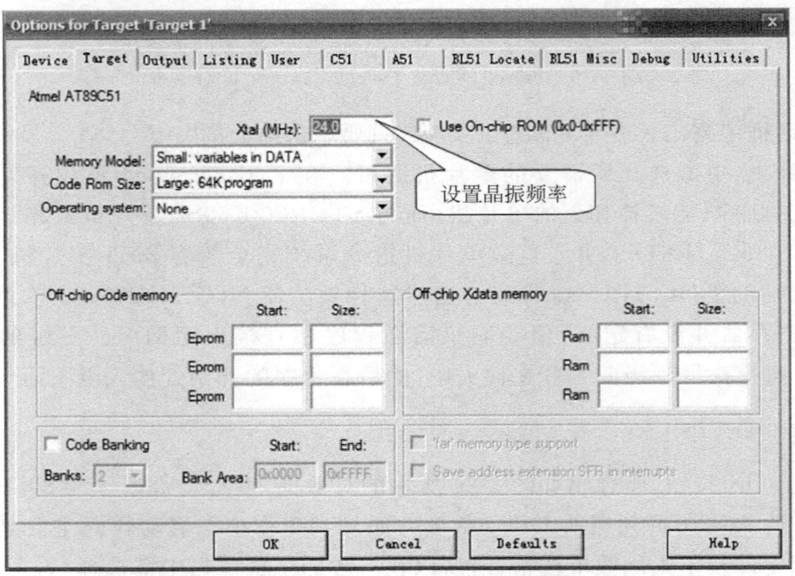

图 3-23 Options for Target 'Target1'对话框

4. 编译项目生成 HEX 文件

单击工具栏上的"　"图标，可以编译源文件并生成可编程到程序存储器的 HEX 文件。如果有语法错误时在"Build Output"窗口中显示错误信息，双击错误信息行，将打开错误信息对应文件，并将光标停留在语法错误所在行。

5. 程序的软件模拟调试

编译成功只说明源程序语法没有错误，逻辑功能是否正确必须通过程序调试才能发现。对于程序调试有两种方式，一种方式是将程序下载到仿真器或单片机中进行调试；另一种方式就是利用软件模拟调试。下面以软件模拟调试为例，说明如何进行程序调试。

在 Options for Target ‘Target1’对话框中选择 Debug 标签，如图 3-24 所示。

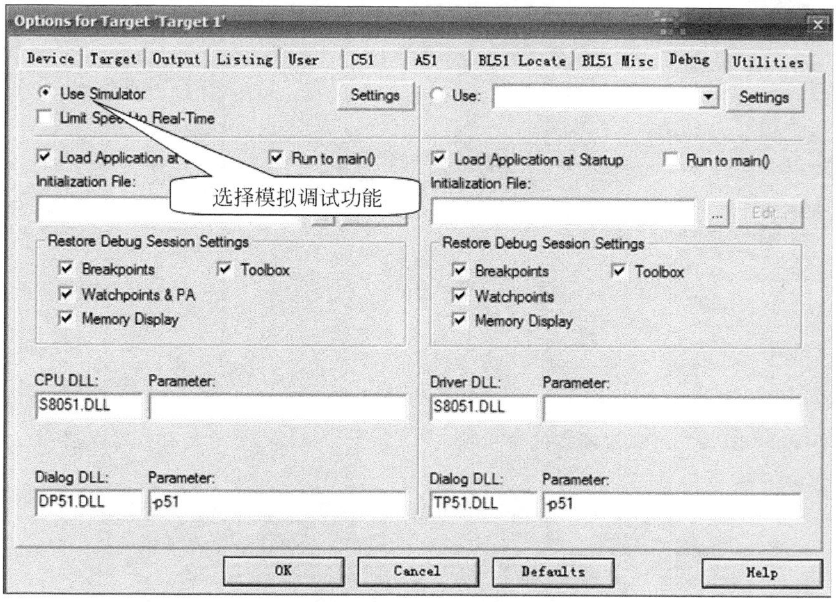

图 3-24　Options for Target ‘Target1’对话框中的 Debug 标签

在该选项卡中单击 Use Simulator 单选按钮以进行软件模拟调试。

从工具栏上单击“ ”按钮，或从 Debug 菜单中选择 Start/Stop debug session 菜单项，开始模拟调试过程，在调试过程中可以进行以下一些基本操作。

（1）全速运行、单步运行、单步跳过运行程序

在工具栏上单击“ ”、“ ”、“ ”，或在 Debug 菜单中选择 Run、Step、Step Over 菜单项分别可以进行全速运行、单步运行、单步跳过运行程序。

（2）运行到光标所在行

在工具栏上单击“ ”，或在 Debug 菜单中选择 Run to Cursor line 菜单项，可以使程序运行到当前光标所在行。

（3）设置断点

在需要设置断点的指令行位置双击鼠标，则在当前行的最前面出现一个红色的小方块，表明在此处已设置了一个断点，如在此位置再次双击鼠标则红色小方块消失，表明断点已删除。断点的设置与删除也可通过菜单来完成，在需设置断点的位置单击鼠标右键，弹出如图 3-25 所示的快捷菜单。直接选择 Insert/Remove Breakpoint 菜单项即可。

（4）查看寄存器值

当进入到调试环境后，就会出现 Registers 界面，如图 3-26 所示。

通过单步运行，可观察到各寄存器值的变化，以确定程序有无逻辑性错误。

（5）存储器内容查看

从 View 菜单中选择 Memory Window 菜单项，在软件界面底部出现如图 3-27 所示的窗口。

图 3-25 设置断点的菜单项

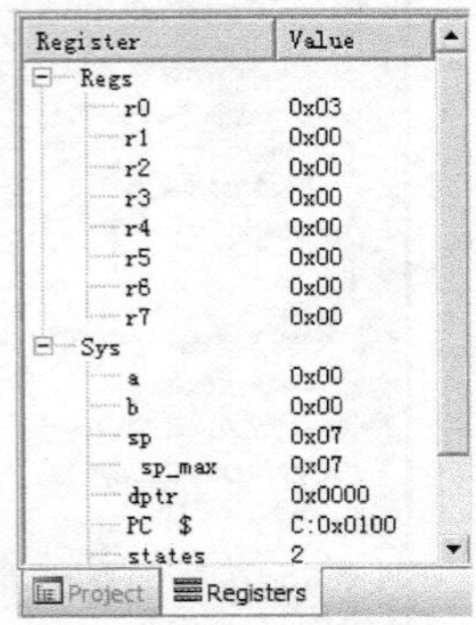

图 3-26 寄存器列表界面

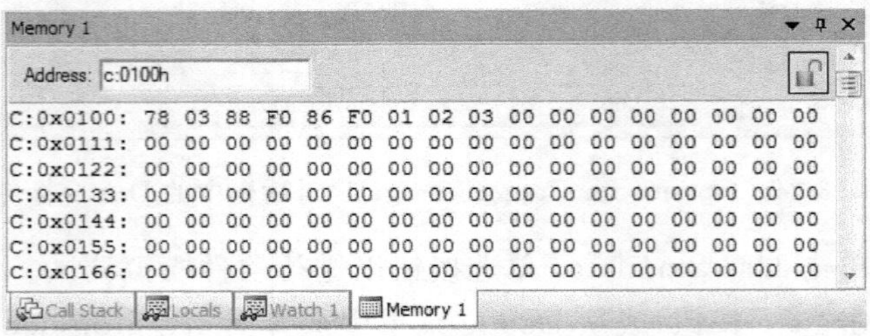

图 3-27 存储器查看窗口

在 Address 文本框中输入“C:0100h”并按回车键，在窗口中显示程序存储器中地址为 0100H 开始的各存储单元的内容。同样在 Address 文本框中输入“D:0”并按回车键，在窗口中显示数据存储器中各存储单元的内容。如在 Address 文本框中输入“X:0”并按回车键，在窗口中显示扩展存储器中各存储单元的内容。

(6) 查看变量

从 View 菜单中选择 Watch Window 菜单项的子菜单 Watch 1，在软件界面底部出现如图 3-28 所示的窗口。

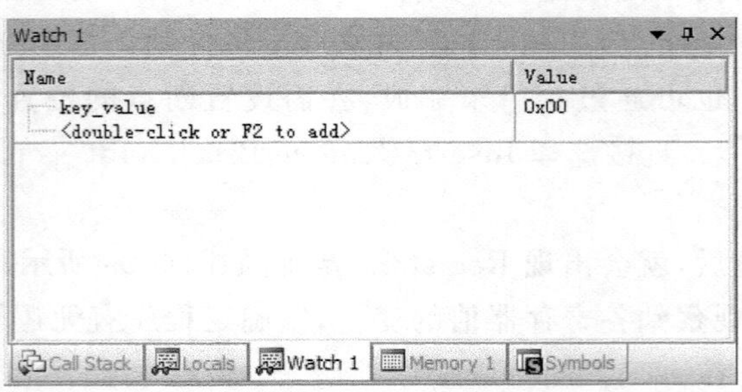

图 3-28 Watch 窗口

双击<double-click or F2 to add>或按 F2 键，可在其中输入待观察的变量名，接着运行程序，就可观察变量的变化情况。

3.6　STC15 系列单片机编程工具说明

3.6.1　利用 RS-232 转换器的典型应用线路图

一般 PC 带 RS-232 串口，因此单片机与 PC 进行数据通信必须配 RS232 转换接口，如图 3-29 所示。

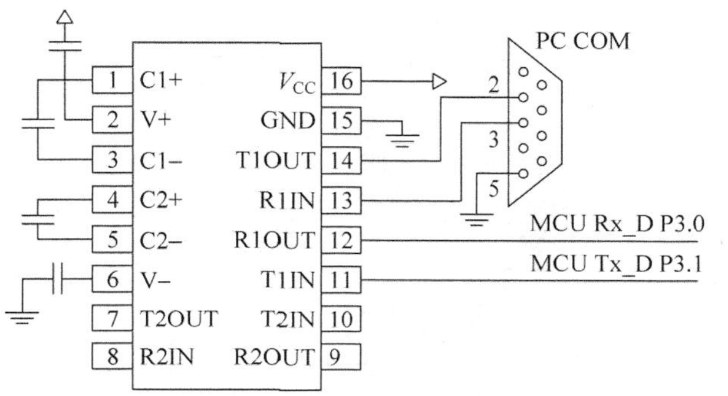

图 3-29　用 RS232 转换器的典型应用线路图

有的 PC 未配置串口，可通过 USB-RS232 转换线将 USB 接口虚拟为串口使用，注意必须安装对应驱动程序，之后确定 PC 端口 COM，具体过程为：右击“我的电脑”→“属性”→“硬件”→“设备管理器”即可确定所虚拟的串口是 PC 的第几个 COM。

3.6.2　ISP 下载程序的过程

STC15 系列单片机内部固化有 ISP 监控程序，通过它，用户可将应用程序下载到单片机的程序存储器中。ISP 下载程序流程如图 3-30 所示。

使用 ISP 功能时，应注意以下几点。

（1）如果用户系统的 P3.0 和 P3.1 连接到 RS485 等电路，下载程序时，先将其断开，建议在下载选项中选择“下次冷启动时需 P3.2/P3.3＝0/0 才可以下载程序”。

（2）外部手动复位、看门狗复位均不能使单片机运行 ISP 程序。

（3）单片机运行 ISP 程序时，大概花几十到几百毫秒来检测是否有合法的下载流，如没有合法的下载流，则运行用户程序。但如果已设置只有当 P3.2/P3.3＝0/0 时，才检测是否有合法的下载流，当冷启动后，如果

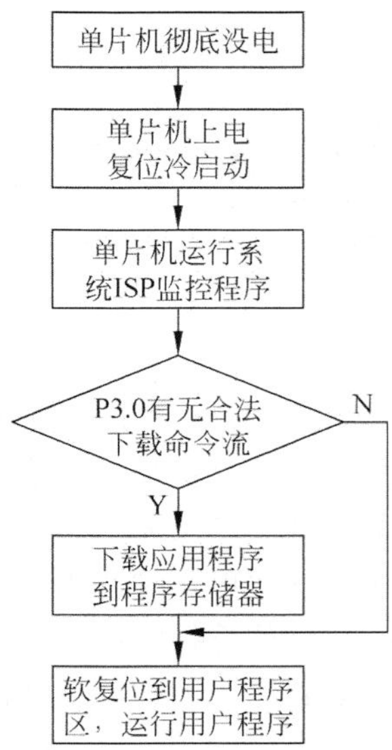

图 3-30　STC15F2K60S2 单片机的 ISP 下载程序流程

P3.2、P3.3 不同时为 0，则跳过检测合法下载流环节，直接运行用户程序，从而加快用户系统的启动速度。

(4) 使用 ISP 下载程序时，PC 端的 ISP 控制软件必须先发下载命令流，再冷启动单片机。

3.6.3 使用 ISP 工具下载程序的步骤

从宏晶公司的网站下载并双击可执行程序 stc-isp-15xx-v6.07.exe，启动后的运行界面如图 3-31 所示。

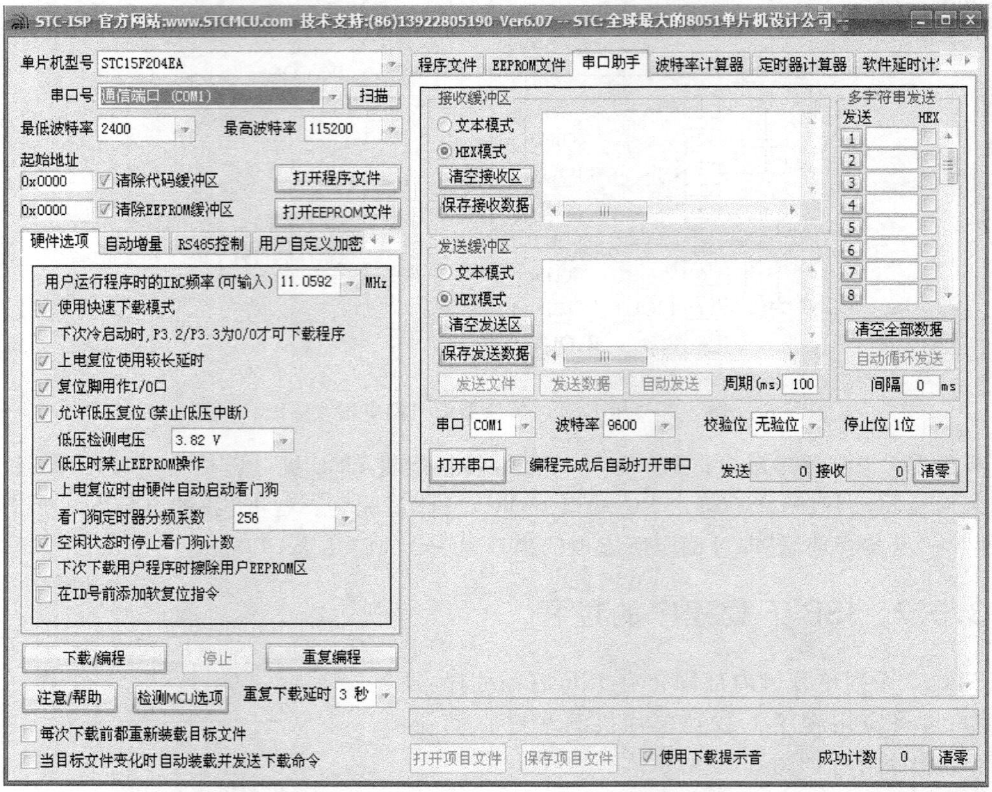

图 3-31 stc-isp-15xx-v6.07.exe 启动后的运行界面

下载程序时，按以下步骤进行。

(1) 选择单片机型号。

(2) 选择串口及波特率。

(3) 打开程序文件。用户程序文件的后缀为".hex"或".bin"。

(4) 时钟的选择，默认为 11.0592MHz，根据系统板的实际情况选择。

(5) 设置启动下载的条件。

(6) 单击"下载"按钮，将用户程序下载到单片机。

下载完成后，将单片机的供电电源断开，再重新给单片机上电，新的设置才会生效，并执行用户程序。

习题

（1）简述什么是指令和指令系统。

（2）什么是寻址方式？STC15F2K60S2 单片机有哪几种寻址方式？每种寻址方式所能寻址的空间如何？

（3）指出下列指令中源操作数和目的操作数的寻址方式。

```
① MOV    R0,#10
② MOV    R1,20H
③ ADD    A,@R1
④ MOVX   @DPTR,A
⑤ MOVC   A,@A+PC
⑥ SJMP   10H
⑦ CLR    20H.1
⑧ SETB   C
⑨ ANL    C,P1.0
⑩ JBC    RI,20H
```

（4）判断下列指令格式的对错，如果错误请说出理由。

```
① MOV    #20H,A
② MOV    R0,R1
③ ADD    20H,30H
④ MOV    @R0,R1
⑤ MOVX   A,@A+PC
⑥ SJMP   1000H
⑦ PUSH   A
⑧ POP    R1
⑨ ORL    C,P0
⑩ JB     A,LOOP
```

（5）已知 A＝10H，R0＝20H，R1＝30H，SP＝07H，执行下列指令后 A＝？R0＝？R1＝？并试问以下指令序列能起到数据保护和恢复的作用吗？如不能，下列指令代码又该如何编写？

```
PUSH  ACC
PUSH  00H
PUSH  01H
POP   ACC
POP   00H
POP   01H
```

（6）说明以下指令的功能及操作数涉及的存储器类型。

```
MOV   A,20H
MOV   20H,@R0
```

```
MOV    R2,80H
MOVC   A,@A+DPTR
MOVX   @DPTR,A
MOVX   A,@R1
```

(7) 执行下面程序段后，A的内容是什么？CY的内容是什么？

```
XRL    A,A
INC    A
ADD    A,#0A6H
DA     A
```

(8) 使用位操作指令实现以下操作。要求不得改变未涉及位的内容。

① 使 ACC.1 和 ACC.3 置 1；

② 清除 A 的低 4 位；

③ 置位 20H.0、20H.2、20H.4、20H.6，清除 20H.1、20H.3、20H.5、20H.7。

(9) 试编写程序实现数据块的拷贝。

第4章 单片机的C语言程序设计

目前，51系列单片机的开发与应用中常用汇编语言和C语言进行程序设计。汇编语言是一种面向机器的程序语言，与硬件结合紧密，但可读性差，不便于移植，应用系统设计的周期相对长，调试和校正也比较困难。

用C语言编写51单片机程序与用汇编语言编写有所不同。汇编语言编写程序时要按实际地址处理端口数据，且必须考虑片内数据存储器及具有特殊功能寄存器的使用。而单片机C语言具有数据类型丰富，简单易读，目标程序效率高，开发周期短，便于维护，可移植性好等特点，在程序设计时相对来说比较容易，此外其模块化的编程思想，在复杂任务或具有大量运算的系统开发中，更能凸显其优势。单片机C语言既具有高级语言的优点，同时含有汇编语言的特点，因此能够对硬件直接进行访问，按照地址方式访问存储器或I/O端口。现在，采用C语言编写程序进行单片机应用系统开发已经成为一种趋势。

现在支持51系列单片机的C语言编译器种类多，其中Keil C51以它的生成目标代码效率高和使用方便等特点得到广泛应用。

本章主要介绍单片机C语言程序设计中的数据类型、运算符及表达式等基础知识，简要介绍基于Keil C51编译器的C语言程序设计及仿真测试。

4.1 C51的数据类型

程序设计离不开数据的应用，学习C51语言的过程中掌握理解数据类型也是程序设计的关键。在标准C语言中基本的数据类型为char，int，short，long，float和double等，而在C51编译器中int和short相同，float和double相同，单片机C语言与标准C语言有共同的数据类型，同时又具有自身的特点，如表4-1所示。

表4-1 C51中的基本数据类型及扩充数据类型

数据类型	字节长度	取值范围
bit		0或1
signed char	1	－128～＋127
unsigned char	1	0～255
signed int	2	－32 768～＋32 867
unsigned int	2	0～65 535
signed long	4	－2 147 483 648～＋2 147 483 647

续表

数据类型	字节长度	取值范围
unsigned long	4	0～4 294 967 295
float	4	±1.176E−38～±3.40E+38
指针	1～3	对象地址
sbit		0 或 1
sfr	1	0～255
sfr16	2	0～65 535

4.1.1 数据类型

1. 字符类型 char

char 类型的长度是一个字节，通常用于定义处理字符数据的变量或常量。分无符号字符类型 unsigned char 和有符号字符类型 signed char，在没有特殊声明的情况下，系统默认值为 signed char 类型。unsigned char 类型用字节中所有的位来表示数值，可以表达的数值范围是 0～255。signed char 类型用字节中最高位字节表示数值的符号，“0”表示正数，“1”表示负数，负数通常用补码形式表示。所能表示的数值范围是 −128～+127。unsigned char 常用于处理 ASCII 字符或用于处理小于或等于 255 的整型数。

正数的补码与原码、反码相同，负数的补码等于它的绝对值按位取反后加 1。

2. 整型 int

整型 int 长度为两个字节，用于存放一个双字节数据。分有符号整型数 signed int 和无符号整型数 unsigned int，系统默认值为 signed int 类型。signed int 表示的数值范围是 −32 768～+32 767，字节中最高位表示数据的符号，“0”表示正数，“1”表示负数。unsigned int 表示的数值范围是 0～65 535。

3. 长整型 long

长整型 long 长度为 4 个字节，用于存放一个 4B 数据。分有符号长整型 signed long 和无符号长整型 unsigned long，系统默认值为 signed long 类型。signed long 表示的数值范围是 −2 147 483 648～+2 147 483 647，字节中的最高位表示数据符号，“0”表示正数，“1”表示负数。unsigned long 表示的数值范围是 0～4 294 967 295。

4. 浮点型 float

浮点型 float 就是平常所说的实数，浮点型数通常有十进制小数和指数两种形式。在十进制中具有 7 位有效数字，是单精度浮点型数据，一个浮点型数据一般在内存中占用 4 个字节。

5. 指针型*

指针型本身就是一个变量，在这个变量中存放着指向另一个数据的地址。这个指针变量要占据一定的内存单元，对不同的处理器长度也不尽相同，在 C51 中它的长度一般为 1～3 个字节。

6. 位标量 bit

位标量 bit 是 C51 编译器的一种扩充数据类型，利用它可定义一个位标量，但不能定义位指针，也不能定义位数组。它的值是一个二进制位，0 或 1，类似一些高级语言中的 Boolean 类型中的 True 和 False。

7. 特殊功能寄存器 sfr

sfr 也是一种扩充数据类型，占用一个内存单元，取值范围为 0～255。利用它可以访问 51 单片机内部所有特殊功能的寄存器。如用 sfr P1 = 0x90 这一句定义 P1 为 P1 端口在片内的寄存器，在后面的语句中我们可以使用 P1 = 255(将 P1 端口的所有引脚置高电平)之类的语句来操作特殊功能寄存器。在 C51 中访问特殊功能寄存器前需对 sfr 或 sfr16 加以声明。

8. 16 位特殊功能寄存器 sfr16

sfr16 占用两个内存单元，取值范围为 0～65 535。sfr16 和 sfr 一样用于操作特殊功能寄存器，所不同的是它用于操作占两个字节的寄存器，如定时器 T0 和 T1。

9. 可寻址位 sbit

sbit 同位是 C51 中的一种扩充数据类型，利用它可以访问芯片内部 RAM 中的可寻址位或特殊功能寄存器中的可寻址位。

在进行运算时，C51 编译器将不同类型的数据转换成同一数据类型后再计算。因此，C51 既支持隐式类型的转换，也可以利用强制类型转换符进行任意强制转化。

4.1.2 关键字

单片机 C 语言在进行程序设计过程中可以使用 ANSI C 中定义的 32 个关键字，如表 4-2 所示。在 C51 编译器中被识别为专用的特殊标示符，是 C51 的重要组成部分，这些关键字格式已固定，在程序设计中用户自定义的标识符应避免与系统默认关键字重名，否则，在程序编译过程中将会出现错误。除此之外，鉴于 C 语言编译器种类多的特点，不同的编译系统会根据单片机硬件自身的特点来扩展相关的关键字，如表 4-3 所示。

表 4-2 ANSI C 标准的关键字

序号	关键字	用 途	说 明
1	continue	程序语句	转向下一次循环
2	default	程序语句	switch 语句中的失败选择项
3	do	程序语句	构成 if…else 选择结构
4	break	程序语句	退出最内层循环体
5	case	程序语句	switch 语句中的选择项

续表

序号	关键字	用　途	说　明
6	else	程序语句	构成 do…while 循环结构
7	for	程序语句	构成 for 循环结构
8	goto	程序语句	构成 goto 转移结构
9	if	程序语句	构成 if…else 选择结构
10	return	程序语句	函数返回
11	switch	程序语句	构成 switch 选择结构
12	while	程序语句	构成 while 和 do…while 循环结构
13	int	数据类型声明	基本整型数
14	long	数据类型声明	长整型数
15	char	数据类型声明	单字节整型数或字符型数据
16	enum	数据类型声明	枚举
17	double	数据类型声明	双精度浮点数
18	float	数据类型声明	单精度浮点数
19	short	数据类型声明	短整型数
20	signed	数据类型声明	有符号数，二进制数据的最高位为符号位
21	struct	数据类型声明	结构类型数据
22	typedef	数据类型声明	重新进行数据类型定义
23	union	数据类型声明	联合类型数据
24	unsigned	数据类型声明	无符号数据
25	void	数据类型声明	无类型数据
26	volatile	数据类型声明	说明该变量在程序执行中可被隐含地改变
27	const	存储类型声明	在程序执行过程中不可修改的变量值
28	auto	存储种类声明	用以声明局部变量，缺省值为此
29	extern	存储种类声明	在其他程序模块中声明了的全局变量
30	static	存储种类声明	静态变量
31	sizeof	运算符	计算表达式或数据类型的字节数

表 4-3　Keil C51 编译器的扩展关键字

序号	关键字	用　途	说　明
1	_at_	地址定位	为变量进行存储器绝对空间地址定位
2	alien	函数特性声明	用以声明与 PL/M51 兼容的函数
3	bit	位标量声明	声明一个位标量或位类型的函数
4	code	存储器类型声明	8051 程序存储器空间
5	bdata	存储器类型声明	可位寻址的 8051 内部数据存储器
6	data	存储器类型声明	直接寻址的 8051 内部数据存储器
7	idata	存储器类型声明	间接寻址的 8051 内部数据存储器
8	pdata	存储器类型声明	分页寻址的 8051 内部数据存储器
9	xdata	存储器类型声明	8051 外部数据存储器
10	compact	存储器模式	指定使用 8051 外部分页寻址数据存储器空间

续表

序号	关键字	用　　途	说　　明
11	large	存储器模式	指定使用 8051 外部数据存储器空间
12	small	存储器模式	指定使用 8051 内部数据存储器空间
13	_priority_	多任务优先声明	规定 RTX51 或 RTX51 Tiny 的任务优先级
14	reentrant	再入函数声明	定义一个再入函数
15	sbit	位变量声明	声明一个可位寻址变量
16	sfr	特殊功能寄存器声明	声明一个 8 位的特殊功能寄存器
17	sfr16	特殊功能寄存器声明	声明一个 16 位的特殊功能寄存器
18	interrupt	中断函数声明	定义一个中断服务函数
19	_task_	任务声明	定义实时多任务函数
20	using	寄存器组定义	定义 8051 的工作寄存器组

4.2　C51 运算符及表达式

C51 语言中具有十分丰富的运算符，常见的有赋值运算符、算术运算符、关系运算符、逻辑运算符、位运算符、逗号运算符、条件运算符等，另外还有一些较为特殊的运算符，利用这些运算符可以完成复杂运算，因此，C51 有很强的数据处理能力。按照运算对象的个数及相互关系又可将运算符分为单目运算符、双目运算符和三目运算符，将运算符和运算对象连接成具有特定含义的式子即为表达式。

4.2.1　算术运算符和表达式

单片机 C 语言中的算术运算符有如下几个，其中只有取正值和取负值运算符是单目运算符，其他则都是双目运算符。

1. 基本的算术运算符

(1) ＋　加法运算符或取正值运算符；
(2) －　减法运算符或取负值运算符；
(3) *　乘运算符；
(4) /　除运算符；
(5) %　取余运算符。

其中加、减、乘运算没有什么特别之处，相对比较简单，需要说明的是，两个整数相除的结果为整数，如 9/4 的结果为 2，结果应舍去小数部分。如果两个浮点数相除，结果仍为浮点数，如 9.0/4.0，结果为 1.25。

对于取余运算，是取除法结果的余数，该运算符不能用于浮点数，要求参加运算的两个数必须为整数。如 7%4，结果为 3。

2. 自增、自减运算符

＋＋和－－，即增量运算符和减量运算符，这两个运算符是 C 语言中特有的一种运算符。C51 同样具有这个特性。作用就是对运算对象做加 1 和减 1 运算。要注意的是运算对象在符号前或后，其含义都是不一样的，虽然同是加 1 或减 1。如 I++，++I，I--，--I。

I++(或 I--)是先使用 I 的值，再执行 $I+1$(或 $I-1$)；而++I(或--I)是先执行 $I+1$(或 $I-1$)，再使用 I 的值。多数编译环境中自增和自减操作生成的代码执行速度比赋值语句生成的代码要快很多，所以在编程中推荐使用该运算符。

3. 算术运算符优先级

算术运算符的优先级依次为自增(++)、自减(--)和取负号(-)，乘(*)、除(/)、求余(或称模运算%)、加(+)、减(-)。在表达式求值时，先按运算符的优先级别高低次序执行，例如先乘除后加减，程序编译时对同级运算一般按照自左至右的方向进行运算。

4. 算术表达式

算术表达式是用算术运算符和括号将运算对象连接起来，并满足 C51 语法规则的基本式子。例如 $a*(b-c)/d-1.5+$ 'a'，算术表达式比较简单，在计算过程中应注意算术运算符的优先级和运算顺序。

4.2.2 赋值运算符和表达式

1. 赋值运算符

赋值符号“=”即为赋值运算符，它的作用是将一个数据赋给一个变量。如 $x=8$，其功能是执行一次赋值操作(或称赋值运算)。把常量 8 赋给变量 x。也可以将一个表达式的值赋给一个变量。赋值运算符具有右结合性。因此 $a=b=c=5$ 可理解为 $a=(b=(c=5))$。

赋值表达式中要注意不同数据类型的转换，其转换规则遵循等号右边的值转换为左边值的类型。

2. 复合赋值运算符

在赋值符“=”之前加上其他双目运算符可构成复合赋值符。如+=，-=，*=，/=，%=，＜＜=，＞＞=，&=，^=，|=。构成复合赋值表达式的一般形式为＜变量＞＜双目运算符＞=＜表达式＞，它等价于＜变量＞=＜变量＞＜运算符＞＜表达式＞。

例如，$a+=5$ 等价于 $a=a+5$；$x*=y+7$ 等价于 $x=x*(y+7)$。

复合赋值符写法，对初学者可能不习惯，但十分有利于编译处理，能提高编译效率并产生质量较高的目标代码。

3. 赋值表达式

在 C51 中，把“=”定义为运算符，从而组成赋值表达式。凡是表达式可以出现的地方均可出现赋值表达式，其一般形式为＜变量＞＜赋值运算符＞＜表达式＞。例如，式子 $x=(a=5)+(b=8)$ 是合法的。它的含义是把 5 赋给 a，8 赋给 b，再把 a，b 相加，和赋给 x，故 x 应等于 13。

4.2.3 关系运算符和表达式

关系运算是逻辑运算中比较简单的一种。所谓“关系运算”实际上是“比较运算”。关系运算符应用于比较两个数的大小,用关系运算符将两个表达式连接起来形成的式子称为关系表达式,关系表达式通常用于在分支结构或循环结构中作为判别条件。

1. 关系运算符

在程序中经常需要比较两个量的大小关系,判断其比较的结果是否符合给定的条件。比较两个量的运算符称为关系运算符。在 C51 语言中有以下关系运算符。

(1) < 小于;

(2) <= 小于或等于;

(3) > 大于;

(4) >= 大于或等于;

(5) == 等于;

(6) != 不等于。

关系运算符都属于双目运算符,其结合性均为左结合。在 6 个关系运算符中,<,<=,>,>=的优先级相同,高于==和!=,而==和!=的优先级相同。例如,$c>a+b$ 等价于 $c>(a+b)$,$a>b==c$ 等价于 $(a>b)==c$。

2. 关系表达式

用关系运算符将两个表达式(可以是算术表达式、关系表达式、逻辑表达式、赋值表达式)连接起来的式子,称为关系表达式。

关系表达式的一般形式为<表达式 1><关系运算符><表达式 2>。

例如,$a+b>c-d$,$x>7/2$,'A'$+1<c$,$-i-5*j==l+1$;都是合法的关系表达式。由于表达式也可以包含关系表达式,所以允许出现嵌套的情况,例如 $a>(b>c)$,$a!=(c==d)$等。关系表达式的结果为“真”和“假”,用“1”和“0”表示。例如 $a=4$,$b=2$,$c=2$,则关系表达式“$a>b$”的值为“真”,表达式的值为 1;关系表达式“$b+c<a$”的值为“假”,表达式的值为 0。

4.2.4 逻辑运算符和表达式

逻辑运算符中的“逻辑”用来描述运算量的逻辑关系,用逻辑运算符将关系表达式或逻辑量连接起来的式子就是逻辑表达式。

1. 逻辑运算符

由于逻辑运算在单片机的 C 语言程序设计中经常用到,因此,这里作简单介绍。C51 提供的三种逻辑运算符与标准 C 语言相同,如下。

(1) 逻辑与(&&);

(2) 逻辑或(||);

(3) 逻辑非(!)。

&& 和||是双目运算符,它要求有两个运算量(操作数),如$(a>b)\&\&(c>d)$,$(a>b)||(c>d)$。! 是单目运算符,只要求有一个运算量,如! $(a>b)$。

表 4-4 为逻辑运算的“真值表”,用来表示 a 和 b 的值为不同组合时,各种逻辑运算结果。如果结果为真,则为 1;如果结果为假,则为 0。

表 4-4 C51 逻辑运算的真值表

a	***b***	**!*a***	**!*b***	***a* && *b***	***a* || *b***
1	1	0	0	1	1
1	0	0	1	0	1
0	1	1	0	0	1
0	0	1	1	0	0

与运算符(&&)表示两个条件同时满足时(即两个条件都为真时),返回结果才为真。

或运算符(||)用于检查两个条件中是否有一个为真的运算符,只要有一个条件为真,运算结果就为真。

逻辑非运算符(!)表示对表达式的真值取反。

2. 逻辑表达式

对于使用逻辑运算符的表达式,返回值应该为一个逻辑量“真”或“假”,C51 编译系统中返回 0 表示“假”,返回 1 表示“真”。例如,

(1) a、b 的值分别 6、7,a || b 的值为 1。

(2) a、b 的值分别 6、7,!a || b 的值为 1。

(3) 4&&0||2 的值为 1。

实际上,在逻辑表达式的求解中,并不是所有的逻辑运算符都被执行的,只是在必须执行下一个逻辑运算符才能求出表达式的解时,才会执行该运算符。例如,a||b||c 只有 a 为真(非 0)时,才可以不判断 b 和 c。只有 a 为假,才判断 b。a 和 b 都为假才判断 c。

4.2.5 位运算符和表达式

C51 语言可以对运算对象按位进行相应的操作。位运算主要是按位对变量进行计算,也是指进行二进制位的运算,但运算后并不改变参与运算的变量值。运算量只能是整型或字符型的数据,不能为实型数据。C51 中的位运算符与标准 C 语言中的运算符相同,如下。

(1) & 按位与;

(2) | 按位或;

(3) ^ 按位异或;

(4) ~ 按位取反;

(5) << 左移;

(6) >> 右移。

位运算符中除~以外,其余都为双目运算符,要求两侧都有一个运算量。

1. 按位与运算符(&)

运算符"&"是双目运算符。其功能是参与运算的两数各对应的二进制位逻辑与。只有对应的两个二进制位均为 1 时，结果位才为 1，否则为 0。参与运算的数以补码方式出现。例如 3&5 可写算式如下。00000011（3 的二进制补码）&00000101（5 的二进制补码），结果为 00000001（1 的二进制补码），可见 3&5=1。

2. 按位或运算(|)

按位或运算符(|)是双目运算符。其功能是参与运算的两数各对应的二进制位相或。只要对应的两个二进制位有一个为 1 时，结果位就为 1。参与运算的两个数均以补码出现。例如，7|9 可写算式如下。00000111|00001001，结果为 00001111（十进制为 15），可见 7|9=15。

3. 按位异或运算(∧)

按位异或运算符(∧)是双目运算符。其功能是参与运算的两数各对应的二进制位相异或，当两对应的二进制位相异时，结果为 1。参与运算数仍以补码出现。例如 3∧5 可写成算式如下，00000011∧00000101，结果为 00000110（十进制为 6），可见 3∧5=6。

4. 按位取反运算(～)

求反运算符(～)为单目运算符，具有右结合性。其功能是对参与运算的数的各二进制位按位求反。例如～100 的运算为～(01100100)，结果为 10011011=155(十进制)。

5. 左移运算(<<)

左移运算符(<<)是双目运算符。左移 n 位就是乘以 2 的 n 次方。其功能是把"<<"左边的运算数的各二进位全部左移若干位，由"<<"右边的数指定移动的位数，高位丢弃，低位补零。例如，a<<2 指把 a 的各二进制位向左移动 2 位。如 a=00001111(十进制 15)，左移 2 位后为 00111100(十进制 60)。

总之左移就是：丢弃最高位，0 补最低位。左移比乘法运算快得多，有些 C 编译程序自动将乘 2 的运算用左移一位来实现，将乘 2^n 的幂运算处理为左移 n 位。

6. 右移运算(>>)

右移运算符(>>)是双目运算符。右移 n 位就是除以 2 的 n 次方。其功能是把">>"左边的运算数的各二进位全部右移若干位，由">>"右边的数指定移动的位数。

例如，设 a=15，a>>2 表示把 000001111 右移为 00000011(十进制 3)。应该说明的是，对于有符号数，在右移时，符号位将随同移动。当为正数时，最高位补零，而为负数时，符号位为 1，最高位是补零或是补 1 取决于编译系统的规定。

4.2.6 条件运算符和表达式

条件运算符要求有三个运算对象，称为三目运算符，它是 C51 中唯一的一个三目运算

符。条件表达式的一般形式为

表达式 1?表达式 2: 表达式 3

条件运算符的执行顺序是：先求解表达式 1，如果为非 0(即为真)则求解表达式 2，此时表达式 2 的值就作为整个条件表达式的值。如果表达式 1 的值为 0(即为假)，则求解表达式 3，此时表达式 3 的值是整个条件表达式的值。例如，$a=10$，$b=6$，max=($a>b$)? a:b，该条件表达式的执行结果就是将条件表达式的值赋给 max，即将 a，b 中较大者赋给 max，该表达式执行结果为 10。

4.2.7 逗号运算符和表达式

C 语言提供了一种较为特殊的运算符——逗号运算符。用它将两个或两个以上的表达式连接起来，称为逗号表达式，又称为“顺序求值运算符”。

逗号表达式的一般形式为表达式 1，表达式 2，表达式 3，…，表达式 n。

逗号表达式的求解过程是：先求解表达式 1，再求解表达式 2，依次计算，整个逗号表达式的值是表达式 n 的值。例如，逗号表达式“3+5，7+8”的值为 14。

4.2.8 地址和指针运算符

C51 提供了两个专门的地址操作运算符，用来表示指针变量和它所指向的变量地址之间的对应关系。

(1) * 指针运算符(或称为“间接访问”运算符)，取其指向的内容。

(2) & 取地址运算符。

指针运算符(*)一定要放在指针变量之前，通过它访问以指针变量内容为地址所指向的存储单元；取地址运算符“&”应放在变量的前面，通过它取得变量的地址，变量的地址通常送给指针变量。

4.3 预处理

程序设计语言的预处理即在编译之前进行的处理。C 语言的预处理主要有三个方面的内容：宏定义、文件包含、条件编译。预处理命令以符号“#”开头。

4.3.1 宏定义

宏定义又称为宏代换、宏替换，简称“宏”。用一个指定的标识符(即名字)来代替一个字符串。

1. 不带参数的宏定义

格式 #define 标识符 字符串

其中的标识符就是所谓定义的符号常量，也称为“宏名”。例如 #define PI 3.1415926 它的作用就是在程序文件中用指定的标示符 PI 来代替“3.1415926”这个字符串。预处理

(预编译)工作也叫做宏展开:将宏名替换为字符串。掌握"宏"概念的关键是"换"。一切以换为前提,即在对相关命令或语句的含义和功能作具体分析之前就要换。例如 #define PI 3.1415926,把程序中出现的 PI 全部换成 3.1415926。

说明:

(1) 宏名一般习惯用大写字母,便于与一般变量名区分。

(2) 使用宏可提高程序的通用性和易读性,减少不一致性,减少输入错误且便于修改。

(3) 预处理是在编译之前的处理,而编译工作的任务之一就是语法检查,预处理不做语法检查。

(4) 宏定义末尾不加分号。

(5) 宏定义写在函数的花括号外边,通常在文件的最开头,作用域为其后的程序。

(6) 如果终止宏定义,可以用 #undef 命令。

(7) 宏定义可以嵌套。

(8) 字符串" "中永远不包含宏。

(9) 宏定义是专门用于预处理命令的专用名词,它与定义变量的含义不同,只做字符替换,不分配内存。

2. 带参数的宏定义

除了一般的字符串替换之外,还要做参数代换。

格式 #define 宏名(参数表) 字符串

例如 #define S(a,b) a * b

area=S(3,2);第一步被换为 area=a * b,第二步被换为 area=3 * 2。

说明:

(1) 实参如果是表达式容易出问题。

```
#define S(r) r * r
```

area=S(a+b);第一步换为 area=r * r,第二步被换为 area=a+b * a+b,出现错误,正确的宏定义是 #define S(r) (r) * (r)。

(2) 宏名和参数的括号间不能有空格。

(3) 宏替换只做替换,不做计算,不做表达式求解。

(4) 函数调用在编译后程序运行时进行,并且分配内存。宏替换在编译前进行,不分配内存。

(5) 宏没有类型转换。

(6) 函数只有一个返回值,利用宏则可以得到多个值。

(7) 宏展开使源程序变长。

(8) 宏展开不占运行时间,只占编译时间。

4.3.2 文件包含

所谓的"文件包含"处理是指一个源文件可以将另一源文件的全部内容包含进来,即将另外的文件包含到本文件中。

格式 ＃include "文件名"或 ＃include <文件名>

编译时以包含处理以后的文件为编译单位，被包含的文件是源文件的一部分。编译以后只得到一个目标文件.obj。被包含的文件又被称为“标题文件”或“头文件”，常用.h作扩展名。修改头文件后所有包含该文件的文件都要重新编译，头文件的内容除了函数原型和宏定义外，还可以有结构体定义，全局变量定义。

说明：

(1) 一个＃include命令只能指定一个头文件。

(2) 文件1包含文件2，文件2用到文件3，则文件3的包含命令＃include应放在文件1的头部第一行。

(3) 文件包含可以嵌套。

(4) <文件名>称为标准方式，系统到头文件目录查找需要包含的文件，“文件名”则先在当前目录查找，而后到头文件目录查找要包含的文件。

(5) 被包含文件中的静态全局变量不用在包含文件中声明。

4.3.3 条件编译

一般情况下，源程序中所有行都要进行编译。但是有时候希望有些语句只有在满足一定条件时才编译。也就是说对这部分内容指定编译的条件，也就是“条件编译”。有时，希望在满足某些条件下对指定的一些语句进行编译，当条件不满足时则编译另一组语句。

条件编译的格式有以下几种形式。

(1)

```
#ifdef 标识符
    程序段 1
#else
    程序段 2
#endif
```

或

```
#ifdef
    程序段 1
#endif
```

它的功能是若所指定的标识符已经被＃define命令定义过了，则在程序编译时对程序段1进行编译；否则对编译程序段2，其中＃else部分可以没有。

(2)

```
#ifndef 标识符
    程序段 1
#else
    程序段 2
#endif
```

这种形式只是将形式(1)中“ifdef”改为“ifndef”，它的功能是若所指定的标识符没有被＃define 命令定义过，则在程序编译时对程序段 1 进行编译；否则对编译程序段 2。这种形式与第一种恰好相反。

（3）

```
#if 表达式 1
  程序段 1
#else
  程序段 2
#endif
```

当表达式 1 成立时，编译程序段 1，当不成立时，编译程序段 2。

使用条件编译可以使目标程序变小，运行时间变短。预编译使问题或算法的解决方案增多，有助于我们选择合适的解决方案。

4.4 数据的存储类型及存储模式

4.4.1 C 语言标准的数据存储器类型

变量是指在程序执行过程中，其数值不断变化的量。C51 规定变量在使用时必须先定义。C51 对变量的进行定义的格式如下，[存储种类] 数据类型 [存储器类型] 变量名表。其中，存储种类和存储器类型是可选项。

存储种类是指变量在程序执行过程中的作用范围。变量的存储种类有 4 种，分别为自动(auto)、外部(extern)、静态(static)和寄存器(register)。

(1) auto。使用存储种类说明符 auto 定义的变量称为自动变量。自动变量的作用范围在定义它的函数体或复合语句内部，在定义它的函数体或复合语句被执行时，C51 才为该变量分配内存空间，当函数调用结束返回或复合语句执行结束时，自动变量所占用的内存空间将被释放，这些内存空间又可被其他的函数体或复合语句使用。可见使用自动变量能最有效地使用 80C51 单片机内存。定义变量时，如果省略存储种类，则该变量默认为自动(auto)变量。使用外部种类存储符(extern)定义的变量称为外部变量。

(2) extern。在一个函数体内，要使用一个已在该函数体外或别的程序模块文件中定义过的外部变量时，该变量在本函数体内要用 extern 说明。使用 extern 定义的变量称为外部变量。外部变量被定义后，即分配了固定的内存空间，在程序的整个执行时间内都是有效的。通常将多个函数或模块共享的变量定义为外部变量。外部变量是全局变量，在程序执行期间一直占有固定的内存空间。外部变量直到程序结束才释放所占空间。

(3) static。使用存储种类说明符 static 定义的变量称为静态变量。静态变量分为局部静态变量和全局静态变量。局部静态变量是在两次函数调用之间仍能保持其值的局部变量。有些程序要求在多次调用之间仍然保持变量的值，使用自动变量无法作用到这一点。使用全局变量有时会带来意外的副作用，这时可采用局部静态变量。

(4) register。使用存储种类说明符 register 定义的变量称为寄存器变量。80C51 访问寄存器的速度最快，通常将使用频率最高的那些变量定义为寄存器变量。C51 编译器能自动识别程序中使用频率最高的变量，并自动将其作为寄存器变量，无需专门声明。

4.4.2 C51 数据的存储器类型

存储器类型主要用以指明所定义的变量应分配在什么样的存储空间。

(1) 程序存储区 code。程序空间用 code 标识符来访问片内、片外统一编址的程序存储区，寻址范围为 0～65 535。

(2) 内部数据存储区 data 是直接访问的内部数据存储器，该标识符通常是指低 128B 的内部数据区，为片内直接寻址的 RAM 空间，寻址范围为 0～127。

(3) idata 是间接访问的内部数据存储器，该标识符是指全部 256 个字节的内部存储区，为片内间接寻址的 RAM 空间，寻址范围为 0～255。

(4) bdata 是可位寻址的内部数据存储器，该标识符是指可位寻址的 16B 内部存储区(20H～2FH)，位地址范围为 0～127。本空间允许按字节和按位寻址。

(5) 外部数据存储区 xdata 是外部数据存储器(64KB)，该标识符是指外部数据存储区(64KB)内的任何地址，寻址范围为 0～65 535。

(6) pdata 是分页的外部数据存储器(256B)，该标识符仅指一页或 256B 的外部数据存储区，寻址范围为 0～255。

使用 code 存储类型定义数据时，C51 编译器会将其定义在程序代码存储器。使用存储类型 data、bdata、idata 定义变量或常量时，会将其定义在片内数据存储区中，存储区根据单片机 CPU 的不同，长度也不尽相同。在使用 xdata、pdata 存储类型定义变量和常量时，C51 编译器将其定位于外部数据存储空间。

4.4.3 C51 存储模式

C51 编译器允许采用三种存储模式：小编译模式 SMALL、紧凑编译模式 COMPACT、大编译模式 LARGE。一个变量的存储器模式确定了变量在内存中的地址空间。

(1) SMALL 模式，又称为小编译模式。在 SMALL 模式下，该变量在 80C51 单片机的内部 RAM 中，存储器类型为 data，在此模式下访问变量效率很高。

(2) COMPACT 模式，又称为紧凑编译模式。在 COMPACT 模式下，编译时函数的参数和变量被分配在片外 RAM 的低 256B 空间，存储器类型为 pdata。

(3) LARGE 模式，又称为大编译模式。在 LARGE 模式下，函数的参数和局部变量在 80C51 单片机的外部 RAM 中的 64B 空间。存储器类型为 xdata。

在 SMALL 模式下，变量被定位在 data 区，经 C51 编译器编译后，采用内部 RAM 直接寻址方式访问速度最快；在 COMPACT 模式下，变量被定位在 pdata 区，经 C51 编译器编译后，采用外部 RAM 间接寻址方式访问速度较快；在 LARGE 模式下，变量被定位在 xdata 区，经 C51 编译器编译后，采用外部 RAM 间接寻址方式访问速度最慢。为了提高系统运行速度，建议在编写源程序时，把存储模式设定为 SMALL，再在程序中把 xdata、pdata 和 idata 等类型变量进行专门声明。

4.5 单片机 C51 语言程序架构

C51 语言是目前最流行的单片机程序设计语言，使用 C51 语言进行程序设计可以方便地实现程序设计模块化，代码结构清晰，可读性强，易于维护和移植，且可以在模块设计基础上进行功能扩展，适合较大规模的单片机程序设计。

本节针对单片机 C51 语言的编程特点，提供一个通用 STC15F2K60S2 单片机的基本程序架构供读者在学习和工作中参考。在编程过程中，只需在其合适的位置添加需要完成设计任务对应的代码，即可构成一个完整的 C 语言程序，从而达到对所学知识融会贯通的目的。

```
#include "STC15F2K60S2.h"
/* STC15F2K60S2.h 为单片机寄存器定义头文件 */
void delay(long delaytime);                    //声明子函数,子函数有返回值
void main(void)
{
     //… 此处可存放应用系统的初始化代码
    while(1)                                   //主程序循环
    {
          //根据需要填入适当的内容
          delay(100);                          //可以调用用户自定义的子函数
    }
}
//---------- 各个子函数的声明 -----------
void delay(long delaytime)
{
        while(delaytime > 0)
        delaytime -- ;                         //子函数的实现代码
}
//---------- 各个中断函数的实现 ----------
void INT0_ISR(void) interrupt 0                //外部中断 0 服务子函数
{
            //根据需要填入程序代码
}
void T0_ISR(void) interrupt 1                  //定时器 0 中断服务子函数
{
            //根据需要填入程序代码
}
void INT1_ISR(void) interrupt 2                //外部中断 1 服务子函数
{
           //根据需要填入程序代码
}
void T1_ISR(void) interrupt 3                  //定时器 1 中断服务子函数
{
          //根据需要填入程序代码
}
void UART1_ISR(void) interrupt 4               //串口 1 中断服务子函数
{
           //根据需要填入程序代码,注意中断请求标志的清零
}
void ADC_ISR (void) interrupt 5                //ADC 中断服务子函数
{
           //根据需要填入程序代码,注意中断请求标志的清零
```

```
}
void LVD_ISR (void) interrupt 6               //低电压检测中断子函数
{
        //根据需要填入程序代码,注意中断请求标志的清零
}
void PCA_ISR (void) interrupt 7               //PCA 中断子函数
{
        //根据需要填入程序代码,注意中断请求标志的清零
}
void UART2_ISR (void) interrupt 8             //串口 2 中断子函数
{
        //根据需要填入程序代码,注意中断请求标志的清零
}
void SPI_ISR (void) interrupt 9               //SPI 中断子函数
{
        //根据需要填入程序代码,注意中断请求标志的清零
void INT2_ISR(void) interrupt 10              //外部中断 2 服务子函数
{
    //根据需要填入程序代码
}
void INT3_ISR(void) interrupt 11              //外部中断 3 服务子函数
{
    //根据需要填入程序代码
}
void T2_ISR(void) interrupt 12                //定时器 2 中断服务子函数
{
    //根据需要填入程序代码
}
void INT4_ISR(void) interrupt 16              //外部中断 4 服务子函数
{
    //根据需要填入程序代码
}
```

当软件编写完成后,需要功能调试,其仿真、调试的方法具体详见第 3 章。

习题

(1) 列举说明 C51 的数据类型有几种?

(2) 列举并说明 C51 中的基本运算符及使用方法。

(3) 说明 pdata 和 xdata 在定义外部变量时的区别。

(4) 如何使用 keil 和 proteus 联合调试程序,试说明其调试过程。

(5) 用 C 语言编写程序,花样流水灯,用 16 只 LED 分两组按预设的多种花样变换显示。

(6) 用 C 语言编写程序,单只数码管循环显示 0~9,主程序中的循环语句反复将 0~9 的段码送至 P0 口,使数字 0~9 循环显示。

(7) 设单片机的 $f_{osc}=6\text{MHz}$,要求在 P1.7 脚上的指示灯亮一秒灭一秒。

第5章 中断

中断的概念是20世纪50年代针对查询法输入/输出的缺点提出的，很多外围设备并不具备时刻处于准备就绪状态的功能，CPU与这样的外设进行数据通信前，首先应查询外设当前的状态，如处于就绪态则进行与外设的数据通信，否则一直处于查询外设的状态，在此期间消耗了宝贵的CPU资源，造成CPU利用率低下的问题。为此提出了中断技术，其核心思想是当外设没处于就绪态时CPU处理其他任务，而外设就绪后向CPU提出数据通信的请求，CPU对此请求做出响应后，暂停当前任务的处理，转而处理与外设的数据通信，与外设的数据交换完成后再次回到前面暂停的任务中继续处理原来的工作。

有了中断技术，使计算机的工作更加灵活、效率更高。多任务是现代计算机系统的一个显著特征，其基础就是完善的中断技术，也正因为如此，中断功能的强弱已成为衡量一台计算机功能完善与否的一个重要指标。

5.1 中断系统概述

5.1.1 中断的概念

当CPU正在执行程序（主程序）的时候，外部发生的某一事件请求CPU迅速去处理，于是CPU暂时中止当前的工作，转去处理所发生的事件（执行中断处理程序）。中断服务处理完该事件后，再返回到原来被中止的地方继续原来的工作，这样的过程称为中断。一个完整的中断过程包括中断请求、中断响应、中断服务及中断返回4个步骤，如图5-1所示。

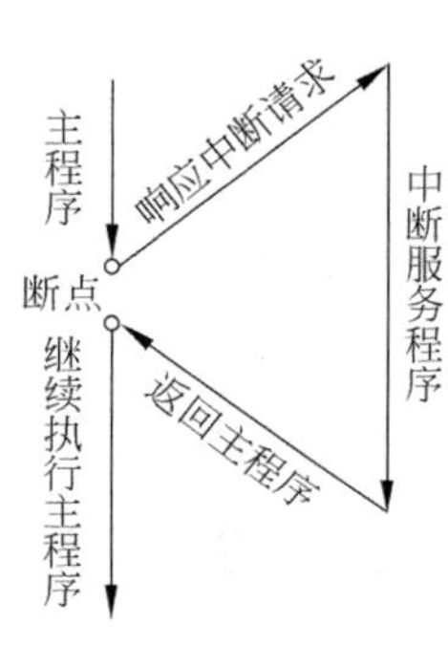

图5-1 中断响应过程

5.1.2 中断源

引起CPU产生中断的原因或根源称为中断源。

5.1.3 中断请求

中断源向CPU提出的处理请求，称为中断请求或中断申请。

5.1.4 中断响应

CPU暂时中止原来的工作，转去处理其他事件的过程，称为

CPU 的中断响应过程。

5.1.5 中断服务

对事件的整个处理过程，称为中断服务（或中断处理）。

5.1.6 中断返回

执行完中断处理程序后，再返回到原来被中止的地方继续原程序的执行，称为中断返回。

5.1.7 中断优先级

当有多个中断源同时向 CPU 提出中断请求时，就存在 CPU 先响应哪个中断请求、后响应哪个中断请求的问题，为此，CPU 要对每个中断源事先确定一个优先级别，称为中断优先级。当多个中断源同时提出中断请求时 CPU 先响应优先级高的中断请求，之后再响应低优先级的中断请求。

5.1.8 中断嵌套

当 CPU 正在处理一个中断请求时，又出现了另一个优先级更高的中断请求，此时，CPU 暂时中止当前优先级低的中断服务，保护好断点后，转去响应优先级高的中断请求，当执行完优先级高的中断服务程序后，再返回接着去执行原来被中止的低优先级中断服务程序，这个过程称为中断嵌套。中断嵌套的过程如图 5-2 所示。

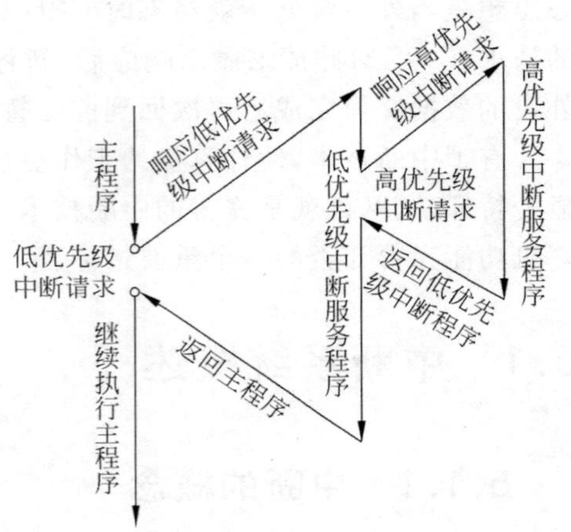

图 5-2 中断嵌套

5.2 STC15F2K60S2 单片机的中断系统及控制

5.2.1 STC15F2K60S2 单片机的中断源

STC15F2K60S2 单片机的有 14 个中断源，分别是：外部中断 0（INT0）、定时器 0 溢出中断、外部中断 1（INT1）、定时器 1 溢出中断、串口 1 中断、A/D 转换中断、低电压检测中断（LVD）、PCA/CCP 中断、串口 2 中断、SPI 中断、外部中断 2（INT2）、外部中断 3（INT3）、定时器 2 溢出中断、外部中断 4（INT4）。

5.2.2 STC15F2K60S2 单片机的中断系统

STC15F2K60S2 单片机的中断系统如图 5-3 所示。

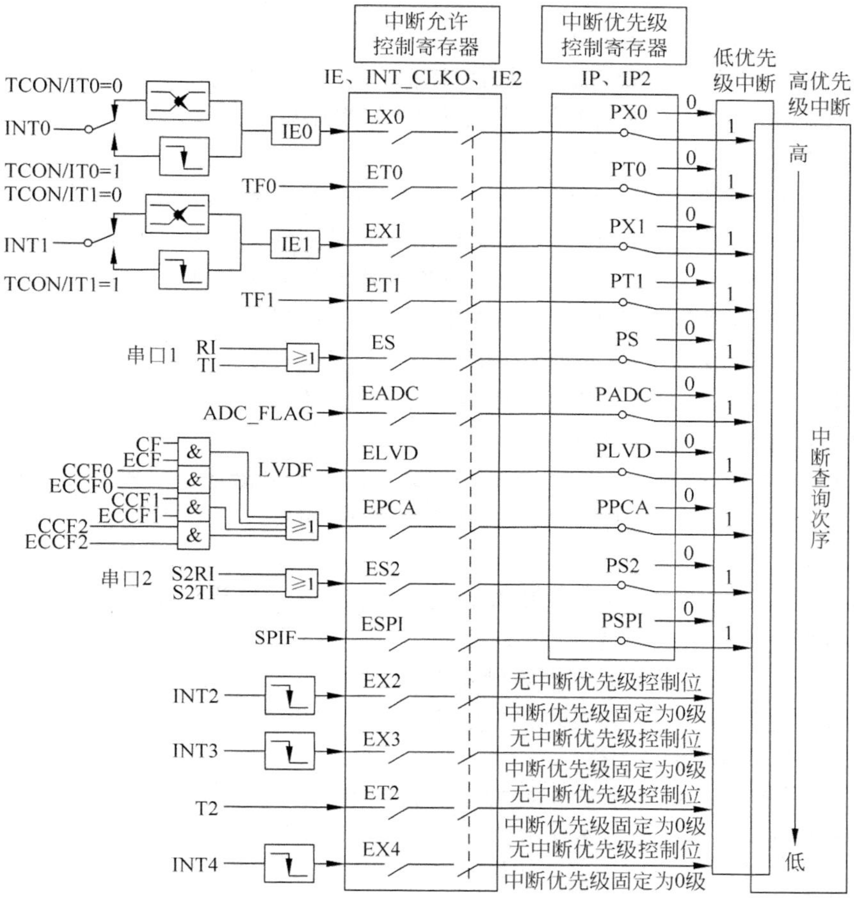

图 5-3　STC15F2K60S2 单片机的中断系统

5.2.3　STC15F2K60S2 单片机的中断控制系统

在 STC15F2K60S2 的中断系统通过以下 16 个特殊功能寄存器实现对各中断源的控制。

1. 中断请求标志

(1) TCON 中的中断标志位

TCON 是定时器/计数器 T0 和 T1 的控制寄存器，锁存了 T0、T1 的溢出中断标志位及外部中断 0 和外部中断 1 的中断标志位。特殊功能寄存器 TCON 中的各位分布如下。

TCON 88H	位号	B_7	B_6	B_5	B_4	B_3	B_2	B_1	B_0
	位名称	TF1	TR1	TF0	TR0	IE1	IT1	IE0	IT0

各控制位的意义如下。

- TF1 为定时器/计数器 T1 的溢出中断标志位。当 T1 启动工作后进行加 1 计数，当溢出后，有硬件自动使 TF1 置 1，并向 CPU 发出中断请求。当 CPU 响应该中断时，由硬件自动对 TF1 清零。

- TF0 为定时器/计数器 T0 的溢出中断标志位。当 T0 启动工作后进行加 1 计数，当溢出后，有硬件自动使 TF0 置 1，并向 CPU 发出中断请求。当 CPU 响应该中断时，由硬件自动对 TF0 清零。
- IE1 为外部中断 1 的中断标志位。当检测到外部中断引脚 1 上存在有效的中断请求信号时，由硬件自动使 IE1 置 1，在中断响应时硬件自动对 IE1 清零。
- IE0 为外部中断 0 的中断标志位。当检测到外部中断引脚 0 上存在有效的中断请求信号时，由硬件自动使 IE0 置 1，在中断响应时硬件自动对 IE0 清零。
- IT1 为外部中断 1 的中断触发方式控制位。

  当 IT1=1 时，外部中断 1 的中断触发方式程控为下降沿触发，当外部中断 1 引脚出现下降沿产生中断时，置位 IE1。

  当 IT1=0 时，外部中断 1 中断触发方式程控为上升沿或下降沿触发，当外部中断 1 引脚出现上升沿或下降沿均产生中断时，置位 IE1。
- IT0 为外部中断 0 的中断触发方式控制位。

  当 IT1=0 时，外部中断 0 的中断触发方式程控为下降沿触发，当外部中断 0 引脚出现下降沿产生中断时，置位 IE0。

  当 IT0=0 时，外部中断 0 中断触发方式程控为上升沿或下降沿触发，当外部中断 0 引脚出现上升沿或下降沿均产生中断时，置位 IE0。

(2) SCON 中的中断标志位

SCON 是串行口 1 控制寄存器，锁存了串行口 1 的发送、接收中断标志位 TI 和 RI。特殊功能寄存器 SCON 中各位分布如下。

SCON 98H	位号	B_7	B_6	B_5	B_4	B_3	B_2	B_1	B_0
	位名称	SM0/FE	SM1	SM2	REN	TB8	RB8	TI	RI

- TI 为串行口 1 发送中断标志位。当一帧数据发送完成时由硬件自动使 TI 置 1，并向 CPU 发出中断请求，但 CPU 响应该中断时不能通过硬件使 TI 清零，用户必须在中断服务程序中通过软件将 TI 清零。
- RI 为串行口 1 接收中断标志位。当一帧数据可靠接收完成时由硬件自动使 TI 置 1，并向 CPU 发出中断请求，但 CPU 响应该中断时不能通过硬件使 TI 清零，用户必须在中断服务程序中通过软件将 TI 清零。当串行口 1 接收完一帧数据后将接收移位寄存器的数据放到接收缓冲器，同时置位 RI，所以如通过查询法读取串行口 1 接收的数据必须等到 RI 为 1。

(3) ADC_CONTR 中的中断标志位

ADC_CONTR 是 ADC 控制寄存器，锁存了 A/D 转换结束中断标志位 ADC_FLAG。特殊功能寄存器 ADC_CONTR 中各位分布如下。

ADC_CONTR BCH	位号	B_7	B_6	B_5	B_4	B_3	B_2	B_1	B_0
	位名称	ADC_POWER	SPEED1	SPEED0	ADC_FLAG	ADC_START	CHS2	CHS1	CHS0

ADC_FLAG 为 A/D 转换结束中断标志位。当 A/D 转换完成后，由硬件将 ADC_FLAG 置 1，并向 CPU 发出中断请求。CPU 响应该中断后不能通过硬件将 ADC_FLAG 位清零，用户必须通过软件将该位清零。

(4) PCON 中的中断标志位

PCON 是电源控制寄存器，锁存了低电压检测中断标志位 LVDF。特殊功能寄存器 PCON 中各位分布如下。

PCON 87H	位号	B_7	B_6	B_5	B_4	B_3	B_2	B_1	B_0
	位名称	SMOD	SMOD0	LVDF	POF	GF1	GF0	PD	IDL

LVDF 为低电压检测中断标志位。在正常工作或在空闲工作状态时，如果内部工作电压 V_{CC} 低于低电压检测门槛电压，由硬件将 LVDF 置 1，并向 CPU 发出中断请求。CPU 响应该中断后不能通过硬件将 LVDF 位清零，用户必须通过软件将该位清零。但如果此时内部工作电压 V_{CC} 仍低于低电压检测门槛电压，该位又被自动置 1。在进入掉电工作状态前，如果低电压检测电路未被允许产生中断，则在进入掉电工作模式后，该低电压检测电路不工作以降低功耗；但如果允许产生低电压检测中断，则在进入掉电工作模式后，该低电压检测电路继续不工作，在内部工作电压 V_{CC} 仍低于低电压检测门槛电压时，LVDF 位被自动置 1，产生低电压检测中断，将微处理器从当地状态唤醒。

(5) CCON 中的中断标志位

CCON 是 PCA 控制寄存器，锁存了 PCA 计数器溢出中断标志位 CF 及 CCF2、CCF1、CCF0。特殊功能寄存器 CCON 中各位分布如下。

CCON D8H	位号	B_7	B_6	B_5	B_4	B_3	B_2	B_1	B_0
	位名称	CF	CR	—	—	—	CCF2	CCF1	CCF0

- CF 为 PCA 计数器溢出标志位。当 PCA 计数溢出时，由硬件将 CF 置 1，并向 CPU 发出中断请求。CPU 响应该中断后不能通过硬件将 CF 位清零，用户必须通过软件将该位清零。
- CCF2/CCF1/CCF0 为 PCA 各模块的中断标志位。其中 CCF2 对应模块 2，CCF1 对应模块 1，CCF0 对应模块 0。当出现匹配或捕获时由硬件将对应标志位置 1，并向 CPU 发出中断请求。CPU 响应该中断后不能通过硬件将 CCF2/CCF1/CCF0 位清零，用户必须通过软件将该位清零。在中断服务程序中，通过判断各标志位以确定是哪个模块产生了中断。

(6) S2CON 中的中断标志位

S2CON 是串行口 2 控制寄存器，锁存了串行口 2 的发送、接收中断标志位 S2TI 和 S2RI。特殊功能寄存器 S2CON 中各位分布如下。

S2CON 9AH	位号	B_7	B_6	B_5	B_4	B_3	B_2	B_1	B_0
	位名称	S2SM0	—	S2SM2	S2REN	S2TB8	S2RB8	S2TI	S2RI

- S2TI 和 S2RI 分别为串行口 2 的发送、接收中断标志位，其含义与功能与 TI 和 RI 类似。

(7) SPSTAT 中的中断标志位

SPSTAT 是 SPI 状态寄存器，锁存了 SPI 传输完成中断标志位 SPIF。特殊功能寄存器 SPSTAT 中各位分布如下。

SPSTAT CDH	位号	B_7	B_6	B_5	B_4	B_3	B_2	B_1	B_0
	位名称	SPIF	WCOL	—	—	—	—	—	—

SPIF 为 SPI 传输完成的中断标志位。当一次 SPI 传输完成时，由硬件将 SPIF 位置 1，并向 CPU 发出中断请求。CPU 响应该中断后不能通过硬件将 SPIF 位清零，用户必须通过软件向该位写 1 而清零。

外部中断 2、外部中断 3 及外部中断 4 只能在下降沿触发，且这几个中断标志位对用户不可见。当对应的中断响应后或在 EXn=0(n=2、3、4)时，这些中断请求标志位会自动被清零。

定时器 T2 的中断请求标志位对用户也是不可见的。当 T2 的中断被响应后或 ET2=0 时，该中断标志位会自动被清零。

2. 中断允许的控制

在计算机系统中有可屏蔽中断和不可屏蔽中断两种。不可屏蔽中断是用户不能禁止的，这类中断一旦产生，CPU 必须响应；而对于可屏蔽中断，用户可通过软件来控制 CPU 是否允许中断源的中断请求，如允许中断则称为开中断，如不允许中断则称为关中断。在 STC15F2K60S2 单片机中的 14 个中断都是可屏蔽中断，通过设置中断允许寄存器 IE、IE2 及外部中断允许和时钟输出寄存器 INT_CLKO、匹配或捕获寄存器 CCAPMn(n=0、1、2)、PCA 工作模式寄存器 CMOD 的相关位来实现具体某一中断源的中断是否被允许。STC15F2K60S2 单片机对中断源的中断允许或禁止由两级控制组成，即总控制和每个中断源的允许控制。总控制是控制 CPU 是否响应中断的一级开关，如一级开关被禁止，则 CPU 不响应任何中断，只有在一级开关被允许的前提下，对某一中断源的中断请求是否响应由二级开关决定，当二级开关被允许时才能响应对应中断源的中断请求，否则不允许对应中断源的中断请求。

(1) 中断允许寄存器 IE

中断允许寄存器 IE 的各位定义如下。

IE A8H	位号	B_7	B_6	B_5	B_4	B_3	B_2	B_1	B_0	复位值
	位名称	EA	ELVD	EADC	ES	ET1	EX1	ET0	EX0	00H

- EA 为中断允许总控制位。

  EA=0，CPU 关中断，所有中断源的中断请求均不响应；

  EA=1，CPU 开中断，所有中断源的中断请求均可被响应，但对具体的某一中断源的中断请求能否被响应，还取决于该中断源的中断允许控制位。

- ELVD 为低电压检测中断允许控制位。
  ELVD=0,禁止低电压检测中断;
  ELVD=1,允许低电压检测中断。
- EADC 为 ADC 中断允许控制位。
  EADC=0,禁止 ADC 中断;
  EADC=1,允许 ADC 中断。
- ES 为串口 1 中断允许控制位。
  ES=0,禁止串口 1 中断;
  ES=1,允许串口 1 中断。
- ET1 为定时器 1 中断允许控制位。
  ET1=0,禁止定时器 1 中断;
  ET1=1,允许定时器 1 中断。
- EX1 为外部中断 1 中断允许控制位。
  EX1=0,禁止外部中断 1 中断;
  EX1=1,允许外部中断 1 中断。
- ET0 为定时器 0 中断允许控制位。
  ET0=0,禁止定时器 0 中断;
  ET0=1,允许定时器 0 中断。
- EX0 为外部中断 0 中断允许控制位。
  EX0=0,禁止外部中断 0 中断;
  EX0=1,允许外部中断 0 中断。

(2) 中断允许寄存器 IE2

中断允许寄存器 IE2 的各位定义如下。

IE2 AFH	位号	B_7	B_6	B_5	B_4	B_3	B_2	B_1	B_0	复位值
	位名称	—	—	—	—	—	ET2	ESPI	ES2	xxxxx000B

- ET2 为定时器 2 中断允许控制位。
  ET2=0,禁止定时器 2 中断;
  ET2=1,允许定时器 2 中断。
- ESPI 为 SPI 中断允许控制位。
  ESPI=0,禁止 SPI 中断;
  ESPI=1,允许 SPI 中断。
- ES2 为串口 2 中断允许控制位。
  ES2=0,禁止串口 2 中断;
  ES2=1,允许串口 2 中断。

(3) 外部中断使能和时钟输出寄存器 INT_CLKO

外部中断使能和时钟输出寄存器 INT_CLKO 的各位定义如下。

INT_CLKO 8FH	位号	B_7	B_6	B_5	B_4	B_3	B_2	B_1	B_0	复位值
	位名称	—	EX4	EX3	EX2	—	T2CLKO	T1CLKO	T0CLKO	x000x000B

- EX4 为外部中断 4 中断允许控制位。
  EX4=0,禁止外部中断 4 中断;
  EX4=1,允许外部中断 4 中断。
- EX3 为外部中断 3 中断允许控制位。
  EX3=0,禁止外部中断 3 中断;
  EX3=1,允许外部中断 3 中断。
- EX3 为外部中断 3 中断允许控制位。
  EX3=0,禁止外部中断 3 中断;
  EX3=1,允许外部中断 3 中断。

(4) PCA 匹配/捕获寄存器 CCAPM*n*(*n*=0、1、2)

PCA 匹配/捕获寄存器 CCAPM*n*(*n*=0、1、2,地址分别为 DAH、DBH、DCH) 的各位定义如下。

CCAPM*n*	位号	B_7	B_6	B_5	B_4	B_3	B_2	B_1	B_0	复位值
	位名称	—	ECOM*n*	CAPP*n*	CAPN*n*	MAT*n*	TOG*n*	PWM*n*	ECCF*n*	x0000000B

ECCF*n* 为 CCFn 的中断允许控制位。
ECCF*n*=0,禁止 CCF*n* 中断;
ECCF*n*=1,允许 CCF*n* 中断。

(5) PCA 工作模式寄存器 CMOD

PCA 工作模式寄存器 CMOD 的各位定义如下。

CMOD D9H	位号	B_7	B_6	B_5	B_4	B_3	B_2	B_1	B_0	复位值
	位名称	CIDL	—	—	—	CPS2	CPS1	CPS0	ECF	0xxx0000B

ECF 为 CF 中断允许控制位。
ECF=0,禁止 CF 中断;
ECF=1,允许 CF 中断。

3. 中断优先级控制

在 STC15F2K60S2 单片机中除外部中断 2、外部中断 3、外部中断 4 及定时器 T2 的中断优先级固定为低优先级外,其余 10 个中断具有高、低两个中断优先级,可程控为高优先级或低优先级,从而实现二级中断嵌套。各中断源的优先级在中断优先级寄存器(IP 和 IP2)中定义。

(1) 中断优先级寄存器 IP

中断优先级寄存器 IP 的各位定义如下。

IP B8H	位号	B_7	B_6	B_5	B_4	B_3	B_2	B_1	B_0	复位值
	位名称	PPCA	PLVD	PADC	PS	PT1	PX1	PT0	PX0	00H

- PPCA 为 PCA 中断优先级控制位。
  PPCA=0,PCA 中断为低优先级；
  PPCA=1,PCA 中断为高优先级。
- PLVD 为低电压检测中断优先级控制位。
  PLVD=0,低电压检测中断为低优先级；
  PLVD=1,低电压检测中断为高优先级。
- PADC 为 ADC 中断优先级控制位。
  PADC=0,ADC 中断为低优先级；
  PADC=1,ADC 中断为高优先级。
- PS 为串口 1 中断优先级控制位。
  PS=0,串口 1 中断为低优先级；
  PS=1,串口 1 中断为高优先级。
- PT1 为定时/计数器 1 溢出中断优先级控制位。
  PT1=0,定时/计数器 1 溢出中断为低优先级；
  PT1=1,定时/计数器 1 溢出中断为高优先级。
- PX1 为外部中断 1 中断优先级控制位。
  PX1=0,外部中断 1 中断为低优先级；
  PX1=1,外部中断 1 中断为高优先级。
- PT0 为定时/计数器 0 溢出中断优先级控制位。
  PT0=0,定时/计数器 0 溢出中断为低优先级；
  PT0=1,定时/计数器 0 溢出中断为高优先级。
- PX0 为外部中断 0 中断优先级控制位。
  PX0=0,外部中断 0 中断为低优先级；
  PX0=1,外部中断 0 中断为高优先级。

(2) 中断优先级寄存器 IP2

第二中断优先级寄存器 IP2 的各位定义如下。

IP2 B5H	位号	B_7	B_6	B_5	B_4	B_3	B_2	B_1	B_0	复位值
	位名称	—	—	—	—	—	—	PSPI	PS2	xxxxxx00B

- PSPI 为 SPI 中断优先级控制位。
  PSPI=0,SPI 中断为低优先级；
  PSPI=1,SPI 中断为高优先级。
- PS2 为串口 2 中断优先级控制位。
  PS2=0,串口 2 中断为低优先级；
  PS2=1,串口 2 中断为高优先级。

在系统复位后 IP、IP2 相应中断优先级控制位均为 0，所有中断源的中断优先级都为低优先级。

如果同一优先级的多个中断源同时向 CPU 发出中断请求，CPU 通过内部硬件查询自然顺序确定中断响应次序，在 STC15F2K60S2 单片机中同级自然查询次序如图 5-4 所示。

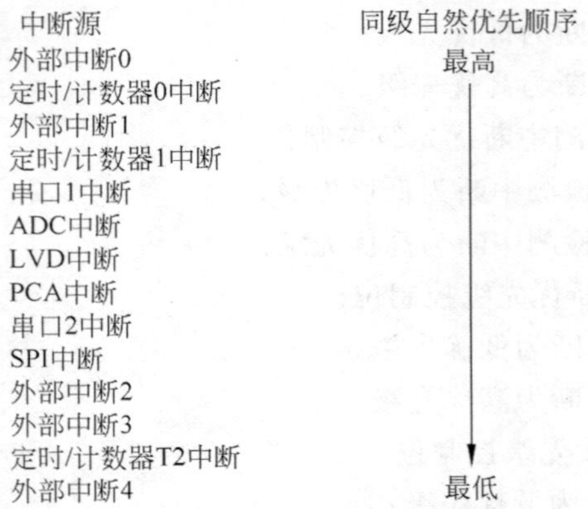

图 5-4　同一优先级的硬件自然查询次序

对 STC15F2K60S2 单片机各中断源及相关中断要素总结如表 5-1 所示。

表 5-1　STC15F2K60S2 单片机各中断源及相关中断要素

中断源	中断向量地址	中断号	中断标志位	中断总控制位	中断允许控制位	中断优先级控制位	默认中断优先级号
外部中断 0	0003H	0	IE0	EA	EX0	PX0	0(最高)
T0 溢出中断	000BH	1	TF0		ET0	PT0	1
外部中断 1	0013H	2	IE1		EX1	PX1	2
T1 溢出中断	001BH	3	TF1		ET1	PT1	3
串口 1 中断	0023H	4	RI+TI		ES	PS	4
ADC 中断	002BH	5	ADC_FLAG		EADC	PADC	5
LVD 中断	0033H	6	LVDF		ELVD	PLVD	6
PCA 中断	003BH	7	CF+CCFn (n=0、1、2)		ECF+ECCFn (n=0、1、2)	PPCA	7
串口 2 中断	0043H	8	S2RI+S2TI		ES2	PS2	8
SPI 中断	004BH	9	SPIF		ESPI	PSPI	9
外部中断 2	0053H	10			EX2		10
外部中断 3	005BH	11			EX3		11
T2 溢出中断	0063H	12			ET2		12
外部中断 4	0083H	16			EX4		16(最低)

5.2.4　STC15F2K60S2 单片机的中断处理

1. 中断响应的条件

CPU 在每条指令周期的最后一个时钟周期采样中断源，若某个中断源有中断请求则置位对应中断请求标志位，在开中断的情况下，CPU 在下一个指令周期的最后一个时钟周期按中断优先级的顺序查询各中断标志位，如查询到某个中断标志位被置 1，就将在下一个指令周期按中断优先级的高低顺序响应中断。

中断源向 CPU 提出中断请求时，只要中断响应的条件满足，之后 CPU 将进入中断响应周期，STC15F2K60S2 响应中断的条件是：

(1) 中断源有中断请求。

(2) CPU 开中断且对该中断源的中断请求允许，即 EA=1；该中断的中断允许位置 1。

只要满足以上两条件，该中断请求一定会响应，但能否在查询到中断标志后的下一个指令周期响应该中断还取决于以下其他条件。

(3) 当前指令周期结束。

(4) 无同级或高级中断正在处理。

(5) 如正在执行的指令是 RETI 或访问 IE、IP 等与中断有关的指令，则该指令执行结束后继续执行下面一条指令后再响应该中断。

2. 中断响应的自主处理过程

中断响应的自主操作过程其核心是通过硬件自动将对应中断源的中断矢量地址装入 PC，以进入对应的中断服务程序。

(1) 设置优先级生效触发器。

STC15F2K60S2 单片机内核中有两个用户不可编程使用的“优先级生效触发器”，一个是高优先级生效触发器，当某个高优先级中断被响应后，该触发器被置 1，指明当前正在响应高优先级中断，从而阻断所有其他中断；另一个是低优先级生效触发器，当某个低优先级中断被响应后，该触发器被置 1，指明当前正在响应低优先级中断，从而阻断除高优先级中断以外的其他中断。

(2) 断点保护。

为了中断响应结束后能正确返回到主程序的断点处继续执行程序，在转向中断服务程序前必须将当前 PC 值压入堆栈。

(3) 转中断服务程序。

将对应中断源的中断矢量地址送 PC，转向中断服务程序。

步骤(2)、(3)是由硬件自动产生一个长调用指令 LCALL 完成的，首先将当前 PC 压入堆栈，之后将对应中断矢量地址送 PC，从而转向中断服务程序。

在实际使用时由于空间限制一般不将中断服务程序直接存放在对应中断矢量地址处，而是存放在其他存储空间，在中断矢量地址处存放一条 LCALL 指令，其目标地址为对应中断服务程序的入口地址。例如对于外部中断 0 和串口 1 做如下处理。

在汇编源程序中加如下指令片段。

```
ORG 0003H                    ;0003H 是外部中断 0 的中断矢量地址
LJMP INT0_ISR                ;INT0_ISR 是外部中断 0 中断服务程序的入口地址

ORG 0023H                    ;0023H 是串口 1 的中断矢量地址
LJMP S1_ISR                  ;S1_ISR 是串口 1 中断服务程序的入口地址
```

在C语言中，每个中断函数的中断号与对应中断源是一一对应的，语句片段如下。

```
Void INT0_ISR(void) interrupt 0 {}            //外部中断 0 的中断函数
Void S1_ISR(void) interrupt 4 {}              //串口 1 的中断函数
```

（4）中断请求标志位的撤除。

由硬件能自动清除的中断标志位在中断响应时被硬件自动清除。

3. 中断服务及返回

CPU响应中断结束后转至中断服务程序的入口。从中断服务程序的第一条指令开始到中断返回为止，这个过程称为中断服务。虽因不同的中断其中断服务程序不同，但一般包括4个部分，基本结构为：保护现场，中断服务，恢复现场及中断返回，其流程如图5-5所示。

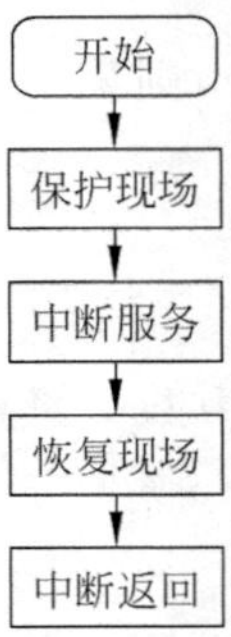

图 5-5 中断服务程序流程

保护现场。主程序和中断服务程序都会用到一些公共资源，如累加器A，程序状态寄存器PSW等，当CPU响应中断后，在中断服务程序中就有可能改变上述寄存器值，从而破坏了那些寄存器原有的内容，之后中断返回就会造成主程序混乱，因此在中断服务程序中首先就应通过数据入栈的方法将那些寄存器值保护起来，通常称为保护现场。

中断服务。中断服务是中断服务程序的核心，针对中断源的具体要求进行处理。

恢复现场。在中断返回前将现场保护过程中压入堆栈的数据依据先进后出的原则从堆栈依次弹出给对应的寄存器。

中断返回。执行RETI指令就完成中断返回。执行RETI指令后，由硬件将断点地址从堆栈弹出给PC，从而实现返回到主程序的断点处继续执行。

在编写中断服务程序时应注意以下两点。

（1）在保护现场和恢复现场时，为了不造成数据破坏或混乱，一般此时CPU关中断。之后为了实现中断嵌套再开中断。

（2）在中断响应时并不关中断，有时不希望在中断服务过程中被高优先级中断所中断，此时在中断服务程序中关中断，在中断返回前再开中断。

5.2.5 中断应用举例

【例5-1】 利用外部中断0引脚输入单脉冲，每来一个单脉冲，将连接到P1口的发光二极管循环点亮。发光二极管与单片机的连接如图5-6所示。

【解】 将外部中断0设置为下降沿触发方式。从图5-6可见，发光二极管是低电平驱动方式的，因此二极管的驱动初值可定义为FEH。

汇编语言程序如下。

```
        ORG     0000H
        LJMP    START
```

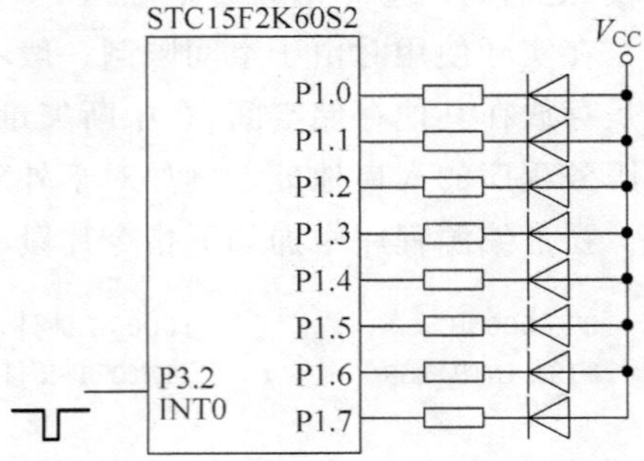

图 5-6 发光二极管与单片机的连接图

```
        ORG     0003H
        LJMP    INT0_ISR
        ORG     0100H
START:
        SETB    IT0                 ;外部中断 0 为下降沿触发
        SETB    EX0                 ;允许外部中断 0
        SETB    EA                  ;CPU 开中断
        MOV     A,#0FEH
        SJMP    $
INT0_ISR:
        MOV     P1,A
        RL A
        RETI
        END
```

C 语言程序如下。

```
#include "stc15.h"
unsigned chari = 0xfe;
void int0_isr(void) interrupt 0
{
    i <<= 1;
    if(i == 0) i = 0xfe;
    P1 = i;
}
void main(void)
{
  IT0 = 1;
  EX0 = 1;
  EA = 1;
  While(1);
}
```

【例 5-2】 如图 5-7 所示，从 P1.0～P1.3 读入按键数据，从 P1.4～P1.7 依次输出，要求外部中断 1 每来一次中断，完成一次读/写操作。

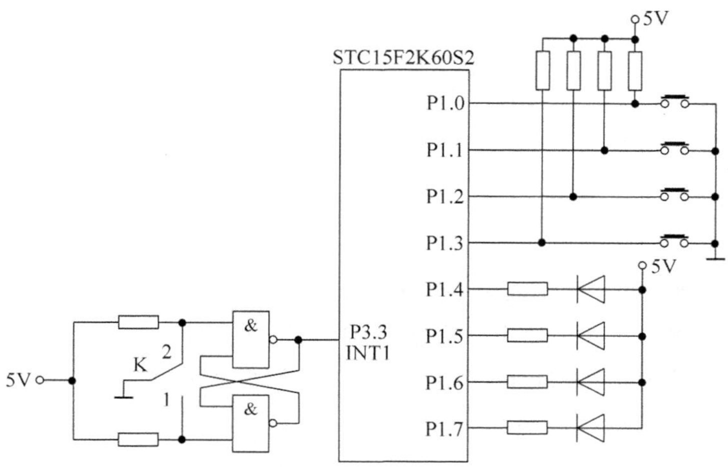

图 5-7 外部中断 1 示例图

【解】 加到 P3.3 引脚的电路是一个基本触发器构成的防抖电路，当开关 K 在 1、2 位置处来回拨动一次，在 P3.3 引脚产生一个下降沿，由此作为中断请求信号。

汇编语言程序如下。

```
        ORG     0000H
        LJMP    START
        ORG     0013H
        LJMP    INT1_ISR
        ORG     0100H
START:
        SETB    IT1                 ; 外部中断 1 为下降沿触发
        SETB    EX1                 ;允许外部中断 1
        SETB    EA                  ;CPU 开中断
        SJMP    $
INT1_ISR:
        MOV     P1, #0FFH
        MOV     A,P1                ;读取开关值
        ANL     A, #0FH
        SWAP    A
        MOV     P1,A                ;用读取的开关值驱动 LED 灯
        RETI
        END
```

C 语言程序如下。

```
#include "stc15.h"
void INT1_ISR(void) interrupt 2
{
  unsigned char i;
  P1 = 0xff;
  i = P1;
  i = i << 4;
  P1 = i;
}
void main(void)
{
  IT1 = 1;
  EX1 = 1;
  EA = 1;
  While(1);
}
```

【例 5-3】 外部中断 2、3、4 的使用方法。

【解】 外部中断 2、3、4 的使用方法与外部中断 0、1 的使用方法基本相同，区别在于外部中断 2、3、4 只有下降沿触发，且中断允许在 INT_CLKO 中，不能位寻址。

汇编语言程序如下。

```
        $INCLUDE(STC15.INC)         ; 包含 STC15F2K60S2 寄存器定义文件
        ORG     0000H
        LJMP    START
```

```
        ORG     0053H
        LJMP    INT2_ISR
        ORG     005BH
        LJMP    INT3_ISR
        ORG     0083H
        LJMP    INT4_ISR
        ORG     0100H
START:
        ORL     INT_CLKO, #70H          ;允许外部中断 2、3、4
        SETB    EA                      ;CPU 开中断
        SJMP    $
INT2_ISR:
          ⋮                             ;外部中断 2 的中断服务程序
        RETI
INT3_ISR:
          ⋮                             ;外部中断 3 的中断服务程序
        RETI
INT4_ISR:
          ⋮                             ;外部中断 4 的中断服务程序
        RETI
        END
```

C 语言程序如下。

```
#include "stc15.h"
void INT2_ISR(void) interrupt 10
{
                    //外部中断 2 的中断服务程序
}
void INT3_ISR(void) interrupt 11
{
                    //外部中断 3 的中断服务程序
}
void INT4_ISR(void) interrupt 16
{
                    //外部中断 4 的中断服务程序
}

void main(void)
{
  INT_CLKO |= 0x70;  //允许外部中断 2、3、4
  EA = 1;
  While(1);
}
```

【例 5-4】 外部中断的扩展方法。当外部中断较多的情况下，可采用硬件申请与软件查询相结合的方法实现。在硬件电路中将多个中断请求信号经或非再引到外部中断请求引脚，当多个中断请求信号中至少有一个中断请求有效后，使外部中断引脚中断请求有效，之后在中断服务程序中查询具体是哪一路中断信号有效，再做出对应的服务。

如图 5-8 所示为多路故障监视系统。当系统正常工作时 4 路故障源的收入均为低电平，显示灯都熄灭，当某一路(多路)出现故障时，对应的灯亮。

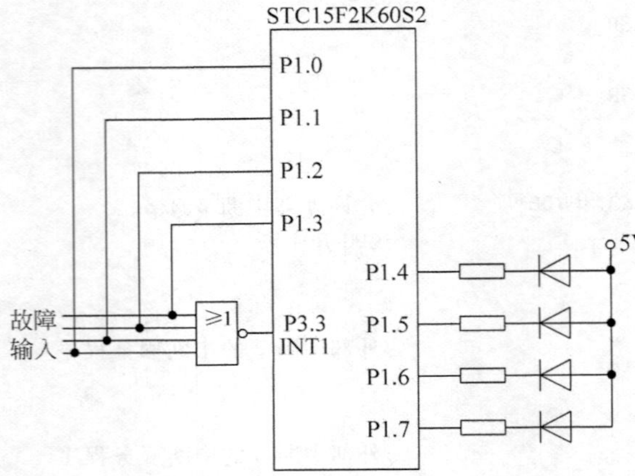

图 5-8 利用外部中断的扩展监视系统故障

【解】 在此系统中如未出现故障，加到 P3.3 引脚信号是高电平，出现故障时，加到 P3.3 引脚信号是低电平，所以可将外部中断 1 设为下降沿触发。

汇编语言程序如下。

```
        ORG     0000H
        LJMP    START
        ORG     0013H
        LJMP    INT1_ISR
        ORG     0100H
START:
        SETB    IT1
        SETB    EX1
        SETB    EA
        MOV     P1,#0FFH
        SJMP    $
INT1_ISR:
        JNB     P1.0,L1
        CLR     P1.4
L1:     SETB    P1.4
        JNB     P1.1,L2
        CLR     P1.5
L2:     SETB    P1.5
        JNB     P1.2,L3
        CLR     P1.6
L3:     SETB    P1.6
        JNB     P1.3,L4
        CLR     P1.7
L4:     SETB    P1.7
        RETI
        END
```

C 语言程序如下。

```
#include "stc15.h"
void INT1_ISR(void) interrupt 2
{
  unsigned char i;
  P1 = 0xff;
  i = ~P1;
  i = i << 4;
  P1 = i;
}
void main(void)
{
  IT1 = 1;
  EX1 = 1;
  EA = 1;
  P1 = 0xff;              //熄灭所有灯
  While(1);
}
```

习题

(1) 什么是中断? 在计算机系统中引入中断的优点是什么?

(2) 详述 STC15F2K60S2 单片机的中断系统。

(3) 简述 STC15F2K60S2 单片机响应中断的条件。

(4) 简述 STC15F2K60S2 单片机响应中断的过程。

第6章 STC15F2K60S2单片机的定时/计数器

STC15F2K60S2 单片机内部集成了三个 16 位的定时/计数器，分别为 T0、T1、T2，不仅可以用来方便定时，还可用作计数器或分频器。

STC15F2K60S2 单片机三个定时/计数器的另一特定功能就是可编程的时钟输出，通常用于对外部器件提供时钟信号。

定时/计数器的核心是一个加法计数器，工作时根据计数脉冲的来源不同分为定时工作方式和计数工作方式两种。当计数脉冲来自系统脉冲则为定时工作方式，每经过 12 个系统时钟或一个系统时钟（单时钟工作方式），计数器值加 1；当计数脉冲来自外部引脚（T0 来自 P3.4，T1 来自 P3.5，T2 来自 P3.1）则为计数工作方式，在对应引脚每来一个时钟计数器值加 1。

6.1 STC15F2K60S2 单片机定时/计数器的结构及工作原理

6.1.1 STC15F2K60S2 单片机定时/计数器的结构

STC15F2K60S2 单片机定时/计数器的整体结构图如图 6-1 所示。

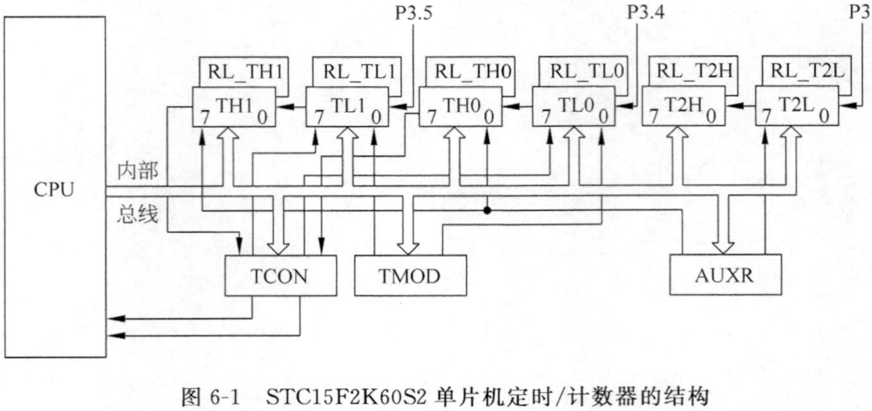

图 6-1 STC15F2K60S2 单片机定时/计数器的结构

TH0、TL0 分别是定时/计数器 T0 的高 8 位和低 8 位计数值，TH1、TL1 分别是定时/计数器 T1 的高 8 位和低 8 位计数值，TH2、TL2 分别是定时/计数器 T2 的高 8 位和低 8 位计数值；TMOD 是 T0、T1 的工作模式寄存器，由它确定 T0、T1 的工作模式和功能；TCON 是 T0、T1 的控制寄存器，用于控制 T0、T1 的启动和停止，另外 T0、T1 的溢出标志位也分布在该寄存器中；辅助寄存器 AUXR 用于确定 T2 的功能、启动和停止，同时该寄存器用于设定 T0、T1、T2 工作在定时方式时系统时钟的分频系数。

6.1.2　STC15F2K60S2 单片机定时/计数器的工作原理

STC15F2K60S2 单片机的 T0、T1 的结构框图如图 6-2 所示。

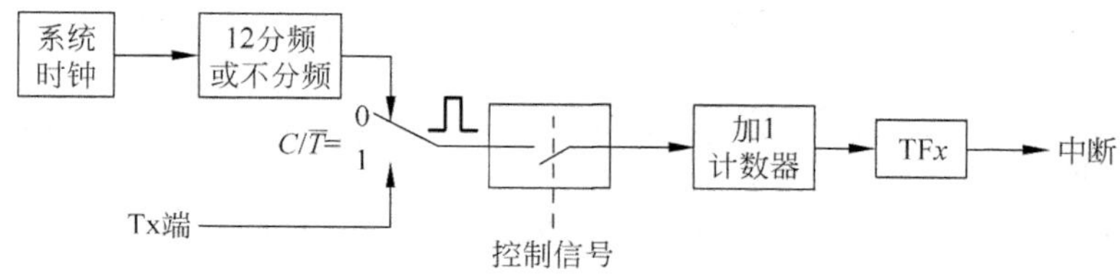

图 6-2　T0、T1 的结构框图(x=0、1)

从图 6-2 看出，定时/计数器的核心是一个加法计数器，每来一个脉冲计数器值加 1，计数脉冲有两个来源。一个是系统时钟，经 12 分频或不分频供给计数器，是否分频受制于辅助寄存器 AUXR 的 T0x_12 和 T1x_12 两位；另一个是外部脉冲源。

当 TMOD 寄存器的 $C/\overline{T}$ 为 0 时，计数脉冲来源于系统时钟(等间隔脉冲序列)，即定时/计数器工作于定时方式，每个时钟周期计数器加 1，由于此时计数脉冲为一时间基准，所以脉冲数乘以每次间隔时间就是定时时间；当 $C/\overline{T}$ 为 1 时，计数脉冲来源于外部引脚(T0 引脚或 T1 引脚，不等间隔脉冲序列)，即定时/计数器工作于计数方式，每当在对应引脚出现 1→0 的跳变时计数器值加 1，主要用于对外部事件的计数。

当计数器计数到全 1 时，再输入一个脉冲就会使计数值回 0，同时在最高位产生一个进位使定时器控制寄存器 TCON 的 TF0 或 TF1 置 1，同时向 CPU 发出中断请求，称为溢出。此时若工作于定时方式，则表示定时时间到；若工作于计数方式，则表示计数回 0。

STC15F2K60S2 单片机的 T2 结构框图如图 6-3 所示。

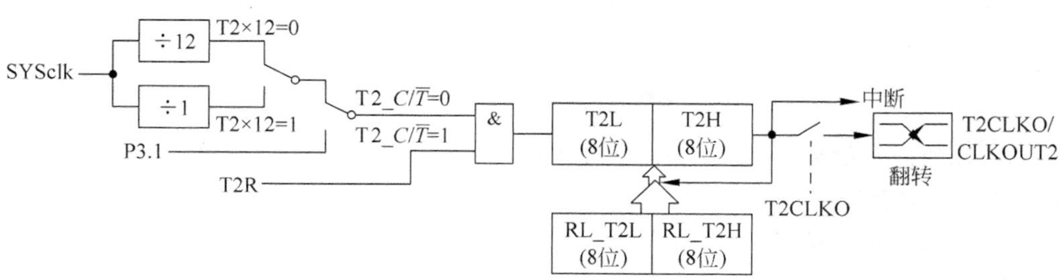

图 6-3　T2 的电路结构框图

T2 的工作原理与 T0、T1 是一样的，既可以工作在定时方式也可工作于计数方式，其功能受制于 AUXR 的 T2_$C/\overline{T}$ 位，不同之处为 T2 只工作在 16 位自动重装载模式。

6.2 STC15F2K60S2 单片机定时/计数器的控制

6.2.1 STC15F2K60S2 单片机定时/计数器的控制寄存器

STC15F2K60S2 单片机定时/计数器的工作模式、功能、启停、分频等由 TCON、TMOD、AUXR 三个特殊功能寄存器进行管理。

1. 定时/计数器控制寄存器 TCON

TCON 的作用是控制定时/计数器 T0、T1 的启动与停止，TCON 寄存器的各位定义如下。

TCON 88H	位号	B_7	B_6	B_5	B_4	B_3	B_2	B_1	B_0	复位值
	位名称	TF1	TR1	TF0	TR0	IE1	IT1	IE0	IT0	00H

- TR1 为定时/计数器 1 的运行控制位。该位可通过软件置 1 或清零。
  TR1＝0，定时/计数器 1 停止运行。
  TR1＝1，若对应门控信号 GATE＝0，T1 开始计数；若对应门控信号 GATE＝1，则当 INT1(P3.3)输入高电平时，T1 开始计数。
- TR0 为定时/计数器 0 的运行控制位。该位可通过软件置 1 或清零。
  TR0＝0，定时/计数器 0 停止运行。
  TR0＝1，若对应门控信号 GATE＝0，T0 开始计数；若对应门控信号 GATE＝1，则当 INT0(P3.2)输入高电平时，T0 开始计数。

TCON 中的其他位的定义在中断章节已做介绍，这里不再阐述。

2. 工作模式寄存器 TMOD

TMOD 为定时/计数器 T0、T1 的工作模式寄存器，TMOD 寄存器的各位定义如下。

TMOD 89H	位号	B_7	B_6	B_5	B_4	B_3	B_2	B_1	B_0	复位值
	位名称	GATE	$C/\overline{T}$	M1	M0	GATE	$C/\overline{T}$	M1	M0	00H

|←—定时/计数器 1——→|←—定时/计数器 0——→|

TMOD 的低 4 位来定义 T0 的功能及工作模式，高 4 位来定义 T1 的功能及工作模式，高 4 位和低 4 位定义完全一样。

- GATE 为门控信号。
  GATE＝0，定时/计数器 T0、T1 的启动与外部引脚 INT0、INT1 无关，只与 TR0、TR1 有关。
  GATE＝1，定时/计数器 T0、T1 的启动不仅与 TR0、TR1 有关，且与外部引脚 INT0、INT1 有关。只有当 TRx＝1 且 INTx 引脚为高电平时，T0 或 T1 工作，否则停止。

- $C/\overline{T}$ 为功能选择位。

  $C/\overline{T}=0$,工作在定时方式。

  $C/\overline{T}=1$,工作在计数方式。

- M1、M0 为工作模式选择位,其定义如表 6-1 所示。

表 6-1 定时/计数器 T0、T1 的工作模式

M1	M0	工作模式	功能说明
0	0	模式 0	16 位自动重装载工作模式
0	1	模式 1	16 位不可重装载工作模式
1	0	模式 2	8 位自动重装载工作模式
1	1	模式 3	T0 为不可屏蔽中断的 16 位自动重装载工作模式 T1 为停止计数

3. 辅助寄存器 AUXR

STC15F2K60S2 是 1T 型单片机,指令的运行速度是传统 8051 单片机的 3～24 倍且不可改变。但定时器既可兼容传统 8051 工作,即将系统时钟 12 分频作为定时器的计数时钟信号,也可不分频直接将系统时钟作为定时器的计数时钟。AUXR 的各位定义如下。

AUXR 8EH	位号	B_7	B_6	B_5	B_4	B_3	B_2	B_1	B_0	复位值
	位名称	T0x12	T1x12	UART_M0x6	T2R	T2_$C/\overline{T}$	T2x12	EXTRAM	S1ST2	00H

- T0x12 为定时器 0 的速度控制位。

  T0x12=0,将系统时钟 12 分频作为 T0 的计数时钟。

  T0x12=1,将系统时钟直接作为 T0 的计数时钟。

- T1x12 为定时器 1 的速度控制位。

  T1x12=0,将系统时钟 12 分频作为 T1 的计数时钟。

  T1x12=1,将系统时钟直接作为 T1 的计数时钟。

注:如果串口 1 用 T1 作为波特率发生器,则由 T1x12 决定串口 1 是 1T 还是 12T。

- T2x12 为定时器 2 的速度控制位。

  T2x12=0,将系统时钟 12 分频作为 T0 的计数时钟。

  T2x12=1,将系统时钟直接作为 T2 的计数时钟。

注:如果串口 1 或串口 2 用 T2 作为波特率发生器,则由 T2x12 决定串口 1 或串口 2 是 1T 还是 12T。

- T2R 为定时/计数器 2 的运行控制位。该位可通过软件置 1 或清零。

  T2R=0,定时/计数器 2 停止运行。

  T2R=1,定时器 2 运行。

- T2_$C/\overline{T}$ 为 T2 功能选择位。

  T2_$C/\overline{T}=0$,T2 工作在定时方式。

  T2_$C/\overline{T}=1$,T2 工作在计数方式。

除了以上寄存器外，还有一些关于定时器中断的寄存器，详见第 5 章。

6.2.2 STC15F2K60S2 单片机定时/计数器的工作模式

STC15F2K60S2 单片机的定时/计数器 T0、T1 有 4 种工作模式，见表 6-1，而定时/计数器 T2 只有 16 位自动重装载一种工作模式。以下为 T0、T1 4 种工作模式的详细介绍。

1. 定时/计数器 T0、T1 的工作模式 0——16 位自动重装载模式

T0、T1 工作模式 0 的原理图如图 6-4 所示。

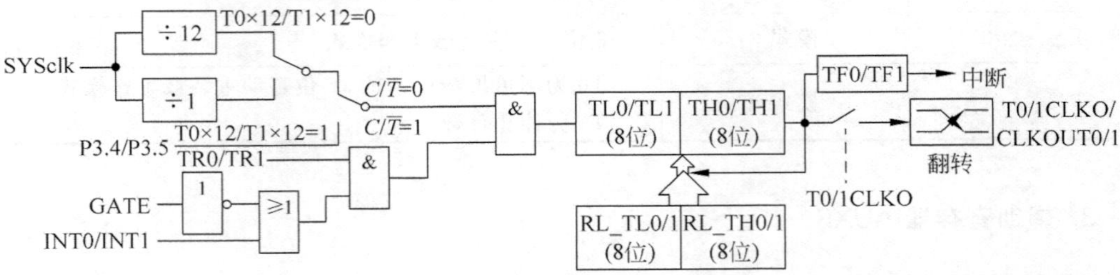

图 6-4 定时/计数器 T0 和 T1 的工作模式 0 原理图

模式 0 是 16 位自动重装载工作模式，对 T0 和 T1 都有两个隐含的初值寄存器 RL_TH0、RL_TL0 和 RL_TH1、RL_TL1，用于保存 16 位的重装初值，当 T0 或 T1 的计数器计满溢出时做两项工作，第一是置位 TF0 或 TF1，向 CPU 发出中断；第二是将 RL_TH0/RL_TH1、RL_TL0/RL_TL1 的值自动装入 TH0/TH1、TL0/TL1，接着进行新一轮的定时/计数。

RL_TH0 与 TH0 共用同一个地址，RL_TL0 与 TL0 共用同一个地址，同样，RL_TH1 与 TH1 共用同一个地址，RL_TL1 与 TL1 共用同一个地址。在 TRx=0(x=0、1)时，对 TH0/TH1 和 TL0/TL1 写入初值，此初值同时写入 RL_TH0/RL_TH1 和 RL_TL0/RL_TL1；在 TRx=1 时，上述写操作只写入 RL_TH0/RL_TH1 和 RL_TL0/RL_TL1，而不会写入 TH0/TH1 和 TL0/TL1，从而实现不间断且不同初值的定时/计数工作。

当 GATE=0 时，定时/计数器的启停由 TRx(x=0、1)控制，只要 TRx=1，定时器开始计数，TRx=0，定时器停止计数；当 GATE=1 时，定时/计数器的启停由 TRx(x=0、1)和外部引脚 INTx 共同控制，只有当 TRx=1 且 INTx 为高电平时，定时器才工作，否则停止，这种工作方式一般用于实现脉宽测量等。

T0、T1 工作在模式 0，可对外输出可编程时钟，详见 6.3 节。

2. 定时/计数器 T0、T1 的工作模式 1——16 位定时/计数器模式

T0、T1 工作模式 1 的原理图如图 6-5 所示。

此模式与模式 0 基本相同，其区别是，在模式 1 下计数溢出时不自动重装载计数初值，另外模式 1 下对外不输出时钟信号。

3. 定时/计数器 T0、T1 的工作模式 2——8 位自动重装载模式

T0、T1 工作模式 2 的原理图如图 6-6 所示。

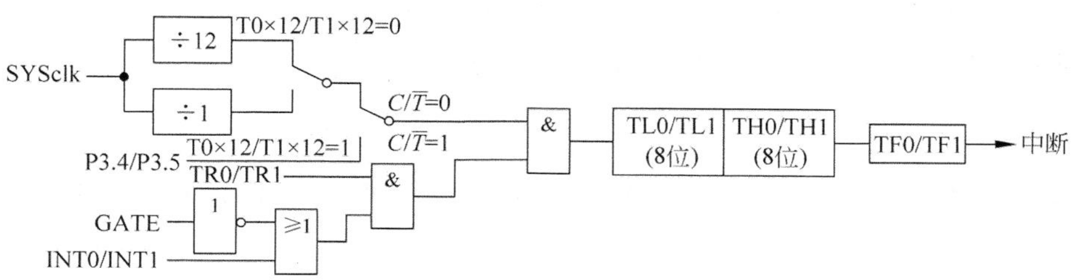

图 6-5　定时/计数器 T0 和 T1 的工作模式 1 原理图

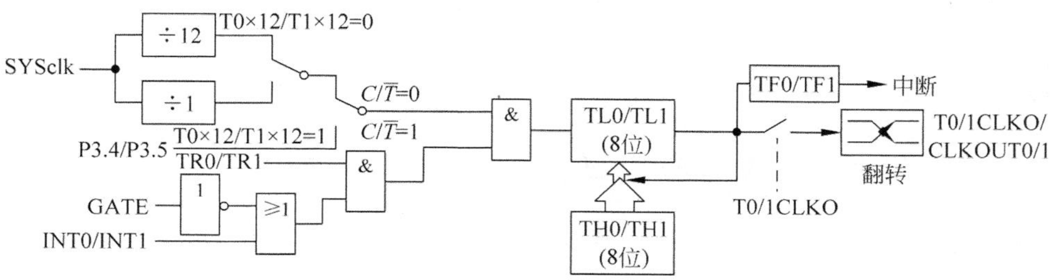

图 6-6　定时/计数器 T0 和 T1 的工作模式 2 原理图

此模式与模式 0 基本相同，其区别是模式 2 是 8 位自动重装载工作模式，计数器计满溢出时将置位 TF0 或 TF1，向 CPU 发出中断，同时将 TH0/TH1 的值装载到 TL0/TL1。所以在模式 2 下 TL0/TL1 是 8 位计数器，而 TH0/TH1 是一个数据缓冲区，用于存放初值。在初始化时应对 TL0 和 TH0 赋予相同的初值。

在模式 2 下 T0、T1 可对外输出时钟信号。

4. 定时/计数器 T0 的工作模式 3——不可屏蔽中断的 16 位自动重装载工作模式

T0 的模式 3 与模式 0 是一样的，其区别是如 T0 工作在模式 3，则只要 T0 的中断被允许，则此中断是不可屏蔽的，即在 EA=0 时该中断还是会响应，而且该中断的优先级最高。

在模式 3 下 T0 可对外输出时钟信号。

6.2.3　定时时间及计数初值的计算

定时/计数器工作在定时方式时对系统时钟或系统时钟的 12 分频进行计数，启动计数器工作后，计数器在初值基础上每经过 1 个或 12 个系统时钟周期，计数器值加 1 直到溢出，这段时间就是定时时间。因此定时时间为

$$t=(2^n-N)\times\frac{12^{(1-\beta)}}{f_{OSC}}$$

其中，t 为定时时间；2^n 为计数器计数长度，工作在模式 0、1、3 时 $n=16$，工作在模式 2 时 $n=8$；N 为计数器初值；f_{OSC} 为系统频率；β 为定时器速度控制位，即为 T0x12 或 T1x12 或 T2x12。

设系统时钟频率为 6MHz，定时器在 12 分频下工作时，

8 位定时器的最大定时时间为　$T=(2^8-0)\times 12/6\mu s=512\mu s$

16 位定时器的最大定时时间为 $T=(2^{16}-0)\times 12/6\mu s=131.072ms$

从定时时间 t 的计算式容易得到初值 N 的计算式为

$$N = 2^n - \frac{t \times f_{OSC}}{12^{(1-\beta)}}$$

设系统时钟频率为 12MHz,定时器在 12 分频下工作时,T0 在模式 0 下定时 5ms,则初值 N 为

$$N = 2^{16} - \frac{5 \times 12\,000}{12^{(1-0)}} = 60\,536 = \text{EC78H}$$

在初始化程序中应加如下指令以完成对计数器写入初值。

```
MOV  TL0,#78H
MOV  TH0,#0ECH
```

6.2.4 定时/计数器应用举例

在使用定时/计数器时首先要进行对定时/计数器的正确初始化,其初始化的一般步骤如下。

(1) 设置功能及工作模式。就是把控制字写入寄存器 TMOD(对于 T0 或 T1)或 AUXR(对于 T2)。

(2) 设置定时器工作速度。就是将控制字写入寄存器 AUXR。

(3) 写初值到 TLx 和 THx(对于 T0 或 T1)或 T2L 和 T2H(对于 T2)。

(4) 开中断。

(5) 置位 TRx(对于 T0 或 T1)或 T2R(对于 T2),启动定时/计数器开始工作。

【例 6-1】 用定时器 T0 产生一个 50Hz 的方波从 P1.0 引脚输出,设 $f_{OSC}=12MHz$。

【解】 方波周期 $T=1/50s=20ms$,因此 T0 的定时时间为 10ms,以系统时钟的 12 分频作为计数脉冲,T0 工作在模式 0,则计数初值 N 为

$$N = 2^{16} - 10 \times 12 \times 1000/12 = 55\,536 = \text{D8F0H}$$

汇编语言程序如下。

```
        $INCLUDE (STC15.INC)
        ORG     0000H
        LJMP    START
        ORG     000BH
        LJMP    T0_ISR
        ORG     0100H
START:
        MOV     TMOD,#00H               ;T0 工作于定时模式 0
        MOV     TL0,#0F0H               ;装载计数初值的低 8 位
        MOV     TH0,#0D8H               ;装载计数初值的高 8 位
        SETB    EA                      ;开中断
        SETB    ET0                     ;允许 T0 中断
        SETB    TR0                     ;启动 T0
        SJMP    $
T0_ISR:
```

```
        CPL     P1.0                    ;P1.0 引脚取反
        RETI
        END
```

C 语言程序如下。

```
#include "stc15.h"
#define T50Hz (65536 - 10 * 12 * 1000/12)
sbit P10 = P1 ^0;
void t0_isr(void) interrupt 1
{
    P10 = ~P10;
}
void main(void)
{
  TMOD = 0x0;
  TL0 = T50Hz && 0xff;
  TH0 = (T50Hz >> 8) && 0xff;
  EA = 1;
  ET0 = 1;
  TR0 = 1;
  while(1);
}
```

【例 6-2】 设系统频率为 12MHz，利用 T2 定时，每隔 1s 将 P1.1 引脚状态取反。

【解】 本需求为定时 1s，而 16 位定时器的最长定时时间为 131.072ms，所以纯硬件定时无法满足，这里可采取软硬件结合定时方式，用定时器定时 50ms，用软件累计 50ms 定时次数，只要累计 20 次，累计时间就为 1s，此时将 P1.1 状态取反，将这个过程反复即可。

系统频率 12MHz，12 分频时，计数初值为

$$N = 2^{16} - 50 \times 12 \times 1000/12 = 15\ 536 = 3CB0H$$

汇编语言程序如下。

```
        $INCLUDE (STC15.INC)
        ORG     0000H
        LJMP    START
        ORG     0063H
        LJMP    T2_ISR
        ORG     0100H
START:
        ANL     AUXR, #0F3H             ;T2 工作在定时方式,12 分频
        MOV     T2L, #0B0H              ;装载计数初值的低 8 位
        MOV     T2H, #3CH               ;装载计数初值的高 8 位
        SETB    EA                      ;开中断
        ORL     IE2, #04H               ;允许 T2 中断
        ORL     AUXR, #10H              ;启动 T2
        MOV     R0, #20
        SJMP    $
T2_ISR:
        DJNZ    R0,NEXT
        CPL     P1.1                    ;P1.0 引脚取反
```

```
        MOV     R0,#20                  ;重载计数次数
NEXT:
        RETI
        END
```

C语言程序如下。

```
#include "stc15.h"
#define T1S (65536 - 50 * 12 * 1000/12)
sbit P11 = P1 ^1;
unsigned char i;
void t0_isr(void) interrupt 12
{
  i--;
  if(i == 0)
    {
      P11 = ~P11;
      i = 20;
    }
}
void main(void)
{
  TMOD = 0x0;
  TL0 = T1S & 0xff;
  TH0 = (T1S >> 8) & 0xff;
  EA = 1;
  ET0 = 1;
  TR0 = 1;
  i = 20;
  while(1);
}
```

【例 6-3】 利用 T1 对外部信号计数，要求每计满 100 次，将 P1.1 状态取反。

【解】 外部信号从 P3.5 引脚输入，由于计数次数只有 100 次，所以 T1 以模式 2 的计数方式工作就能满足需求，且计数初值为

$$N = 256 - 100 = 156 = 9CH$$

汇编语言程序如下。

```
        $INCLUDE (STC15.INC)
        ORG     0000H
        LJMP    START
        ORG     001BH
        LJMP    T1_ISR
        ORG     0100H
START:
        MOV     TMOD,#60H               ;T1 工作于模式 0 计数
        MOV     TL1,#9CH                ;装载计数初值
        MOV     TH1,#9CH                ; 装载重装载初值
        SETB    EA                      ;开中断
        SETB    ET1                     ;允许 T0 中断
```

```
        SETB    TR1                 ;启动 T0
        SJMP    $
T1_ISR:
        CPL     P1.1                ;P1.0 引脚取反
        RETI
        END
```

C 语言程序如下。

```
#include "stc15.h"
sbit P11 = P1 ^1;
void t1_isr(void) interrupt 3
{
  P11 = ~P11;
}
void main(void)
{
  TMOD = 0x60;
  TL1 = 0x9c;
  TH1 = 0x9c;
  EA = 1;
  ET1 = 1;
  TR1 = 1;
  while(1);
}
```

【例 6-4】 当外部信号出现负跳变时，从 P1.1 引脚输出一个 500μs 的同步脉冲。设系统的时钟频率为 6MHz。

【解】 本例中明显既有计数功能也有定时功能。定时/计数器工作于计数方式时对负跳变信号计数，可将外部信号从 P3.4 引脚输入，使 T0 以模式 2 工作于计数方式，初值为 255，当外部来一个负跳变信号，T0 溢出，在中断服务程序中再启用 T1 进行定时 500μs，12 分频下其计数器初值为

$$N = 2^8 - 500 \times 6/12 = 6 = 06H$$

汇编语言程序如下。

```
        $INCLUDE (STC15.INC)
        ORG     0000H
        LJMP    START
        ORG     000BH
        LJMP    T0_ISR
        ORG     001BH
        LJMP    T1_ISR
        ORG     0100H
START:
        MOV     TMOD,#26H           ;T0 以模式 2 计数,T1 以模式 2 定时
        MOV     TL0,#255
        MOV     TH0,#255
        MOV     TL1,#06H            ;装载计数初值
        MOV     TH1,#06H            ;装载重装载初值
        SETB    PT1                 ;T1 优先级为高
```

```
        CLR     PT0                         ;T0 优先级为低
        SETB    EA                          ;开中断
        SETB    ET0                         ;允许 T0 中断
        SETB    ET1                         ;允许 T1 中断
        SETB    TR0                         ;启动 T0
        SETB    P1.1
        MOV     A,#0
        SJMP    $
T0_ISR:
        CLR     TR0
        CLR     P1.1
        SETB    TR1                         ;启动 T1 开始定时
LL:
        JZ      LL                          ;等 500μs 定时时间到
        SETB    TR0
        CPL     A
        RETI
T1_ISR:
        CLR     TR1
        SETB    P1.1
        CPL     A
        RETI
        END
```

C 语言程序如下。

```
#include "stc15.h"
sbit P11 = P1 ^1;
unsigned char i;
void t0_isr(void) interrupt 1
{
  TR0 = 0;
  P11 = ~P11;
  TR1 = 1;
  while(i == 0);
  TR0 = 1;
}
void t1_isr(void) interrupt 3
{
  TR1 = 0;
  P11 = ~P11;
  i = 1;
}
void main(void)
{
  TMOD = 0x26;
  TL0 = 255;
  TH1 = 255;
  TL1 = 0x06;
  TH1 = 0x06;
```

```
    EA = 1;
    ET0 = 1;
    ET1 = 1;
    TR0 = 1;
    P11 = 1;
    i = 0;
    while(1);
}
```

6.3 STC15F2K60S2 单片机的可编程时钟输出功能

STC15F2K60S2 单片机对外提供了 4 路可编程时钟输出，分别为 MCLKO/P5.4，T0CLKO/P3.5，T1CLKO/P3.4，T2CLKO/P3.0。其中 MCLKO 为主时钟分频输出，T0CLKO 的输出频率由 T0 控制，T1CLKO 的输出频率由 T1 控制，T2CLKO 的输出频率由 T2 控制。

由于单片机 I/O 口对外输出的速度最高不超过 13.5MHz，因此可编程时钟输出的频率也不能高于 13.5MHz。

6.3.1 可编程时钟输出的控制

1. 主时钟输出控制

主时钟 MCLK 可以是内部高精度 R/C 时钟，也可以是外部晶振产生的时钟或从外部直接输入的时钟信号。而主时钟的输出 MCLKO/P5.4 由 CLK_DIV(PCON2)寄存器的最高两位 MCLK_S1、MCLK_S2 控制。通过设置 MCLK_S1、MCLK_S2 可将 P5.4 设置为主时钟输出及输出的频率。CLK_DIV 寄存器的各位定义如下。

CLK_DIV 97H	位号	B_7	B_6	B_5	B_4	B_3	B_2	B_1	B_0	复位值
	位名称	MCLK_S1	MCLK_S0	ADRJ	Tx_Rx	—	CLKS2	CLKS1	CLKS0	00H

MCLK_S1、MCLK_S2 两位对主时钟输出的控制如表 6-2 所示。

表 6-2 主时钟输出频率的控制

MCLK_S1	MCLK_S0	主时钟的输出频率
0	0	无主时钟输出
0	1	主时钟输出频率=MCLK/1
1	0	主时钟输出频率=MCLK/2
1	1	主时钟输出频率=MCLK/4

2. T0CLKO、T1CLKO、T2CLKO 时钟输出控制

T0CLKO/P3.5、T1CLKO/P3.4、T2CLKO/P3.0 时钟输出由中断使能和时钟输出寄存器 INT_CLKO 的 T0CLKO、T1CLKO、T2CLKO 三位控制，其输出频率分别由 T0、T1、

T2 的溢出率决定。INT_CLKO 寄存器的各位定义如下。

INT_CLKO 8FH	位号	B_7	B_6	B_5	B_4	B_3	B_2	B_1	B_0	复位值
	位名称	—	EX4	EX3	EX2	—	T2CLKO	T1CLKO	T0CLKO	00H

- T2CLKO 为是否将 P3.0 设置为 T2 的时钟输出。
  T2CLKO=0,P3.0 为普通 I/O 口。
  T2CLKO=1,将 P3.0 设置为 T2 的时钟输出 T2CLKO,输出频率为 T2 溢出率的二分频。
- T1CLKO 为是否将 P3.4 设置为 T1 的时钟输出。
  T1CLKO=0,P3.4 为普通 I/O 口。
  T1CLKO=1,将 P3.4 设置为 T1 的时钟输出 T1CLKO,输出频率为 T1 溢出率的二分频。
- T0CLKO 为是否将 P3.5 设置为 T0 的时钟输出。
  T0CLKO=0,P3.5 为普通 I/O 口。
  T0CLKO=1,将 P3.5 设置为 T0 的时钟输出 T0CLKO,输出频率为 T0 溢出率的二分频。

6.3.2 可编程时钟输出频率的控制

可编程时钟输出的频率为对应定时器溢出率的二分频,所以正确配置定时器的工作速度、计数器初值及工作模式,就能严格控制可编程时钟输出的频率。下面以 T0 为例加以说明。

如 T0 工作在模式 0 的定时方式,

当 T0x12=0,则 T0CLKO 频率=$(f_{SYS}/12)/(65\,536-[RL\_TH0,RL\_TL0])/2$;

当 T0x12=1,则 T0CLKO 频率=$f_{SYS}/(65\,536-[RL\_TH0,RL\_TL0])/2$。

如 T0 工作在模式 2 的定时方式,

当 T0x12=0,则 T0CLKO 频率=$(f_{SYS}/12)/(256-TH0)/2$;

当 T0x12=1,则 T0CLKO 频率=$f_{SYS}/(256-TH0)/2$。

如 T0 工作在模式 0 的计数方式,

T0CLKO 频率=(T0_PIN_CLK)/(65 536-[RL_TH0,RL_TL0])/2。

如 T0 工作在模式 2 的计数方式,

T0CLKO 频率=(T0_PIN_CLK)/(256-TH0)/2,

其中 T0_PIN_CLK 为从 P3.4 输入的计数脉冲频率。

T2、T1 的可编程时钟输出与 T0 雷同,不再阐述。

6.3.3 STC15F2K60S2 单片机可编程时钟输出的编程实例

【例 6-5】 编程实现从 P5.4 引脚输出主时钟信号。

汇编语言程序如下。

```
        $INCLUDE (STC15.INC)
        T1CLKO   BIT P3.4
        ORG      0000H
        LJMP     START
        ORG      0100H
START:
        MOV      CLK_DIV, #40H
        SJMP     $
        END
```

C语言程序如下。

```
#include "stc15.h"
void main(void)
{
CLK_DIV | = ox40;
while(1);
}
```

【例6-6】 编程实现从P3.4输出频率为38.4kHz的时钟信号。设系统时钟SYSclk=18.432MHz。

【解】 设定时器T1以模式0工作在定时方式且以1T速度工作。

$$38\,400=18\,432\,000/(65\,536-N)/2$$

得N=FF10H。

汇编语言程序如下。

```
        $INCLUDE (STC15.INC)
        T1CLKO   BIT P3.4
        ORG      0000H
        LJMP     START
        ORG      0100H
START:
        ORL      AUXR #40H              ; T1工作在1T模式
        MOV      TMOD #00H
        MOV      TL1, #10H
        MOV      TH1, #0FFH
        SETB     TR1
        ORL INT_CLKO, #02H
        SJMP     $
        END
```

C语言程序如下。

```
#include "stc15.h"
#define FOSC 18432000
#define F38.4kHz  (65536 - FOSC/38400/2)        //以1T模式工作
void main(void)
{
AUXR| = |ox40;
TMOD = 0;
TL1 =  F38.4kHz & 0xff;
```

```
        TH1 = (F38.4kHz >> 8) & 0xff;
        TR1 = 1;
        INT_CLKO| = ox20;
        while(1);
    }
```

习题

(1) 比较说明 STC15F2K60S2 单片机定时器的 4 种工作模式有何异同。

(2) 编程实现每隔 1s 从 P1.0 输出 1 个系统时钟周期的正脉冲，每隔 1min 从 P1.1 输出 1 个系统时钟周期的正脉冲。

(3) 编程实现从 P1.0 输出矩形波，矩形波高电平宽为 50μs，低电平宽为 100μs。设系统时钟频率为 12MHz。

(4) 设系统时钟频率为 18.432MHz，编程实现从 P3.0 输出 125kHz 的方波。

第7章 STC15F2K60S2单片机的可编程计数器阵列

STC15F2K60S2 单片机内部集成了三路可编程计数器阵列(PCA)模块,可用于软件定时、外部脉冲捕获、高速输出以及脉宽调制(PWM)输出等功能。

7.1 STC15F2K60S2 单片机的 PCA 结构

STC15F2K60S2 单片机的 PCA 模块含有一个特殊的 16 位定时器,有三个 16 位的捕获/比较模块与之相连,如图 7-1 所示。

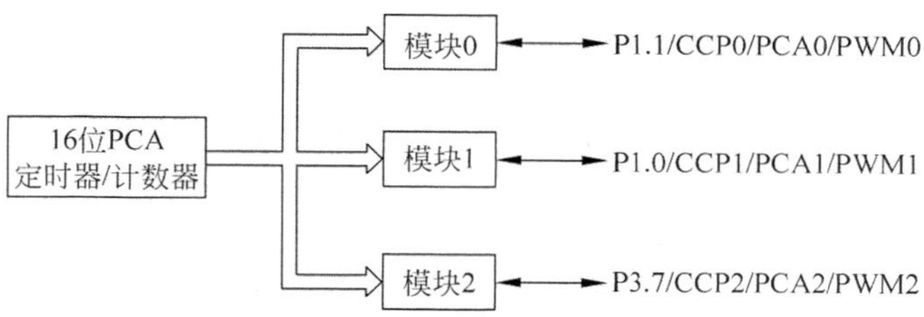

图 7-1 PCA 模块结构

每个模块可编程在以下 4 种工作模式。

- 上升/下降沿捕获模式。
- 软件定时模式。
- 高速输出模式。
- PWA 输出模式。

其中 16 的 PCA 定时器/计数器是三个模块的公共时间基准,其结构如图 7-2 所示。

CH 是 PCA 计数器的高 8 位,CL 是 PCA 计数器的低 8 位,CH、CL 构成 16 位的 PCA 递增计数器。PCA 计数器的时钟源有系统脉冲、系统脉冲/2、系统脉冲/4、系统脉冲/6、系统脉冲/8、系统脉冲/12、定时器 0 的溢出脉冲、ECI 引脚(P1.2 或 P3.4 或 P2.4)的输入脉冲,可通过设置寄存器 CMOD 的 CPS、2CPS1、CPS0 三位来选择时钟源。

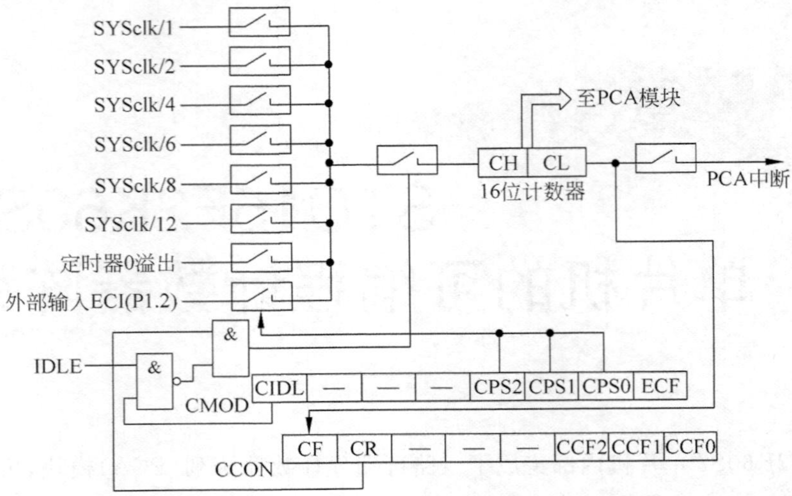

图 7-2　PCA 定时器/计数器结构

7.2　STC15F2K60S2 单片机的 PCA 模块控制

7.2.1　STC15F2K60S2 单片机 PCA 模块的控制寄存器

1. PCA 工作模式寄存器 CMOD

寄存器 CMOD 用于选择 PCA 计数器的脉冲源及计数溢出中断管理。CMOD 寄存器的各位定义如下。

CMOD	位号	B_7	B_6	B_5	B_4	B_3	B_2	B_1	B_0	复位值
D9H	位名称	CIDL	—	—	—	CPS2	CPS1	CPS0	ECF	0xxx0000

- CIDL 为空闲模式下是否停止 PCA 计数器的控制位。该位可通过软件置 1 或清零。
  CIDL =0,空闲模式下 PCA 计数器继续计数。
  CIDL =1,空闲模式下 PCA 计数器停止计数。
- CPS2、CPS1、CPS0 为 PCA 计数器计数脉冲源选择控制位,如表 7-1 所示。

表 7-1　PCA 计数脉冲源的选择

CPS2	CPS1	CPS0	PCA 计数脉冲源
0	0	0	系统时钟/12
0	0	1	系统时钟/2
0	1	0	定时器 0 的溢出脉冲
0	1	1	ECI 引脚(P1.2 或 P3.4 或 P2.4)输入脉冲(最大速率=系统时钟/2)
1	0	0	系统时钟
1	0	1	系统时钟/4
1	1	0	系统时钟/6
1	1	1	系统时钟/8

- ECF 为 PCA 计数器溢出中断控制位。该位可通过软件置 1 或清零。
  ECF＝0，PCA 计数器溢出中断禁止。
  ECF＝1，PCA 计数器溢出中断允许。

2. PCA 计数器控制寄存器 CCON

寄存器 CCON 用于控制 PCA 计数器的运行及记录各 PCA 模块的中断请求标志位。CCON 寄存器的各位定义如下。

CCON D8H	位号	B_7	B_6	B_5	B_4	B_3	B_2	B_1	B_0	复位值
	位名称	CF	CR	—	—	—	CCF2	CCF1	CCF0	00xxx000

- CR 为 PCA 计数器运行控制位。该位可通过软件置 1 或清零。
  CR＝0，PCA 计数器停止计数。
  CR＝1，PCA 计数器计数。

该寄存器的其余各位意义详见第 5 章。

3. PCA 模块比较/捕获寄存器 CCAPM*n*（*n*＝0，1，2）

特殊功能寄存器 CCAPM0 对应模块 0，CCAPM1 对应模块 1，CCAPM2 对应模块 2。CCAPM*n* 寄存器的各位定义如下。

CCAPM*n* DA/DB/DCH	位号	B_7	B_6	B_5	B_4	B_3	B_2	B_1	B_0	复位值
	位名称	—	ECOM*n*	CAPP*n*	CAPN*n*	MAT*n*	TOG*n*	PWM*n*	ECCF*n*	x000000

- ECOM*n* 为比较器功能使能位。
  当 ECOM*n*＝1 时，允许比较器功能。
- CAPP*n* 为正捕获控制位。
  当 CAPP*n*＝1 时，上升沿捕获。
- CAPN*n* 为负捕获控制位。
  当 CAPN*n*＝1 时，下降沿捕获。
- MAT*n* 为匹配控制位。
  当 MAT*n*＝1 时，PCA 计数器的计数值（CH、CL）与模块的比较/捕获寄存器值（CCAP*n*H、CCAP*n*L）匹配时将置位对应模块的中断请求标志位 CCF*n*。
- TOG*n* 为翻转控制位。
  当 TOG*n*＝1 时，PCA*n* 模块工作在高速输出模式。即 PCA 计数器的计数值（CH、CL）与模块的比较/捕获寄存器值（CCAP*n*H、CCAP*n*L）匹配时，PCA*n* 引脚翻转。
- PWM*n* 为脉宽调制模式控制位。
  当 PWM*n*＝1 时，PCA*n* 模块工作在脉宽调制模式，PCA*n* 引脚用于脉宽调制输出。

ECCF*n* 的介绍详见第 5 章。

CCAPM*n* 寄存器各位的不同取值对应 PCA*n* 模块不同的工作模式，如表 7-2 所示。

表 7-2 PCA 模块的工作模式设定

ECOM*n*	CAPP*n*	CAPN*n*	MAT*n*	TOG*n*	PWM*n*	ECCF*n*	模块功能
0	0	0	0	0	0	0	无操作
1	0	0	0	0	1	0	PWM,无中断
1	1	0	0	0	1	1	PWM,上升沿触发中断
1	0	1	0	0	1	1	PWM,下降沿触发中断
1	1	1	0	0	1	1	PWM,上升沿、下降沿均触发中断
x	1	0	0	0	0	x	16 位捕获模式,CCP*n* 上升沿触发
x	0	1	0	0	0	x	16 位捕获模式,CCP*n* 下降沿触发
x	1	1	0	0	0	x	16 位捕获模式,CCP*n* 上升/下降沿触发
1	0	0	1	0	0	x	16 位软件定时
1	0	0	1	1	0	x	16 位高速输出

4. PCA 模块 PWM 寄存器 PCA_PWM*n*(*n*=0,1,2)

PCA_PWM0 对应模块 0,PCA_PWM1 对应模块 1,PCA_PWM2 对应模块 2。用于设置 PCA 模块工作在 PWM 模式时的功能选择。PCA_PWM*n* 寄存器的各位定义如下。

PCA_PWM*n*	位号	B_7	B_6	B_5	B_4	B_3	B_2	B_1	B_0	复位值
F2/F3/F4H	位名称	EBS*n*_1	EBS*n*_0	—	—	—	—	EPC*n*H	EPC*n*L	00xxxx00

- EBS*n*_1、EBS*n*_0 为 PCA 模块工作在 PWM 模式时的功能选择位。

  EBS*n*_1　EBS*n*_0

  0　0　PCA 模块 *n* 工作于 8 位 PWM 功能

  0　1　PCA 模块 *n* 工作于 7 位 PWM 功能

  1　0　PCA 模块 *n* 工作于 6 位 PWM 功能

  1　1　无效,PCA 模块 *n* 仍工作于 8 位 PWM 功能
- EPC*n*H 为在 PWM 模式下,与 CCAP*n*H 组成 9 位数。
- EPC*n*L 为在 PWM 模式下,与 CCAP*n*L 组成 9 位数。

5. PCA 的计数器 CH、CL

寄存器 CH 是 PCA 计数器的高 8 位,其地址为 F9H,寄存器 CL 是 PCA 计数器的低 8 位,其地址为 E9H,复位值均为 00H。

6. PCA 捕获/比较寄存器 CCAP*n*L、CCAP*n*H(*n*=0,1,2)

CCAP0L、CCAP0H 对应模块 0,CCAP1L、CCAP1H 对应模块 1,CCAP2L、CCAP2H 对应模块 2。当 PCA 模块工作在捕获/比较时,CCAP*n*L、CCAP*n*H 寄存器用于存储 16 位捕获计数值;当 PCA 模块工作在 PWM 模式时,CCAP*n*L、CCAP*n*H 寄存器用于控制输出的占空比。其复位值均为 00H。各寄存器的地址分别为:

CCAP0L——EAH　　CCAP0H——FAH

CCAP1L——EBH　　CCAP1H——FBH

CCAP2L——ECH　　CCAP2H——FCH

7.2.2　STC15F2K60S2单片机PCA模块的工作模式

1. 捕获模式

CCAPM*n* 寄存器的 CAPP*n* 和 CAPN*n* 两位中至少一位为 1 时，PCA 模块 *n* 工作在捕获模式，其结构图如图 7-3 所示。

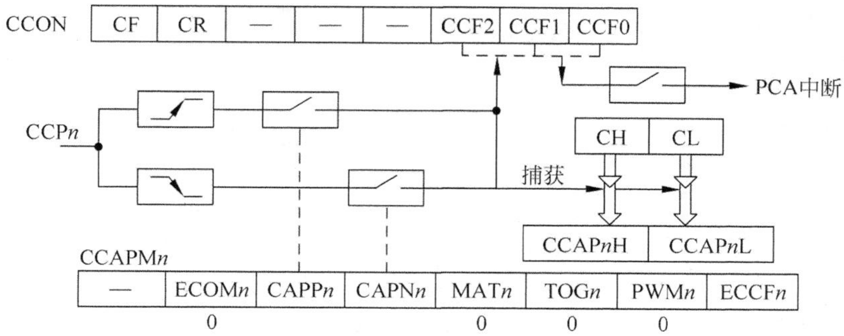

图 7-3　PCA 模块捕获模式结构图

在捕获模式下，对外部输入引脚 CCP*n* 的跳变进行采样，当捕获到有效跳变时，PCA 模块硬件将 PCA 计数器(CH 和 CL)的值装载到模块的捕获寄存器(CCAP*n*H 和 CCAP*n*L)中，同时置位 CCF*n*，产生中断，如果对应的中断被允许(ECCF*n* 为 1)，可在中断服务程序中通过查询以确定哪一个模块申请了中断，再做相应处理，最后在中断返回前一定要清除中断标志位。

【例 7-1】　利用 PCA 模块扩展外部中断。将 P1.1 引脚(PCA 模块 0 的外部输入)扩展为上升沿/下降沿触发的外部中断。当有中断请求时与 P1.2 连接的灯闪烁。

【解】　当 PCA 模块工作于捕获模式时，对外部输入引脚 CCP*n* 采样，如果将 CAPP*n*、CAPN*n* 同时设置为 1，则当外部输入引脚有跳变时，由硬件将 PCA 计数器(CH、CL)的值装载到捕获寄存器 CCAP*n*H、CCAP*n*L 中，同时如果系统开中断且允许 PCA 模块中断，就会发生中断，在中断服务程序中控制灯闪烁。

汇编语言程序如下。

```
        $INCLUDE (STC15.INC)
        LED BIT P1.2
        ORG     0000H
        LJMP    START
        ORG     003BH
        LJMP    PCA_ISR
        ORG     0100H
START:
        MOV     CMOD, #80H
        MOV     CCON, #00H
        MOV     CH, #0
        MOV     CL, #0
        MOV     CCAPM0, #31H   ;设置 PCA 模块 0 工作于上升沿/下降沿触发的捕获模式,允许模块 0
```

```
                 ;的中断
        SETB   EA
        SETB   CR
        SJMP   $
PCA_ISR:
        CPL    LED
        LCALL  DELLY
        CPL    lamp
        LCALL  DELLY
        RETI
DELLY:
        MOV    R0,#200
DD:     MOV    R1,#126
        DJNZ   R1,$
        DJNZ   R0,#DD
        RET
```

C 语言程序如下。

```
#include "stc15.h"
sbit LED = P1^2;
void PCA_isr(void) interrupt 7
{
  LED = !LED;
  for(i = 0;i < 10000;i++);
  LED = !LED;
  for(i = 0;i < 10000;i++);
}
void main(void)
{
  CMOD = 0x80;
  CCON = 0;
  CL = 0;
  CH = 0;
  CCAPM0 = 0x31;
  EA = 1;
  CR = 1;
  while(1);
}
```

2. 16 位软件定时模式

当 CCAPM*n* 寄存器的 ECOM*n* 和 MAT*n* 位置 1 时，PCA 模块 *n* 工作于 16 位的软件定时器模式，其结构图如图 7-4 所示。

当 PCA 计数器（CH、CL）的值与模块捕获寄存器（CCAP*n*H、CCAP*n*L）的值相等时，硬件自动置位模块 *n* 的中断请求标志 CCF*n*，在中断允许（ECCF*n*=1）的情况下，CPU 响应该中断，在中断服务程序中判断哪个模块提出了中断请求，之后做出相应处理，并在退出中断前一定要清除中断标志位。

定时时间与模块捕获寄存器（CCAP*n*H、CCAP*n*L）的值及 PCA 计数器的时钟源有关，

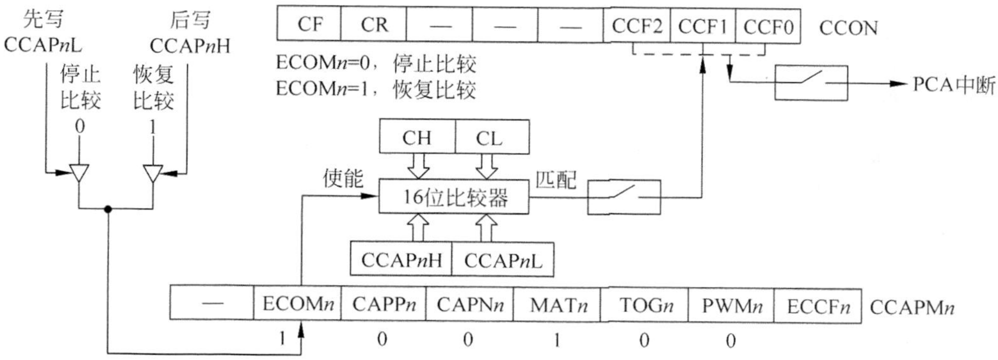

图 7-4　PCA 模块 16 位软件定时器模式/PCA 比较模式结构图

其定时时间与 PCA 计数器的计数值之间的关系为

PCA 计数器的计数值=定时时间/计数脉冲源周期

假设，系统时钟频率为 18.432MHz，PCA 计数器的时钟源选为系统时钟频率的 12 分频，定时时间为 5ms，则 PCA 计数器的计数值为

PCA 计数器的计数值=0.005/[(1/18 432 000)×12]=7680=0x1E00

在初始化时可将[CH，CL]清零，[CCAPnH，CCAPnL]赋值为 1E00H，启动 PCA 计数器，当 PCA 计数器计数 7680 次时，定时时间为 5ms。

在中断服务程序中对[CCAPnH，CCAPnL]增加一个初值，那么下次中断来临的时间间隔就是相同的，从而可实现更长的定时。

【例 7-2】　利用 PCA 的软件定时功能，实现从 P1.3 引脚输出 0.5Hz 的方波。设系统系统时钟为 18.432MHz。

【解】　根据题目要求应使 PCA 模块工作在软件定时功能，即 CCAPMn 的 ECOMn 和 MATn 两位置 1。如输出 0.5Hz 的方波，则应定时 1s。选择 PCA 的时钟源为 $f_{SYS}/12$，基本定时单位为 5ms，将 5ms 连续定时 200 次即为 1s。每隔 1s 将 P1.3 引脚取反就实现了题目要求。

汇编语言程序如下。

```
        $INCLUDE (STC15.INC)
        LED BIT P1.3
        ORG     0000H
        LJMP    START
        ORG     003BH
        LJMP    PCA_ISR
        ORG     0100H
START:
        MOV     CMOD, #80H          ;空闲模式下 PCA 计数器停止计数，PCA 计数脉冲为 fSYS/12
        MOV     CCON, #00H
        MOV     CCAPM0, #49H        ;设置 PCA 模块 0 工作于 16 位软件定时模式，允许模块 0 的中断
        MOV     CH, #0              ;PCA 计数器清零
        MOV     CL, #0
        MOV     CCAP0L, #00H        ;PCA 模块 0 的 CCAP0L 赋初值
        MOV     CCAP0H, #1EH        ;PCA 模块 0 的 CCAP0H 赋初值
```

```
        MOV     R0, #200            ;5ms 定时次数
        SETB    EA
        SETB    CR
        SJMP    $
PCA_ISR:
        PUSH    PSW
        PUSH    ACC
        MOV     A, #0
        ADD     A, CCAP0L
        MOV     CCAP0L,A
        MOV     A, #1EH
        ADDC    A, #CCAP0H
        MOV     CCAP0H,A
        CLR     CCF0
        DJNZ    R0,EXIT
        MOV     R0, #200
        CPL     LED                 ;方波输出引脚变反
EXIT:
        POP     ACC
        POP     PSW
        RETI
        END
```

C语言程序如下。

```
#include "stc15.h"
sbit LED = P1^3;
unsigned char count;
void PCA_isr(void) interrupt 7
{
    CCAP0L = CCAP0L + 0x0;
    CCAP0H = CCAP0H + 0x1e;
    count --;
    if(count == 0)
      {
        count = 200;
        LED = !LED;
      }
    CCF0 = 0;
}
void main(void)
{
    CMOD = 0x80;
    CCON = 0;
    CCAPM0 = 0x31;
    CL = 0;
    CH = 0;
    CCAP0L = 0x00;
    CCAP0H = 0x1E;
    count = 200;
    EA = 1;
```

```
    CR = 1;
    while(1);
}
```

3. 高速输出模式

当 CCAPMn 寄存器的 ECOMn、MATn 及 TOGn 三位置 1 时,PCA 模块 n 工作于高速输出模式,其结构图如图 7-5 所示。

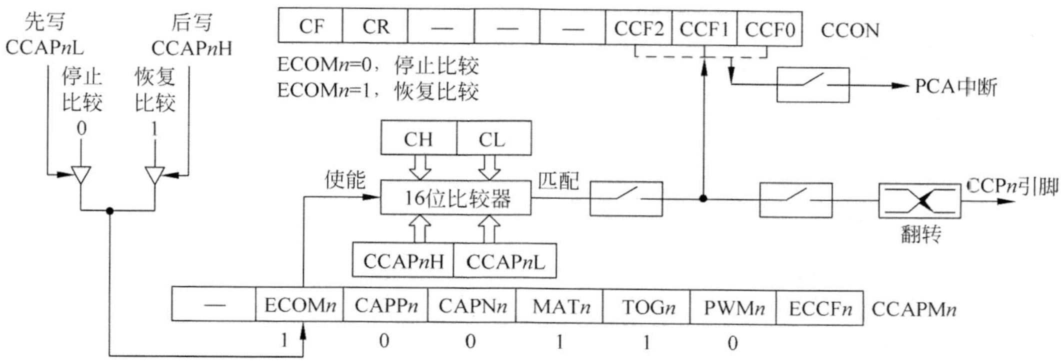

图 7-5 PCA 模块的高速输出模式结构图

在高速输出模式下,当 PCA 计数器(CH、CL)的值与捕获寄存器(CCAPnH、CCAPnL)的值相匹配时,PCA 模块的输出 CCPn 将发生翻转。

高速输出周期=PCA 计数器时钟源周期×计数次数×2

其中,计数次数=[CCAPnH:CCAPnL]-[CH:CL]

因此,计数次数=INT[高速输出周期/(PCA 计数器时钟源周期×2)+0.5]

= INT[PCA 计数器时钟源频率/(高速输出频率×2)+0.5]

上式表明如计算结果不是整数,则进行四舍五入。

【例 7-3】 利用 PCA 的模块 0 进行高速输出。假设 SYSclk=18.432MHz,从 P1.1 引脚输出 100kHz 的方波信号。

【解】 设选择 PCA 模块的时钟源频率为 SYSclk/2,则高速输出的计数次数可记为

$$\mathrm{INT}[18\,432\,000/(4\times 100\,000)] = 46 = 2\mathrm{EH}$$

汇编语言程序如下。

```
        $INCLUDE (STC15.INC)
        T100kHz EQU 2EH
        ORG     0000H
        LJMP    START
        ORG     003BH
        LJMP    PCA_ISR
        ORG     0100H
START:
        MOV     A,P_SW1
        ANL     A,#0CFH
        MOV     CMOD,#82H        ;空闲模式下 PCA 计数器停止计数,PCA 计数脉冲为 fSYS/2
```

```
        MOV     CCON,#00H
        MOV     CCAPM0,#4DH     ;设置 PCA 模块 0 工作于 16 位软件定时模式,允许模块 0 的中断
        MOV     CH,#0           ;PCA 计数器清零
        MOV     CL,#0
        MOV     CCAP0L,#2EH     ;PCA 模块 0 的 CCAP0L 赋初值
        MOV     CCAP0H,#00H     ;PCA 模块 0 的 CCAP0H 赋初值
        SETB    EA
        SETB    CR
        SJMP    $
PCA_ISR:
        PUSH    PSW
        PUSH    ACC
        MOV     A,#2EH
        ADD     A, CCAP0L
        MOV     CCAP0L,A
        MOV     A,#0
        ADDC    A,# CCAP0H
        MOV     CCAP0H,A
        CLR     CCF0
        POP     ACC
        POP     PSW
        RETI
        END
```

C 语言程序如下。

```
#include "stc15.h"
#include "intrins.h"
sbit CCF0 = CCON^0;
sbit CR = CCON^6;
define CCP_S0  0x10
define CCP_S1  0x20
unsigned int value = 0x2e;
void PCA_isr(void) interrupt 7
{
  CCAP0L = value;
  CCAP0H = value >> 8;
  CCF0 = 0;
  value += 0x2e;
}
void main(void)
{
  ACC = P_SW1;
  ACC& = ~ (CCP_S0 | CCPS1)
  P_SW1 = ACC;
  CMOD = 0x82;
  CCON = 0;
  CCAPM0 = 0x4d;
  CL = 0;
  CH = 0;
  CCAP0L = value;
```

```
    CCAP0H = value >> 8;
    value += 0x2e;
    EA = 1;
    CR = 1;
    while(1);
}
```

4. 脉宽调节模式

脉宽调制是通过程序控制波形的周期、相位、占空比的一种技术，在电机驱动、D/A 转换等场合均有广泛应用。

当寄存器 CCAPM*n* 的 ECOM*n* 和 PWM*n* 为 1 时，PCA 模块工作在脉宽调制（PWM）模式。可通过改变寄存器 PCA_PWM*n* 中的 EBS*n*_1 和 EBS*n*_0 两位，使 PCA 模块工作在 8 位、7 位、6 位三种脉宽调制方式。

当某个 I/O 口作为 PWM 输出时，该口的状态如表 7-3 所示。

表 7-3 I/O 口作为 PWM 使用时的状态

PWM 之前的状态	PWM 输出时的状态
弱上拉/准双向口	强推挽输出/强上拉输出，要加输出限流电阻 1～10kΩ
强推挽输出/强上拉输出	强推挽输出/强上拉输出，要加输出限流电阻 1～10kΩ
仅为输入（高阻）	PWM 输出无效
开漏	开漏

(1) 8 位脉宽调制

当[EBS*n*_1，EBS*n*_0]=[0，0]或[1，1]时，PCA 模块 *n* 工作在 8 位 PWM 模式，如图 7-6 所示。

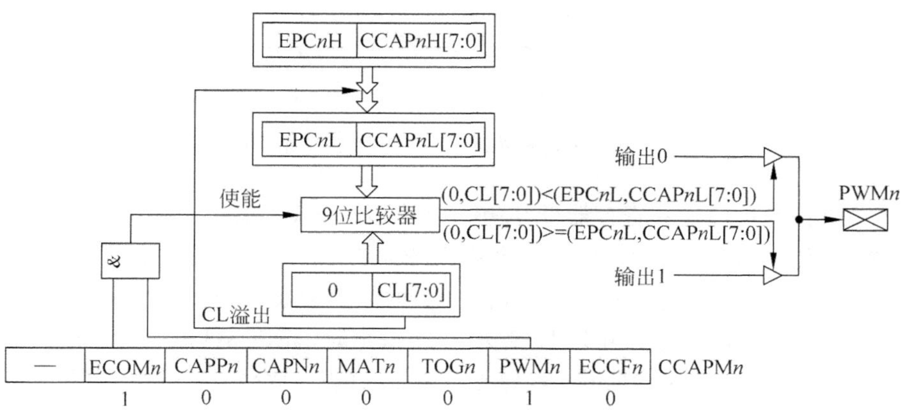

图 7-6 PCA 模块的 8 位 PWM 模式结构图

此时，输出占空比与捕获寄存器{EPC*n*L，CCAP*n*L[7:0]}的值有关，将{0，CL[7:0]}与捕获寄存器{EPC*n*L，CCAP*n*L[7:0]}进行比较，当{0，CL[7:0]}的值小于{EPC*n*L，CCAP*n*L[7:0]}时，输出低电平；当{0，CL[7:0]}的值大于或等于{EPC*n*L，CCAP*n*L[7:0]}

时，输出高电平。当 CL 中的值由 FFH 变为 00H 溢出时，{EPCnH，CCAPnH[7:0]}的内容装载到{EPCnL，CCAPnL[7:0]}中，实现无干扰地更新 PWM 占空比。在初始化时应对{EPCnL，CCAPnL[7:0]}和{EPCnH，CCAPnH[7:0]}赋相同值。

PCA 的三个模块都可作为 PWM 输出使用，其输出频率仅取决于 PCA 计数器的时钟源。

$$\text{PWM 频率}=\frac{\text{PCA 时钟输入源频率}}{256}$$

因此三个模块的输出频率相同，但可通过程控使其各模块的占空比独立变化。

可见，PWM 脉宽时间＝时钟源周期×(256－CCAPnL)

$$\text{占空比}=(256-\text{CCAP}n\text{L})/256$$

如果要实现频率可调的 PWM 输出，可选择定时/计数器 0 的溢出或 ECI 脚的输入作为 PCA 的时钟源。

另外，当 EPCnL＝0 且，CCAPnL＝00H 时，PWM 固定输出高电平；

当 EPCnL＝1 且，CCAPnL＝FFH 时，PWM 固定输出低电平。

(2) 7 位脉宽调制

当[EBSn_1，EBSn_0]＝[0,1]时，PCA 模块 n 工作在 7 位 PWM 模式，如图 7-7 所示。

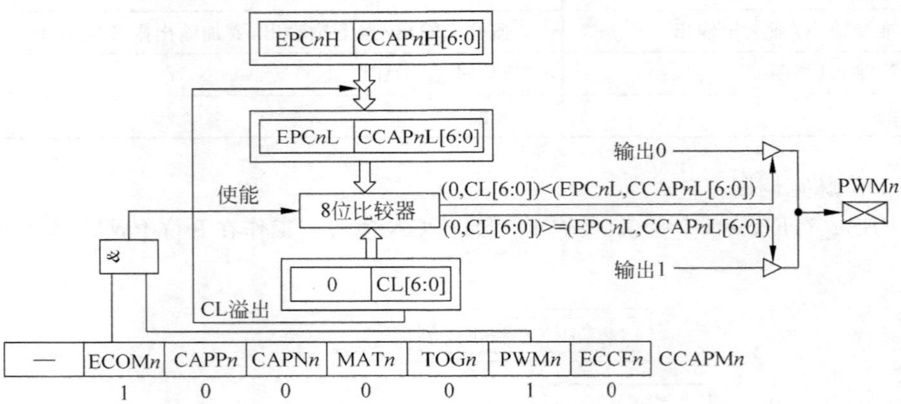

图 7-7 PCA 模块的 7 位 PWM 模式结构图

此时，输出占空比与捕获寄存器{EPCnL，CCAPnL[6:0]}的值有关，将{0，CL[6:0]}与捕获寄存器{EPCnL，CCAPnL[6:0]}进行比较，当{0，CL[6:0]}的值小于{EPCnL，CCAPnL[6:0]}时，输出低电平；当{0，CL[6:0]}的值大于或等于{EPCnL，CCAPnL[6:0]}时，输出高电平。当 CL 中的值由 7FH 变为 00H 溢出时，{EPCnH，CCAPnH[6:0]}的内容装载到{EPCnL，CCAPnL[6:0]}中，实现无干扰地更新 PWM 占空比。在初始化时应对{EPCnL，CCAPnL[6:0]}和{EPCnH，CCAPnH[6:0]}赋相同值。

PCA 的三个模块都可作为 PWM 输出使用，其输出频率仅取决于 PCA 计数器的时钟源。

$$\text{PWM 频率}=\frac{\text{PCA 时钟输入源频率}}{128}$$

因此三个模块的输出频率相同，但可通过程控使其各模块的占空比独立变化。

可见，PWM 脉宽时间＝时钟源周期×(128－CCAPnL)

占空比＝(128－CCAPnL)/128

如果要实现频率可调的 PWM 输出，可选择定时/计数器 0 的溢出或 ECI 脚的输入作为 PCA 的时钟源。

另外，当 EPCnL＝0 且，CCAPnL＝80H 时，PWM 固定输出高电平；

当 EPCnL＝1 且，CCAPnL＝FFH 时，PWM 固定输出低电平。

(3) 6 位脉宽调制

当[EBSn_1，EBSn_0]＝[1，0]时，PCA 模块 n 工作在 6 位 PWM 模式，如图 7-8 所示。

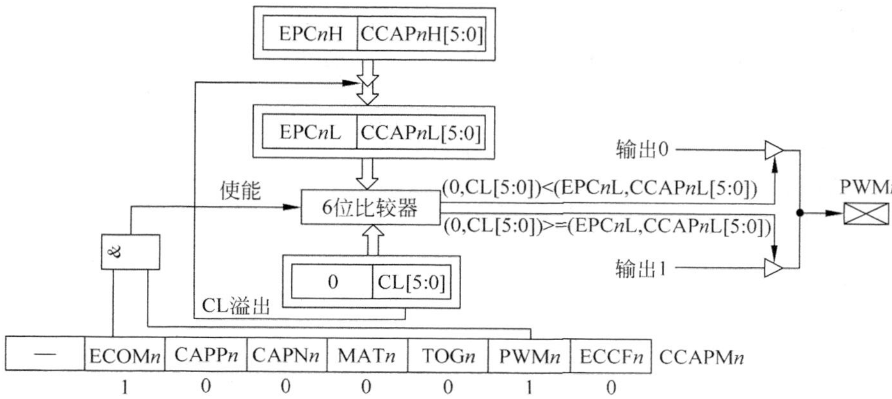

图 7-8　PCA 模块的 6 位 PWM 模式结构图

此时，输出占空比与捕获寄存器{EPCnL，CCAPnL[5：0]}的值有关，将{0，CL[5：0]}与捕获寄存器{EPCnL，CCAPnL[5：0]}进行比较，当{0，CL[5：0]}的值小于{EPCnL，CCAPnL[5：0]}时，输出低电平；当{0，CL[5：0]}的值大于或等于{EPCnL，CCAPnL[5：0]}时，输出高电平。当 CL 中的值由 3FH 变为 00H 溢出时，{EPCnH，CCAPnH[5：0]}的内容装载到{EPCnL，CCAPnL[5：0]}中，实现无干扰地更新 PWM 占空比。在初始化时应对{EPCnL，CCAPnL[5：0]}和{EPCnH，CCAPnH[5：0]}赋相同值。

PCA 的三个模块都可作为 PWM 输出使用，其输出频率仅取决于 PCA 计数器的时钟源。

$$\text{PWM 频率} = \frac{\text{PCA 时钟输入源频率}}{64}$$

因此三个模块的输出频率相同，但可通过程控使其各模块的占空比独立变化。

可见，PWM 脉宽时间＝时钟源周期×(64－CCAPnL)

占空比＝(128－CCAPnL)/64

如果要实现频率可调的 PWM 输出，可选择定时/计数器 0 的溢出或 ECI 脚的输入作为 PCA 的时钟源。

另外，当 EPCnL＝0 且，CCAPnL＝C0H 时，PWM 固定输出高电平；

当 EPCnL＝1 且，CCAPnL＝FFH 时，PWM 固定输出低电平。

在 STC15F2K60S2 单片机中集成有 A/D，却没有集成 D/A，但可通过 PWM 输出功能实现 D/A 转换，PWM 的 D/A 典型应用电路如图 7-9 所示。

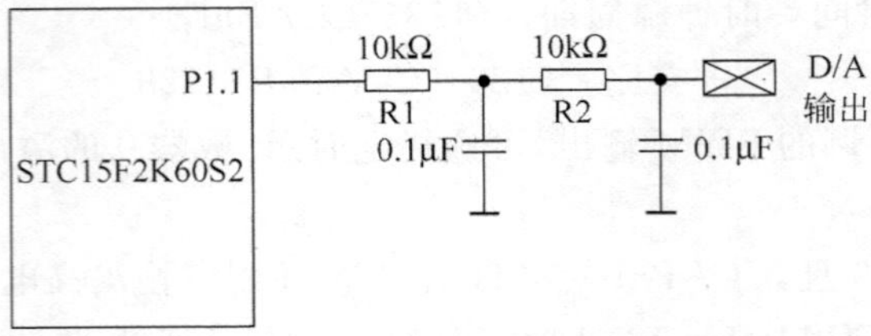

图 7-9 PWM 用于 D/A 时的典型电路

【例 7-4】 设系统频率 SYSclk 为 18.432MHz，编程实现从 P1.1 脚输出占空比为 87.5%的 PWM 脉冲。

【解】 PWM 输出的周期由 PCA 模块的计数时钟源决定，在 8 位 PWM 输出时其占宽比为(256－CCAPnL)/256，为此要输出占宽比 25%的 PWM 脉冲信号，CCAPnL 为 20H。另外当 CL 值由 FFH 变为 00H 时，由硬件将{EPCnH，CCAPnH[7:0]}的内容装载到{EPCnL，CCAPnL[7:0]}中，实现无干扰地更新 PWM 占空比，因此无需中断支持。

汇编语言程序如下：

```
    $ INCLUDE (STC15.INC)
      ORG 0000H
      LJMP START
      ORG 0100H
START:
      MOV  CMOD, #02H      ;空闲模式下 PCA 计数器停止计数,PCA 计数脉冲为 fSYS/2
      MOV  CCON, #00H      ;
      MOV  CCAPM0, #42H    ;设置 PCA 模块 0 工作于 PWM 模式
      MOV  PCA_PWM0, #0    ;PCA 模块 0 工作在 8 位 PWM 模式
      MOV  CH , #0         ;PCA 计数器清 0
      MOV  CL , #0
      MOV  CCAP0L, #20H    ;占宽比为 87.5 %
      MOV  CCAP0H, #20H    ;
      SETBCR
      SJMP $
```

C 语言程序如下：

```
#include "stc15.h"
void main(void)
{
    CMOD = 0x02;
    CCON = 0;
    CCAPM0 = 0x42;
    PCA_PWM0 = 0;
    CL = 0;
    CH = 0;
    CCAP0L = 0x20;
    CCAP0H = 0x20;
    CR = 1;
    while(1);
}
```

7.2.3 STC15F2K60S2 单片机 PCA 模块功能引脚的切换

通过对特殊功能寄存器 AUXR1(P_SW1)中的 CCP_S0 和 CCP_S1 位的控制，可实现 PCA 模块功能引脚在不同端口间进行切换。AUXR1 寄存器的各位定义如表 7-4 所示。

表 7-4 AUXR1 寄存器的各位定义

AUXR1 A2H	位号	B_7	B_6	B_5	B_4	B_3	B_2	B_1	B_0	复位值
	位名称	S1_S1	S1_S0	CCP_S1	CCP_S0	SPI_S1	SPI_S0	0	DPS	00H

PCA 模块功能引脚的切换关系如表 7-5 所示。

表 7-5 PCA 模块功能引脚的切换关系表

CCP_S1	CCP_S0	ECI	CCP0	CCP1	CCP2
0	0	P1.2	P1.1	P1.0	P3.7
0	1	P3.4(ECI_2)	P3.5(CCP0_2)	P3.6(CCP1_2)	P3.7(CCP2_2)
1	0	P2.4(ECI_3)	P2.5(CCP0_3)	P2.6(CCP1_3)	P2.7(CCP2_3)
1	1	无效			

习题

(1) STC15F2K60S2 单片机的 PCA 模块有哪几种工作模式？如何正确设置？

(2) 叙述 STC15F2K60S2 单片机的 PCA 模块各工作模式的工作原理。

(3) 利用 STC15F2K60S2 单片机的 PCA 模块的软件定时功能实现 1s 定时。

(4) 利用 STC15F2K60S2 单片机的 PCA 模块的 PWM 功能输出占宽比为 25%的脉冲。

第8章 串行通信技术及STC15F2K60S2的串行口

8.1 串行通信基础知识

8.1.1 数据通信

在工作中，一台计算机与另外一台计算机或外部设备进行信息交换，这种信息交换称为数据通信。

通信方式有两种，分别为并行通信和串行通信。通常在远距离通信时使用串行通信，近距离通信时使用并行通信。

并行通信指数据的各位同时传送。其优点是数据传送快；缺点是所需的传送线多，成本高，不适宜远距离通信。如图 8-1 所示为 STC15F2K60S2 与 8 位外设并行通信的连接方式。

串行通信指数据是一位一位按顺序传送的通信方式。其优点是只需一对传输线，降低了布线成本，适宜远距离通信；缺点是数据传送速度低。图 8-2 为 STC15F2K60S2 与外设串行通信的连接方式。

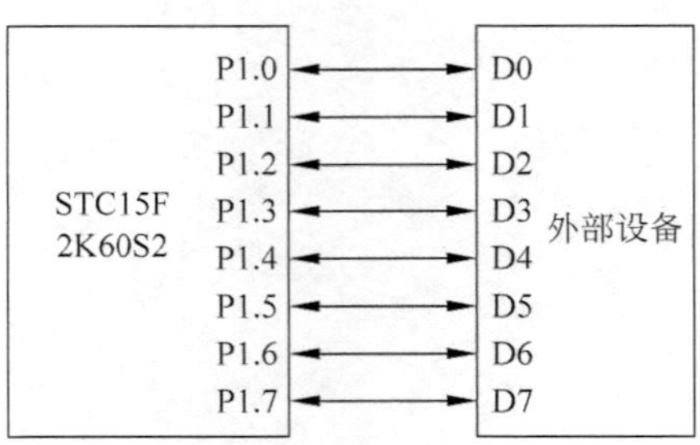

图 8-1　并行通信

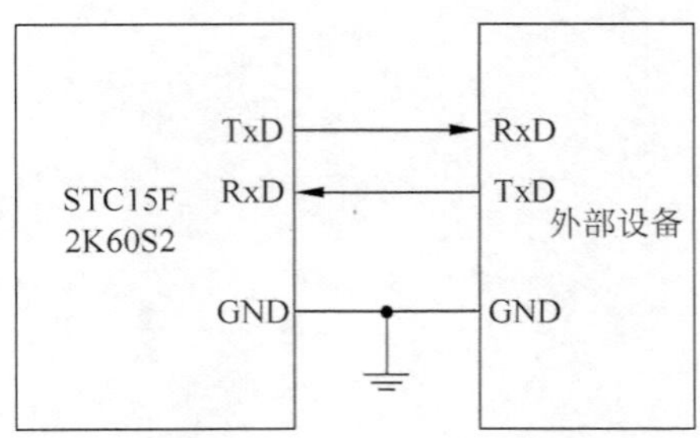

图 8-2　串行通信

8.1.2 串行通信的传输方式

串行通信的数据传送方式有三种，第一种为单工传送方式，数据只允许一个方向传送；第二种为半双工传送方式，数据可以向两个方向传送，但同一时刻只能一方为发送，另一方为接收；第三种为全双工传送发送，允许同时双向传送，要求数据传送的双方具备完整的、独立的发送和接收能力。如图 8-3 所示为串行通信的三种数据传送方式。

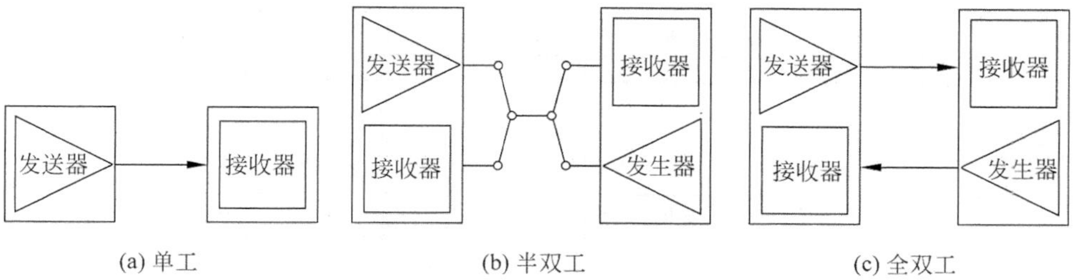

图 8-3 串行通信的三种传输方式

8.1.3 串行通信的两种同步方式

串行通信有异步通信和同步通信两种通信方式。

1. 异步通信

在异步通信中，数据是按帧传送的，每帧数据的格式如图 8-4 所示。

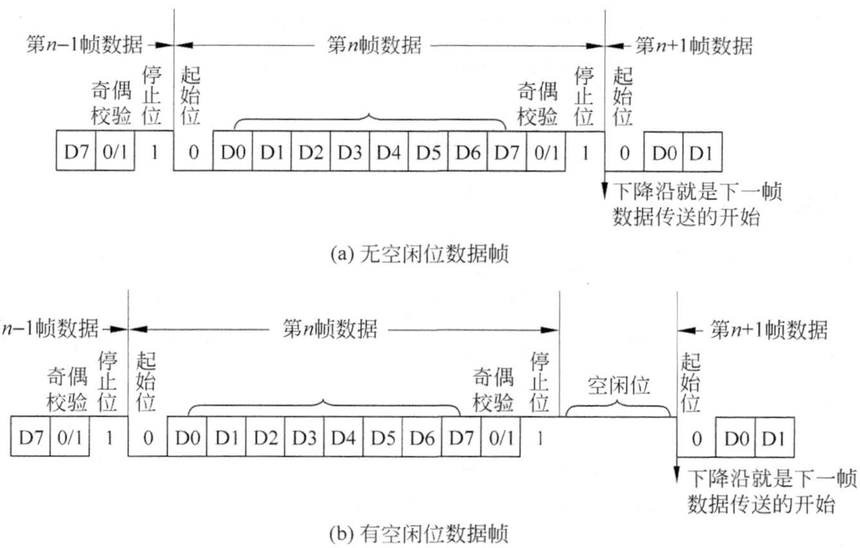

图 8-4 异步通信的数据帧格式

一帧数据由起始位、数据位、奇偶校验位和停止位 4 部分组成。首先是起始位"0"，然后为 5～8 位数据位，规定低位在先，高位在后，再接着是奇偶校验位，根据实际需要可有可无，有时这一位用来确定当前数据代表的信息性质(地址/数据)，最后是停止位"1"。

2. 同步通信

在同步通信中，在数据开始传送前先发送同步字符，一般约定 1～2 个，接着发送数据同时用时钟信号实现发送端和接收端的同步，数据格式如图 8-5 所示。

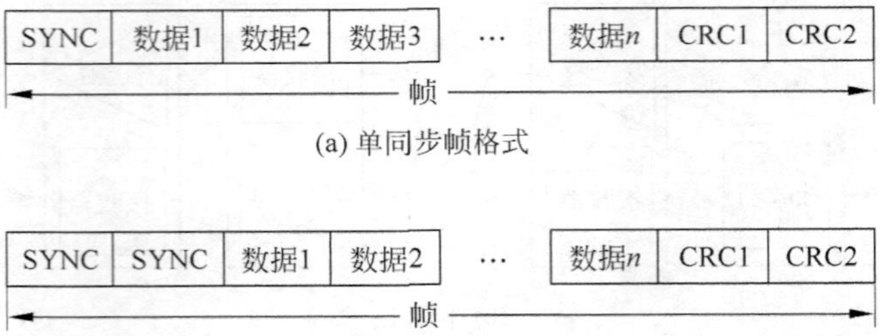

(a) 单同步帧格式

(b) 双同步帧格式

图 8-5　同步通信的帧格式

8.1.4　异步串行通信的通信协议

1. 通信双方同步

进行串行通信的双方必须同步工作，才能确保数据有效收发。设备同步对通信双方有两个共同要求。第一是通信双方采用统一的编码方法；第二是通信双方有相同的波特率。

所谓波特率就是数据传送速度，每秒传送二进制代码的位数，其单位是 b/s。

设数据传送速率为 960B/s，串行通信的帧格式为 1 个起始位、8 个数据位、1 个停止位。此时的波特率为

$$960\text{B/s}\times 10\text{b/B}=9600\text{b/s}$$

2. 起始位

在通信线路上没有数据传送时一直处于逻辑“1”态（高电平），当发送方发送一个数据时，首先发出一个逻辑“0”（低电平），这个从高到低的下降沿就是实现通信双方同步的第一步，接收方检测到这个下降沿后，就开始准备接收数据位，因此起始位所起的作用就是设备同步。

3. 数据位

起始位之后传送的是数据位部分，数据位的个数 5～8 个，在 STC15F2K60S2 单片机中数据位为 8 位或 9 位，在通信之前，通信双方事先约定数据位的位数。传送时数据位从最低有效位开始依次传送。

4. 奇偶校验位

通信双方约定数据传送过程中是否有奇偶校验位，如有，则在数据位发送完之后，发送一位校验位“0”或“1”，该位取决于校验属性（奇校验/偶校验）及数据本身的属性（数据中“1”个数的奇偶性）。其要点为

奇校验表示数据位和奇偶位的“1”的总位数为奇数。

偶校验表示数据位和奇偶位的“1”的总位数为偶数。

5. 停止位

在校验位或数据位（无校验）之后发送停止位“1”（高电平）。停止位标志着一帧数据传

送结束，接收方接收到停止位后，通信线路呈现逻辑“1”状态，直到下一个下降沿到来以进入下一帧数据的传送。

6. 握手信号的约定

发送方首先发送一个联络信号“?”，接收方收到“?”后回送一个应答信号“.”，之后依次发送数据块长度、数据以及校验和。接收方收到发送方发送过来的校验和后与己方累加的校验和相比较，如相同，则回送一个“0”，表示正确传送并结束本次通信过程，否则回送一个“F”，要求发送方重新发送数据，直到正确接收为止。

8.2 STC15F2K60S2 单片机的串行口

STC15F2K60S2 单片机集成有两个可编程的全双工串行通信接口。每个串口有一个发送缓冲器、一个接收缓冲器、一个移位寄存器、一个串口控制寄存器、一个波特率发生器等组成。由于每个串口的接收缓冲器和发送缓冲器是相互独立的，因此可以同时发送和接收数据。发送缓冲器只能写入不能读出，而接收缓冲器只能读出不能写入，因此共用一个地址码 99H，通过指令来区分当前访问的缓冲器是发送缓冲器还是接收缓冲器，如进行发送数据则用指令 MOV SBUF,A，访问发送缓冲器，进行接收数据则用指令 MOV A,SBUF，访问接收缓冲器。

串口 1 默认的发送引脚为 TxD/P3.1，接收引脚为 RxD/P3.0。

8.2.1 串口 1 的控制寄存器及控制字

1. 串口 1 的控制寄存器 SCON

寄存器 SCON 用于设定串口 1 的工作方式、接收控制等。SCON 寄存器的各位定义如下：

SCON 98H	位号	B_7	B_6	B_5	B_4	B_3	B_2	B_1	B_0	复位值
	位名称	SM0/FE	SM1	SM2	REN	TB8	RB8	TI	RI	00H

- SM0/FE、SM1 为串口 1 工作方式控制位。

  (1) 如果 PCON 寄存器的 SM0D0 位为 1，则 M0/FE 用于帧错误检测，当检测到一个无效停止位时，硬件使该位置 1，必须通过软件清零。

  (2) 如果 PCON 寄存器的 SM0D0 位为 0，则 SM0 和 SM1 一起决定串口 1 的工作方式。串口 1 的工作方式如表 8-1 所示。

- SM2 为多机通信控制位。

  在方式 0 或 1 非多机通信下，SM2 应设置为 0。

  在方式 2 或 3 下进行多机通信时，SM2 位作为多机通信控制位。这种多机通信是一主多从型，开始时各从机的 SM2=1，主机发出的第一帧是地址信息，即数据的第 9 位为 1，此时各从机接收地址帧信息并产生中断，在中断服务程序中将接收的地址与本机的地址比较，如相符，则将本机的 SM2 清零，准备接收稍后主机发出的数据信帧息（第 9 位为 0）。而其他从机的 SM2 仍然为 1，从而不会接收主机后续发出的数据帧信息（第 9 位为 0）。

- REN 为允许接收控制位。
  REN=0，禁止串口接收数据。
  REN=1，允许串口接收数据。
- TB8 为在方式 2 或方式 3 时，要发送的第 9 位数据。通常用作奇偶校验位，或在多机通信时用作地址帧/数据帧的标志。
- RB8 为在方式 2 或方式 3 时，接收的第 9 位数据。通常用作奇偶校验位，或在多机通信时用作地址帧/数据帧的标志。

表 8-1 串口 1 的工作方式

SM0	SM1	工作方式	功能说明	波特率
0	0	方式 0	同步移位寄存器工作方式	SYSclk/12 或 SYSclk/2
0	1	方式 1	10 位异步收发	定时器 1 或定时器 2 溢出率/4 或(2^{SMOD}×定时器 1 溢出率)/32
1	0	方式 2	11 位异步收发	(2^{SMOD}×SYSclk)/64
1	1	方式 3	11 位异步收发	定时器 1 或定时器 2 溢出率/4 或(2^{SMOD}×定时器 1 溢出率)/32

2. 电源控制寄存器 PCON

寄存器 PCON 主要用于方式 1、方式 2、方式 3 的波特率是否加倍。PCON 寄存器的各位定义如下：

PCON 87H	位号	B_7	B_6	B_5	B_4	B_3	B_2	B_1	B_0	复位值
	位名称	SMOD	SM0D0	LVDF	POF	GF1	GF0	PD	IDL	30H

- SMOD 为波特率倍增位。
  SMOD=0，波特率不倍增。
  SMOD=1，波特率倍增。
- SM0D0 为帧错误检测控制位。
  SM0D0=0，SCON 寄存器中 SM0/FE 位用作 SM0 功能，与 SM1 一起确定串口工作方式。
  SM0D0=1，SCON 寄存器中 SM0/FE 位用作 FE 功能，即帧错误检测。

3. 辅助寄存器 AUXR

AUXR 的各位定义如下：

AUXR 8EH	位号	B_7	B_6	B_5	B_4	B_3	B_2	B_1	B_0	复位值
	位名称	T0x12	T1x12	UART_M0x6	T2R	T2_$C/\overline{T}$	T2x12	EXTRAM	S1ST2	00H

- UART_M0x6 为串口 1 方式 0 的波特率设置位。
  UART_M0x6＝0，串口 1 方式 0 的波特率为 SYSclk/12。
  UART_M0x6＝1，串口 1 方式 0 的波特率为 SYSclk/2。
- S1ST2 为波特率发生器选择控制位。
  S1ST2＝0，串口 1 工作在方式 1 或方式 3 时，选择定时器 T1 为波特率发生器。
  S1ST2＝1，串口 1 工作在方式 1 或方式 3 时，选择定时器 T2 为波特率发生器。

4. 数据缓冲寄存器 SBUF

进行串行通信时其数据的收发是通过操作数据缓冲寄存器 SBUF 完成的，在完成相应初始化将数据写入发送缓冲区（MOV SBUF，A）后启动发送工作，在接收数据时直接从接收缓冲区读取数据（MOV A，SBUF）即可。

8.2.2　串口 1 的工作方式

1. 方式 0

串口 1 在方式 0 下的结构图如图 8-6 所示。在方式 0 下串口 1 作为同步移位寄存器使用。串行数据从 RxD/P3.0 引脚输入或输出，同步移位脉冲从 TxD/P3.1 引脚送出，其波特率为 SYSclk/12 或 SYSclk/2。这种方式主要用于扩展 I/O 口。

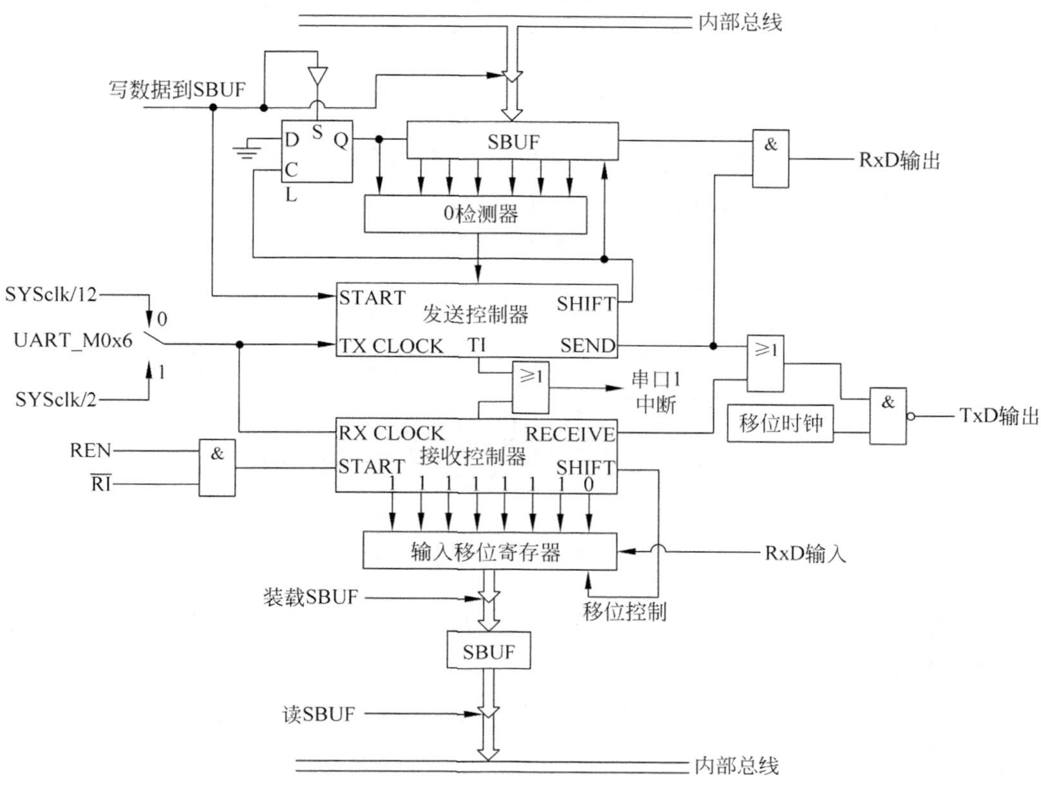

图 8-6　串口 1 在方式 0 下的结构图

(1) 发送过程。将一个数据写入发送缓冲区 SBUF，串口将 8 位数据以 SYSclk/12 或 SYSclk/2 的波特率从 RxD 引脚输出，8 位数据发送完成后中断标志位 TI 置 1，向 CPU 提出中断请求。再次发送数据前通过软件将 TI 清零。方式 0 发送的时序图如图 8-7 所示。

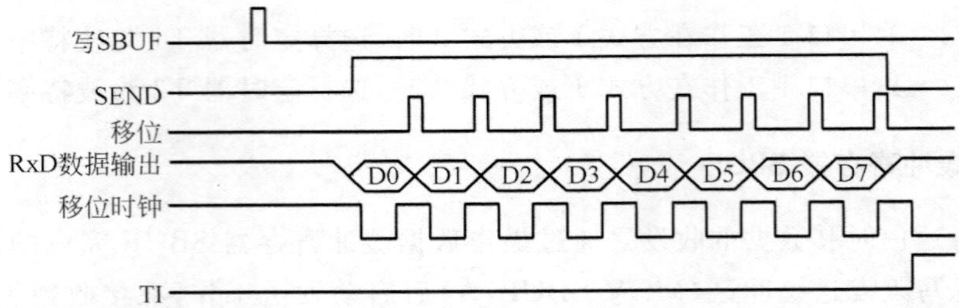

图 8-7 串口 1 方式 0 的发送时序

在方式 0 发送时一般外扩串行输入并行输出的移位寄存器芯片，主要用于扩展并行输出口，如图 8-8 所示。

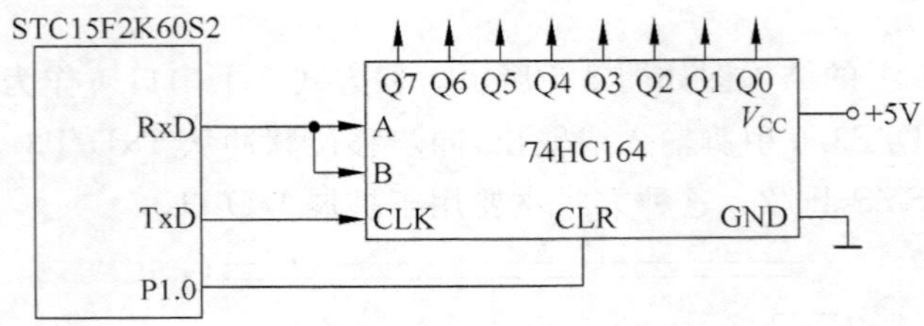

图 8-8 串口 1 方式 0 的发送电路

(2) 接收过程。当 REN=1 且 RI=0 时，串口以 SYSclk/12 或 SYSclk/2 的波特率从 RxD 引脚输入数据，当 8 位数据接收完成后中断标志位 RI 置 1，向 CPU 提出中断请求。再次接收数据前通过软件将 RI 清零。方式 0 发送的时序图如图 8-9 所示。

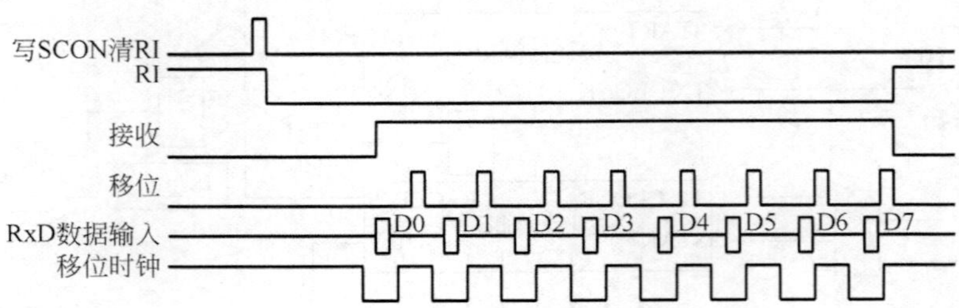

图 8-9 串口 1 方式 0 的接收时序

在方式 0 接收时一般外扩并行输入串行输出的移位寄存器芯片，主要用于扩展并行输入口，如图 8-10 所示。

【例 8-1】 用 STC15F2K60S2 的串口 1 外接 74HC164 扩展一个并行口，并循环点亮发光二极管，如图 8-11 所示。

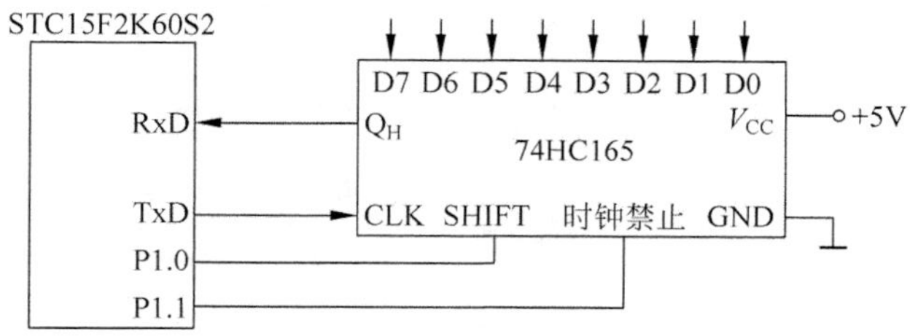

图 8-10　串口 1 方式 0 的接收电路

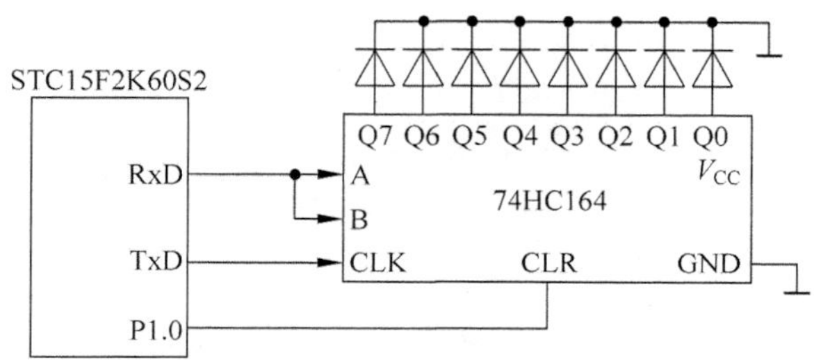

图 8-11　扩展并行输出口

汇编语言程序如下。

```
     $INCLUDE (STC15.INC)
         ORG      0000H
         LJMP     START
         ORG      0023H
         LJMP     UART1_ISR
         ORG      0100H
START:   MOV      SCON, #00H           ;串行口方式 0 初始化
         SETB     ES
         SETB     EA
         MOV      A, #01H              ;最右一位发光二极管先亮
         CLR      P1.0                 ;关闭并行输出
         MOV      SBUF,A               ;开始串行输出
         SJMP     $                    ;等待中断
UART1_ISR: SETB   P1.0                 ;启动并行输出
         ACALL    DELAY                ;显示延迟一段时间
         CLR      TI                   ;清发送中断标志
         RL       A                    ;准备左边一位显示
         CLR      P1.0                 ;关闭并行输出
         MOV      SBUF, A              ;再一次串行输出
         RETI                          ;中断返回
DELAY:   MOV      R0, #200
  DD1:   MOV      R1, #126
         DJNZ     R1, $
         DJNZ     R0,DD1
         RET
         END
```

C 语言程序如下。

```
#include "stc15.h"
char j;
unsigned int i;
void UART_isr(void) interrupt 4
{
  P1.0 = 1;
  for(i = 0;i < 100000;i++);
  TI = 0;
  j = j << 1;
  if(j == 0) j = 1;
  P1.0 = 0;
  SBUF = j;
}
void main(void)
{
  SCON = 0x00;
  ES = 1;
  EA = 1;
  j = 1;
  P1.0 = 0;
  SBUF = j;
  while(1);
}
```

2. 方式 1

串口 1 的方式 1 是波特率可调的 10 位异步串行通信接口，TxD 和 RxD 分别用于发送数据和接收数据，收发一帧数据的格式为 1 位起始位、8 位数据、1 位停止位，共 10 位。其电路结构如图 8-12 所示。

(1) 发送过程。将一个字节数据写入发送 SBUF 后就启动了串口 1 的发送过程，在发送移位时钟(TX CLOCK)的同步下，将起始位、8 个数据位(低位在先高位在后)、停止位依次从 TxD 引脚送出，之后由硬件将 TI 置 1。方式 1 的发送时序图如图 8-13 所示。其波特率由定时器 T1 的溢出率和电源控制寄存器 PCON 的 SMOD 位决定，或由定时器 T2 的溢出率决定。

当 AUXR 寄存器的位 S1ST2＝0，且定时器 T1 工作在模式 0；或 AUXR 寄存器的位 S1ST2＝1 时，串口 1 的波特率为

$$波特率=(定时器 1 或定时器 2 的溢出率)/4$$

当 AUXR 寄存器的位 S1ST2＝0，且定时器 T1 工作在模式 2 时，串口 1 的波特率为

$$波特率=2^{SMOD}\times(T1 的溢出率)/32$$

(2) 接收过程。当 REN＝1 且 RI＝0 时，启动接收过程。当下降沿传输检测器检测到一个可靠的下降沿(“1”→“0”)后，接收控制器以波特率的 16 倍速率采样 RxD 引脚电平，即在 1 个波特率时间内连续采样 16 次，由位检测器对第 7、第 8、第 9 三个采样点状态进行采样，并进行“三中取二”，即取三个采样点两次相同值。以同样的方法接收一帧信息的所有位。接收完成后 8 位数据装载到接收 SBUF，同时置位 RI，向 CPU 提出中断请求。方式 1 的接收时序图如图 8-14 所示。

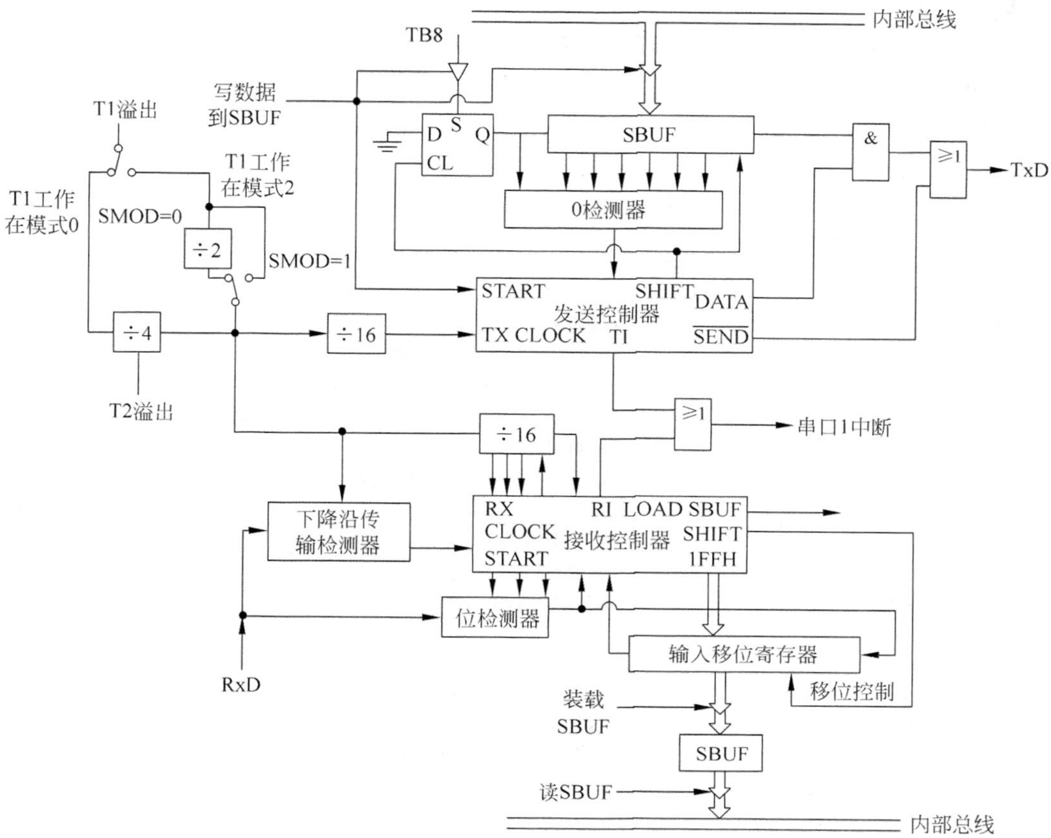

图 8-12 串口 1 方式 1 的结构图

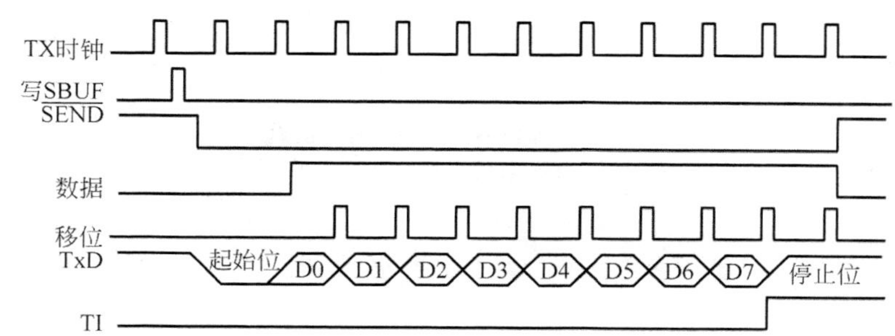

图 8-13 串口 1 方式 1 的发送时序

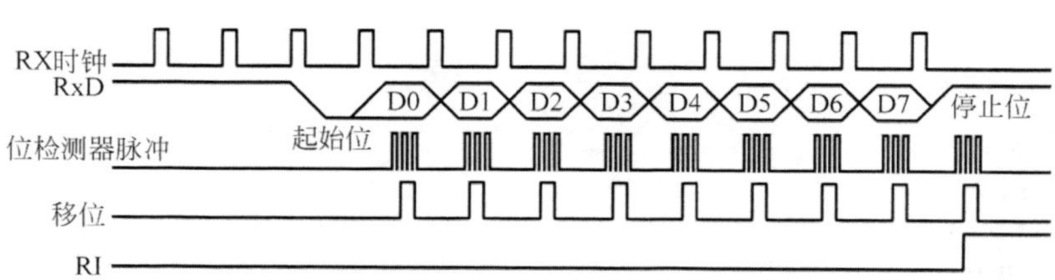

图 8-14 串口 1 方式 1 的接收时序

【例 8-2】 STC15F2K60S2 通过串口 1 发送片内 RAM 20H～27H 的 8 个字节，无校验，波特率为 1200b/s，编写发送程序。设 SYSclk＝11.1592MHz。

汇编语言程序如下。

```
    $INCLUDE (STC15.INC)
        ORG     0000H
        LJMP    START
        ORG     0023H
        LJMP    UART1_ISR
        ORG     0100H
START:  ANL     PCON, #7FH          ;波特率不倍速
        MOV     SCON, #40H          ;8 位数据,可变波特率
        ANL     AUXR, #0BFH         ;定时器 1 时钟为 fosc/12,即 12T
        ANL     AUXR, #0FEH         ;串口 1 选择定时器 1 为波特率发生器
        ANL     TMOD, #0FH          ;清除定时器 1 模式位
        ORL     TMOD, #20H          ;设定定时器 1 为 8 位自动重装方式
        MOV     TL1, #0E8H          ;设定定时初值
        MOV     TH1, #0E8H          ;设定定时器重装值
        CLR     ET1                 ;禁止定时器 1 中断
        SETB    TR1                 ;启动定时器 1
        SETB    ES
        SETB    EA                  ;开中断
        MOV     R0, #20H            ;发送数据块的起始地址
        MOV     R2, #8              ;数据块长度
        MOV     A,@R0               ;去第一个发送的数据
        MOV     SBUF,A              ;通过串口 1 发送
        DEC     R2
        SJMP    $
UART1_ISR:
        CLR     TI                  ;清除发送中断标志
        INC     R0
        MOV     A,@R0
        MOV     SBUF,A
        DJNZ    R2,EXIT             ;如没有发送完,则直接返回
        CLR     EA                  ;如果已发送完则关中断,再返回
EXIT:   RETI
        END
```

C 语言程序如下。

```
#include "stc15.h"
unsigned char *p;
char i,j;
void main(void)
{
  PCON = PCON &0x7f;
  SCON = 0x40;
  AUXR = (AUXR & 0xBF) & 0xfe;
  TMOD = (TMOD & 0x0f) | 0x20;
  TL1 = 0xe8;
  TH1 = 0xe8;
```

```
  ET1 = 0;
  TR1 = 1;
  ES = 1;
  EA = 1;
  p = 0x20;
  for(j = 0;j < 8;j++)
    {
      i = *p;
      p++;
      SBUF = i;
      while(TI == 0);                   //发送采取了查询法
      TI = 0;
    }
  while(1);
}
```

【例 8-3】 STC15F2K60S2 通过串口 1 接收字节数据并放到片内 RAM 20H～27H 的 8 个字节,无校验,波特率为 1200b/s,编写接收程序。设 SYSclk＝11.1592MHz。

汇编语言程序如下。

```
    $INCLUDE (STC15.INC)
          ORG    0000H
          LJMP   START
          ORG    0023H
          LJMP   UART1_ISR
          ORG    0100H
START:    ANL    PCON, #7FH          ;波特率不倍速
          MOV    SCON, #50H          ;8 位数据,可变波特率,可接收
          ANL    AUXR, #0BFH         ;定时器 1 时钟为 fosc/12,即 12T
          ANL    AUXR, #0FEH         ;串口 1 选择定时器 1 为波特率发生器
          ANL    TMOD, #0FH          ;清除定时器 1 模式位
          ORL    TMOD, #20H          ;设定定时器 1 为 8 位自动重装方式
          MOV    TL1, #0E8H          ;设定定时初值
          MOV    TH1, #0E8H          ;设定定时器重装值
          CLR    ET1                 ;禁止定时器 1 中断
          SETB   TR1                 ;启动定时器 1
          SETB   ES
          SETB   EA                  ;开中断
          MOV    R0, #20H            ;发送数据块的起始地址
          MOV    R2, #8              ;数据块长度
          SJMP   $
UART1_ISR:
          CLR    RI                  ;清除发送中断标志
          MOV    A, SBUF
          MOV    @R0,A
          INC    R0
          DJNZ   R2,EXIT             ;如没有发送完,则直接返回
          CLR    EA                  ;如果已发送完则关中断,再返回
EXIT:     RETI
          END
```

C语言程序如下。

```
#include "stc15.h"
unsigned char *p;
char i,j;
void UART_isr(void) interrupt 4                //接收采取了中断法
{
  RI = 0;
  *p = SBUF;
  p++;
  i++;
  if(i == 8) EA = 0;
}
void main(void)
{
  PCON = PCON & 0x7f;
  SCON = 0x50;
  AUXR = (AUXR & 0xBF) & 0xfe;
  TMOD = (TMOD & 0x0f) | 0x20;
  TL1 = 0xe8;
  TH1 = 0xe8;
  ET1 = 0;
  TR1 = 1;
  ES = 1;
  EA = 1;
  i = 0;
  p = 0x20;
  while(1);
}
```

3. 方式2

串口1的方式2是11位异步串行通信接口，TxD和RxD分别用于发送数据和接收数据，收发一帧数据的格式为1位起始位、8位数据、1个可编程位(俗称第9位，可用于奇偶校验或标志位)、1位停止位，共11位。其电路结构如图8-15所示。

(1) 发送过程。启动发送前首先通过软件设置TB8，再将数据写入发送缓冲器SBUF，启动发送过程。在发送移位时钟(TX CLOCK)的同步下，将起始位、8个数据位(低位在先高位在后)、TB8、停止位依次从TxD引脚送出，之后由硬件将TI置1。方式2的发送时序图如图8-16所示。其波特率由系统时钟频率和电源控制寄存器PCON的SMOD位决定。

$$波特率=2^{SMOD}\times SYSclk/64$$

(2) 接收过程。当REN=1且RI=0，启动接收过程。当下降沿传输检测器检测到一个可靠的下降沿("1"→"0")后，接收控制器以波特率的16倍速率采样RxD引脚电平，即在1个波特率时间内连续采样16次，由位检测器对第7、第8、第9三个采样点状态进行采样，并进行"三中取二"，即取三个采样点两次相同值。以同样的方法接收一帧信息的所有位。接收完成后8位数据装载到接收SBUF，第9位数据装载到RB8，同时置位RI，向CPU提出中断请求。方式2的接收时序图如图8-17所示。

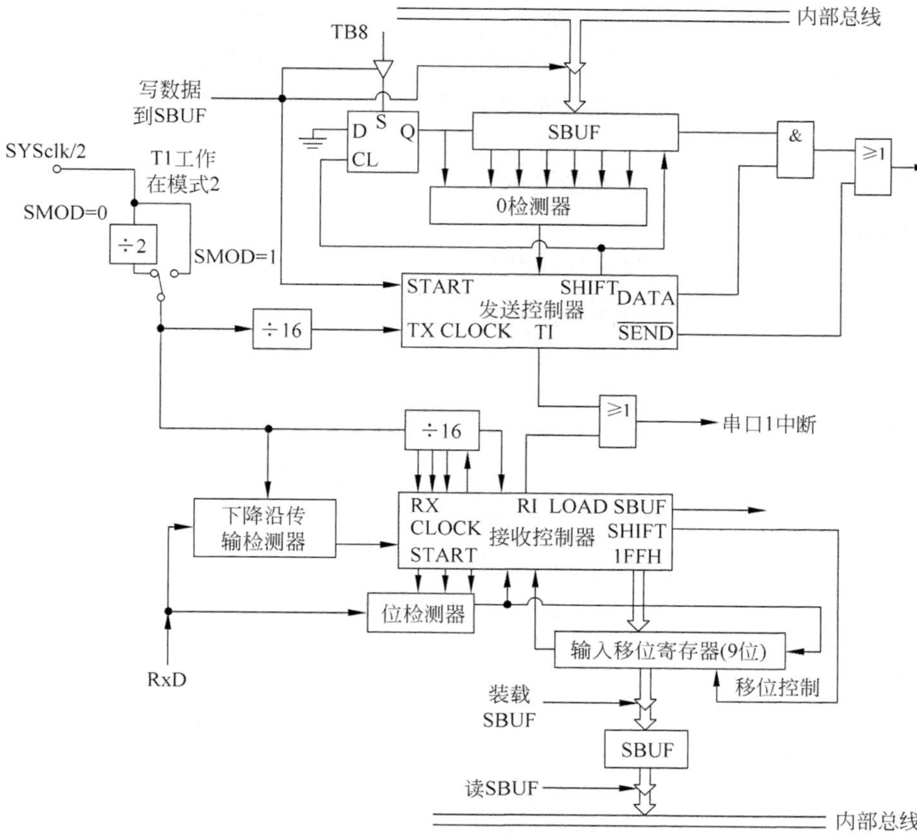

图 8-15　串口 1 方式 2 的结构图

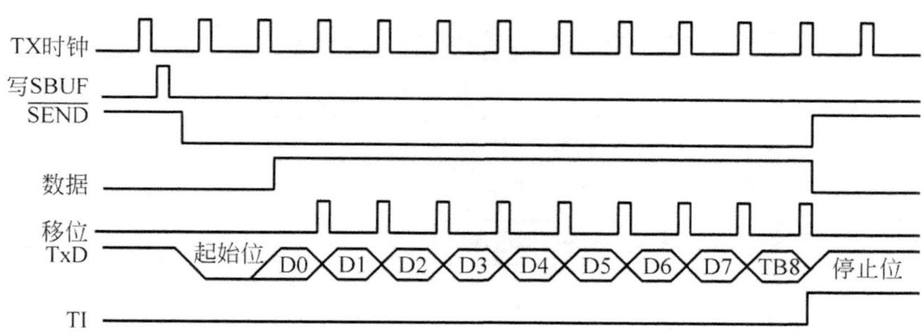

图 8-16　串口 1 方式 2 的发送时序

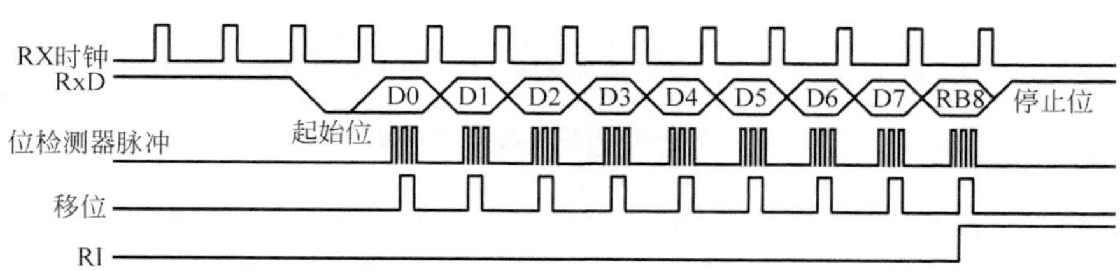

图 8-17　串口 1 方式 2 的接收时序

对比方式 1 和方式 2，有两处不同，第一是二者的波特率发生器不同；第二方式 2 发送的数据位有 9 位，存在第 9 位数据 TB8。在方式 1 中接收时停止位装载到 RB8，在方式 2 中接收时第 9 位数据装载到 RB8。除此之外，方式 1 和方式 2 的其余功能基本相同，时序图也基本相同。

另外，方式 2 也由于多机通信，在满足 REN＝1、RI＝0 的基础上，如满足下列条件，从机接收数据，否则不接收。

SM2＝1 且 TB8＝1，从机接收信息且为地址信息。

SM2＝0，从机接收信息且为数据信息。

4. 方式 3

方式 3 的波特率发生器与方式 1 相同，其功能及时序图与方式 2 相同。方式 2 的结构图如图 8-18 所示。

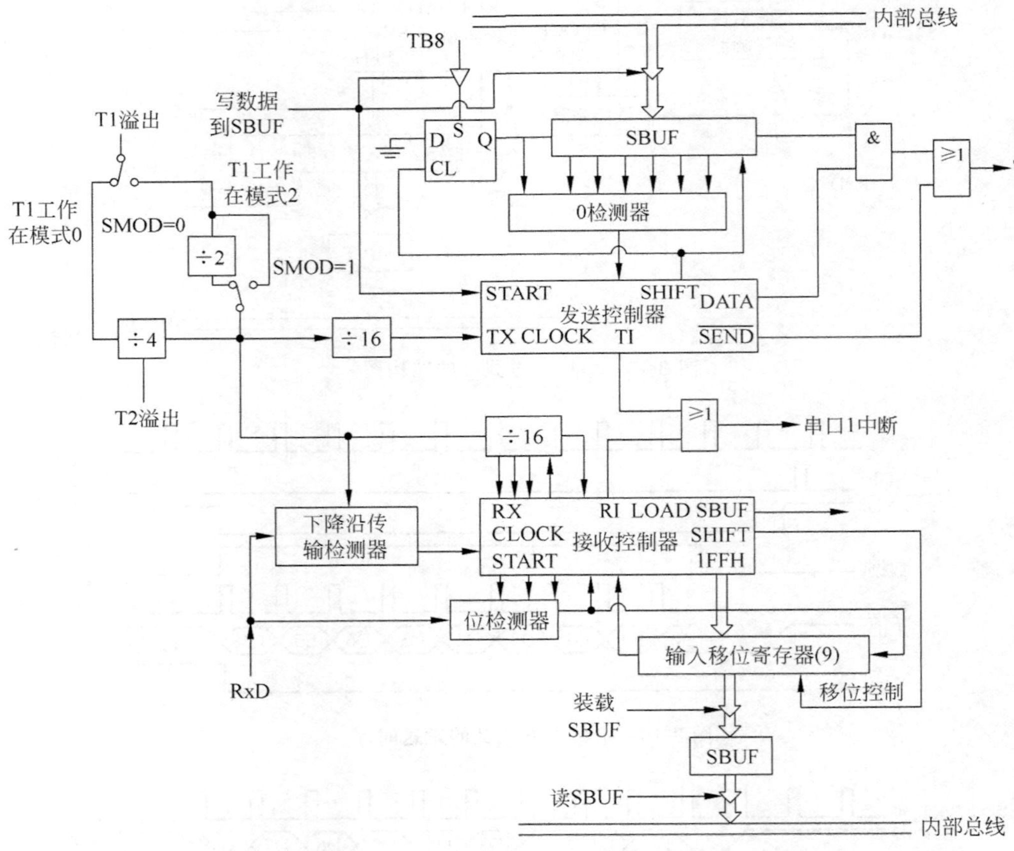

图 8-18 串口 1 方式 3 的结构图

【例 8-4】 两台 STC15F2K60S2 通过串口 1 方式 3 实现点对点数据通信。甲机将片内 RAM 20H～27H 的 8 个字节发送给乙机，乙机将接收的数据存放到片外 RAM 的 00H～07H，采取奇校验，波特率为 2400b/s，编写甲乙机的收发程序。设 SYSclk＝11.1592MHz。

【解】 由于存在校验位，所以发送的数据位有 9 位，可用方式 2 或 3 实现。本例中发送方和接收方需要握手。设接收方正确接收后给发送方发送“Y”，接收错误发送“N”。发送方收到接收方发送的应答信号后决定下次发送的信息，如果接收方本次接收正确，发送方应该发送下一个数据，否则应该再次发送当前数据。

发送方汇编语言程序如下。

```
    $INCLUDE (STC15.INC)
            ORG     0000H
            LJMP    START
            ORG     0023H
            LJMP    UART1_ISR
            ORG     0100H
START:      ANL     PCON,#7FH           ;波特率不倍速
            MOV     SCON,#0D0H          ;9 位数据,可变波特率
            ANL     AUXR,#0BFH          ;定时器 1 时钟为 fosc/12,即 12T
            ANL     AUXR,#0FEH          ;串口 1 选择定时器 1 为波特率发生器
            ANL     TMOD,#0FH           ;清除定时器 1 模式位
            ORL     TMOD,#20H           ;设定定时器 1 为 8 位自动重装方式
            MOV     TL1,#0F4H           ;设定定时初值
            MOV     TH1,#0F4H           ;设定定时器重装值
            CLR     ET1                 ;禁止定时器 1 中断
            SETB    TR1                 ;启动定时器 1
            SETB    ES
            SETB    EA                  ;开中断
            MOV     R0,#20H             ;发送数据块的起始地址
            MOV     R2,#8               ;数据块长度
            MOV     A,@R0               ;去第一个发送的数据
            MOV     C,
            CPL     C
            MOV     TB8,C
            MOV     SBUF,A              ;通过串口 1 发送
            SJMP    $
UART1_ISR:
            JBC     TI,EXIT
            CLR     RI                  ;清除发送中断标志
            MOV     A,SBUF
            CJNE    A,#59H,NEXT
            DJNZ    R2,NEXT2            ;如没有发送完,则直接返回
            SJMP    NEXT1
NEXT2:      INC     R0
NEXT:       MOV     A,@R0
            MOV     SBUF,A
            SJMP    EXIT
NEXT1:      CLR     EA                  ;如果已发送完则关中断,再返回
EXIT:       RETI
            END
```

接收方汇编语言程序如下。

```
    $INCLUDE (STC15.INC)
            ORG     0000H
```

```
        LJMP    START
        ORG     0023H
        LJMP    UART1_ISR
        ORG     0100H
START:  ANL     PCON, #7FH          ;波特率不倍速
        MOV     SCON, #0D0H         ;9 位数据,可变波特率
        ANL     AUXR, #0BFH         ;定时器 1 时钟为 fosc/12,即 12T
        ANL     AUXR, #0FEH         ;串口 1 选择定时器 1 为波特率发生器
        ANL     TMOD, #0FH          ;清除定时器 1 模式位
        ORL     TMOD, #20H          ;设定定时器 1 为 8 位自动重装方式
        MOV     TL1, #0F4H          ;设定定时初值
        MOV     TH1, #0F4H          ;设定定时器重装值
        CLR     ET1                 ;禁止定时器 1 中断
        SETB    TR1                 ;启动定时器 1
        SETB    ES
        SETB    EA                  ;开中断
        MOV     R0, #20H            ;发送数据块的起始地址
        MOV     R2, #8              ;数据块长度
        SJMP    $
UART1_ISR:
        JBC     TI,EXIT
        CLR     RI                  ;清除发送中断标志
        MOV     A,SBUF
        MOV     C,RB8
        JC      NEXT3
        JNB     RB8,ERROR
OK:     MOVX    @R0,A
        MOV     A, #59H
        MOV     SBUF,A
        INC     R0
        DJNZ    R2,EXIT
        SJMP    NEXT1
NEXT3:  JB      RB8,ERROR
        SJMP    OK
ERROR:  MOV     A, #4EH

FS:     MOV     SBUF,A
        SJMP    EXIT
NEXT1:  CLR     EA                  ;如果已发送完则关中断,再返回
EXIT:   RETI
        END
```

发送方 C 语言程序如下。

```
#include "stc15.h"
unsigned char *p;
char i;
void UART_isr(void) interrupt 4              //串口 1 中断服务程序
{
    if(RI == 1)
      {
```

```
            RI = 0;
            i = SBUF;
            if(i == 0x4e) SBUF = * p;
              else
                {
                    p++;
                    if(p! = 0x28)SBUF = * p;      //通过判断地址发送是否结束
                    else EA = 0;
                }
      }
      else
        if(TI == 1) TI = 0;
}

void main(void)
{
    PCON = PCON &0x7f;
    SCON = 0x50;
    AUXR = (AUXR & 0xBF) & 0xfe;
    TMOD = (TMOD & 0x0f) | 0x20;
    TL1 = 0xf4;
    TH1 = 0xf4;
    ET1 = 0;
    TR1 = 1;
    ES = 1;
    EA = 1;
    p = 0x20;
    SBUF = * p;
    while(1);
}
```

接收方C语言程序如下。

```
#include "stc15.h"
unsigned char xdata * p;
char i;
void UART_isr(void) interrupt 4             //串口1中断服务程序
{
    if(RI == 1)
      {
          RI = 0;
          i = SBUF;
          if(P == RB8) SBUF = 0x4e;
              else
                  {
                    * p = i;
                    SBUF = 0x59;
                    p++;
                    if(p == 0x28)   EA = 0;     //通过判断地址发送是否结束
                  }
      }
```

```
    else
      if (TI == 1) TI = 0;
}

void main(void)
{
    PCON = PCON & 0x7f;
    SCON = 0x50;
    AUXR = (AUXR & 0xBF) & 0xfe;
    TMOD = (TMOD & 0x0f) | 0x20;
    TL1 = 0xf4;
    TH1 = 0xf4;
    ET1 = 0;
    TR1 = 1;
    ES = 1;
    EA = 1;
    p = 0x20;
    while(1);
}
```

8.2.3 串口1的波特率设置

1. 方式0的波特率

方式0的波特率与AUXR寄存器的位UART_M0x6有关。

当UART_M0x6=0时，波特率$=\frac{SYSclk}{12}$；

当UART_M0x6=1时，波特率$=\frac{SYSclk}{2}$。

2. 方式2的波特率

方式2的波特率与PCON寄存器的位有关，即波特率$=\frac{2^{SMOD}}{64}\times SYSclk$。

当SMOD=0时，波特率=SYSclk/64；

当SMOD=1时，波特率=SYSclk/32。

3. 方式1和方式3的波特率

串口1工作在方式1或方式3时，通过编程改变定时器或发生器2的溢出率来确定波特率。

当S1ST2=0，且定时器1工作在模式0时，波特率为

波特率=定时器1的溢出率/4=$SYSclk/12^n/(65\,536-[RL\_TH1,RL\_TL1])/4$

其中，T1x12=0时$n=1$(12T模式)，T1x12=1时$n=0$(1T模式)。

此时与SMOD位无关。

当S1ST2=0，且定时器1工作在模式2时，波特率为

$$波特率=\frac{2^{SMOD}}{32}\times定时器1的溢出率=\frac{2^{SMOD}}{32}\times SYSclk/12^n/(256-TH1)$$

当 S1ST2＝1 时，波特率为

波特率＝定时器 2 的溢出率/4＝SYSclk/12^n/(65 536－[RL_TH2,RL_TL2])/4

表 8-2 列出来在方式 1 和方式 3 下常用的波特率与时间常数之间的关系。

表 8-2 常用波特率与定时器定时常数间的关系表(T1x12＝0)

波特率/(b/s)	SYSclk /MHz	SMOD	定时器 T1		
			$C/\overline{T}$	模式	定时常数
62.5k	12	1	0	2	FFH
19.2k	11.0592	1	0	2	FDH
9.6k	11.0592	0	0	2	FDH
4.8k	11.0592	0	0	2	FAH
2.4k	11.0592	0	0	2	F4H
1.2k	11.0592	0	0	2	E8H
137.5	6	0	0	2	1DH

STC 的 ISP 程序 stc-isp-15xx-v6.33.exe 集成有波特率计数器，经一些简单的配置由程序直接生成波特率配置子程序，如图 8-19 所示。

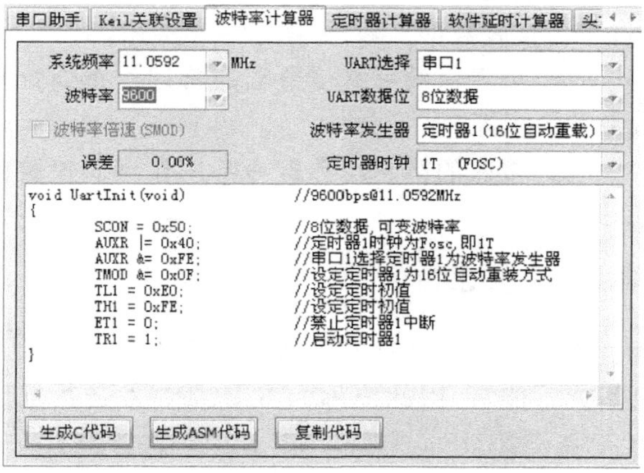

图 8-19 ISP 程序窗口中波特率发生器参数及波特率配置子程序

8.2.4 串口 2 的控制寄存器及控制字

STC15F2K60S2 单片机有串口 2，默认的接收、发送引脚为 RxD2/P1.0、TxD2/P1.1。

1. 串口 2 的控制寄存器 S2CON

寄存器 S2CON 用于设定串口 1 的工作方式、接收控制等。SCON 寄存器的各位定义如下：

SCON 9AH	位号	B_7	B_6	B_5	B_4	B_3	B_2	B_1	B_0	复位值
	位名称	S2SM0	—	S2SM2	S2REN	S2TB8	S2RB8	S2TI	S2RI	00H

- S2SM0 为串口 2 工作方式控制位。串口 2 的工作方式如表 8-3 所示。

表 8-3 串口 2 的工作方式

S2SM0	工作方式	功能说明	波特率
0	方式 0	10 位异步收发	定时器 2 溢出率/4
1	方式 1	11 位异步收发	定时器 2 溢出率/4

- S2SM2 为多机通信控制位。

  在方式 0 非多机通信下，S2SM2 应设置为 0。

  在方式 1 下进行多机通信时，S2SM2 位作为多机通信控制位。这种多机通信是一主多从型，开始时各从机的 S2SM2＝1，主机发出的第一帧是地址信息，即数据的第 9 位为 1，此时各从机接收地址帧信息并产生中断，在中断服务程序中将接收的地址与本机的地址比较，如相符，则将本机的 S2SM2 清零，准备接收稍后主机发出的数据信帧息(第 9 位为 0)。而其他从机的 S2SM2 仍然为 1，从而不会接收主机后续发出的数据帧信息(第 9 位为 0)。
- S2REN 为允许接收控制位。

  S2REN＝0，禁止串口接收数据。

  S2REN＝1，允许串口接收数据。
- S2TB8 为在方式 1 时，要发送的第 9 位数据通常用作奇偶校验位，或在多机通信时用作地址帧/数据帧的标志。
- S2RB8 为在方式 1 时，接收的第 9 位数据通常用作奇偶校验位，或在多机通信时用作地址帧/数据帧的标志。

2．串口 2 的数据缓冲寄存器 S2BUF

串口 2 的发送缓冲寄存器和接收缓冲寄存器在物理上是独立的，发送缓冲器只能写不能读，而接收缓冲器只能读不能写，因此统称为 S2BUF。发送数据用指令 MOV S2BUF，A，接收数据用指令 MOV A，S2BUF。

【例 8-5】 多机通信编程。单片机支持一主多从的多机通信，如图 8-20 所示。

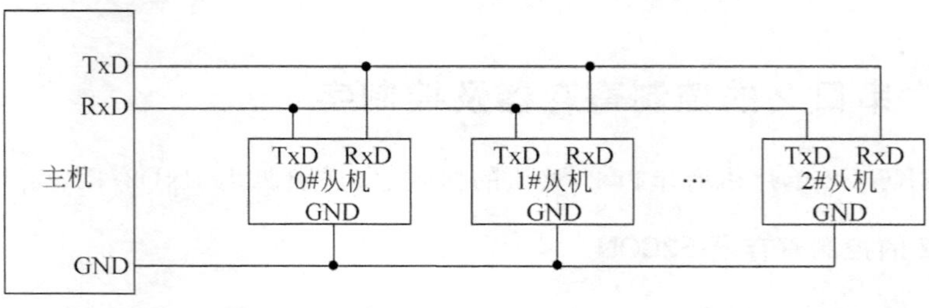

图 8-20 多机通信示意图

现将主机片内 RAM20H～27H 的 8 个字节数据传送给选定的从机。从机接收数据后存放到片外 RAM 的 20H～27H。设波特率为 2400b/s。主机和从机的程序流程图如图 8-21 所示。

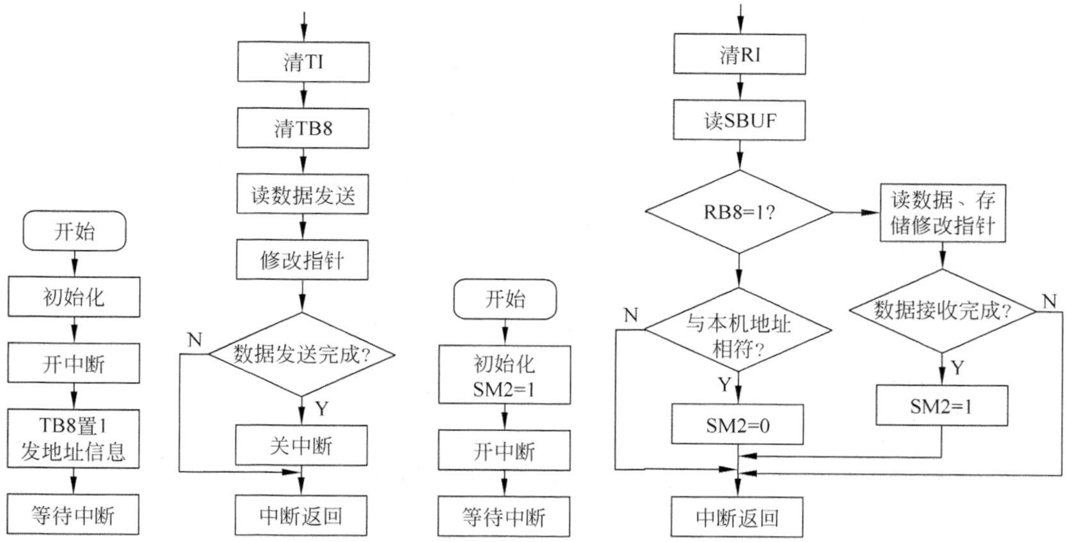

(a) 主机主程序 (b) 主机中断服务程序 (c) 从机主程序 (d) 从机中断服务程序

图 8-21 主机和从机程序流程图

主机汇编语言程序如下。

```
    $INCLUDE (STC15.INC)
        ORG     0000H
        LJMP    START
        ORG     0023H
        LJMP    UART1_ISR
        ORG     0100H
START:  ANL     PCON, #7FH          ;波特率不倍速
        MOV     SCON, #0C0H         ;9 位数据,可变波特率
        ANL     AUXR, #0BFH         ;定时器 1 时钟为 fosc/12,即 12T
        ANL     AUXR, #0FEH         ;串口 1 选择定时器 1 为波特率发生器
        ANL     TMOD, #0FH          ;清除定时器 1 模式位
        ORL     TMOD, #20H          ;设定定时器 1 为 8 位自动重装方式
        MOV     TL1, #0F4H          ;设定定时初值
        MOV     TH1, #0F4H          ;设定定时器重装值
        CLR     ET1                 ;禁止定时器 1 中断
        SETB    TR1                 ;启动定时器 1
        SETB    ES
        SETB    EA                  ;开中断
        MOV     R0, #20H            ;发送数据块的起始地址
        MOV     R2, #8              ;数据块长度
        MOV     R3, #SLAVE          ;从机地址给 R3
        MOV     A, R3               ;去第一个发送的数据
        SETB    TB8
        MOV     SBUF, A             ;通过串口 1 发送
        SJMP    $
UART1_ISR:
        CLR     TI                  ;清除发送中断标志
```

```
        CLR     TB8
        MOV     A,@R0
        MOV     SBUF, A
        INC     R0
        DJNZ    R2,EXIT              ;如没有发送完,则直接返回
        SJMP    NEXT1
NEXT1:  CLR     EA                   ;如果已发送完则关中断,再返回
EXIT:   RETI
        END
```

主机 C 语言程序如下。

```
#include "stc15.h"
unsigned char *p;
unsigned char slave=2;
char i=8;
void UART_isr(void) interrupt 4              //串口 1 中断服务程序
{
    TI=0;
    TB8=0;
    SBUF= *p;
    P++;
    i--;
    if(i==0) ES=0;
}

void main(void)
{
    PCON=PCON & 0x7f;
    SCON=0xc0;
    AUXR=(AUXR & 0xBF) & 0xfe;
    TMOD=(TMOD & 0x0f) | 0x20;
    TL1 = 0xf4;
    TH1 = 0xf4;
    ET1 = 0;
    TR1 = 1;
    ES = 1;
    EA = 1;
    TB8 = 1;
    p = 0x20;
    SBUF = slave;
    while(1);
}
```

从机汇编语言程序如下。

```
$INCLUDE (STC15.INC)
SLAVE EQU 2
    ORG     0000H
    LJMP    START
    ORG     0023H
    LJMP    UART1_ISR
```

```
        ORG     0100H
START:  ANL     PCON, #7FH          ;波特率不倍速
        MOV     SCON, #0F0H         ;9 位数据,可变波特率
        ANL     AUXR, #0BFH         ;定时器 1 时钟为 fosc/12,即 12T
        ANL     AUXR, #0FEH         ;串口 1 选择定时器 1 为波特率发生器
        ANL     TMOD, #0FH          ;清除定时器 1 模式位
        ORL     TMOD, #20H          ;设定定时器 1 为 8 位自动重装方式
        MOV     TL1, #0F4H          ;设定定时初值
        MOV     TH1, #0F4H          ;设定定时器重装值
        CLR     ET1                 ;禁止定时器 1 中断
        SETB    TR1                 ;启动定时器 1
        MOV     DPTR, #20H          ;接收数据块的起始地址
        MOV     R2, #8              ;数据块长度
        SETB    ES
        SETB    EA                  ;开中断
        SJMP    $
UART1_ISR:
        CLR     RI                  ;清除发送中断标志
        MOV     A,SBUF
        JNB     RB8,REC_DATA
        XRL     A,SLAVE
        JZ      ADDR_OK             ;地址相符
        SJMP    EXIT
ADDR_OK:
        CLR     SM2
        SJMP    EXIT
REC_DATA:\
        MOVX    @DPTR,A
        INC     DPTR
        DJNZ    R2,EXIT
        SETB    SM2
EXIT:   RETI
        END
```

从机 C 语言程序如下。

```
#include "stc15.h"
unsigned char xdata *p;
unsigned char slave = 2;
unsigned char i,j = 8;
void UART_isr(void) interrupt 4             //串口 1 中断服务程序
{
  RI = 0;
  i = SBUF;
  if(RB8 == 1)
    {
        if(i == slave) SM2 = 0;
    }
  else
    {
        *p = i;
```

```
            P++;
            j--;
            if(j == 0) SM2 = 1;
        }
    }
    void main(void)
    {
        PCON = PCON & 0x7f;
        SCON = 0xf0;
        AUXR = (AUXR & 0xBF) & 0xfe;
        TMOD = (TMOD & 0x0f) | 0x20;
        TL1 = 0xf4;
        TH1 = 0xf4;
        ET1 = 0;
        TR1 = 1;
        ES = 1;
        EA = 1;
        p = 0x20;
        while(1);
    }
```

8.2.5 STC15F2K60S2 单片机与 PC 的通信

PC 的串口是 RS-232 标准，采取负逻辑，即

逻辑“0”表示+5～+15V；

逻辑“1”表示−5～−15V。

而 STC15F2K60S2 单片机的串口是 TTL 标准，采取正逻辑，即

逻辑“0”表示 0～+0.4V；

逻辑“1”表示 2.4～+5V。

因此，PC 与 STC15F2K60S2 单片机不能直接相连，使用时必须进行电平转换。常用的电平转换芯片为 MAX232。

1. MAX232 芯片简介

MAX232 芯片是 MAXIM 公司生产的，包含两路收发器和驱动器的芯片，MAX232 芯片内部有电源电压变换器，可把输入的+5V 电源电压变换为 RS-232 输出电平所需要的±10V 电压，具有倍压功能，应用十分广泛。MAX232 芯片的引脚结构如图 8-22 所示，逻辑功能结构如图 8-23 所示。

2. STC15F2K60S2 单片机与 PC 的接口电路

MAX232 有两路收发器，可任选一路作为单片机与 PC 间的接口。连接时需特别注意引脚的对应关系。如果单片机的 TxD 接 MAX232 的 $T1_{IN}$，则 PC COM 端的 RXD 接 MAX232 的 $T1_{OUT}$，同时单片机的 RxD 接 MAX232 的 $R1_{OUT}$，PC COM 端的 TXD 接 MAX232 的 $R1_{IN}$。接口电路如图 8-24 所示。

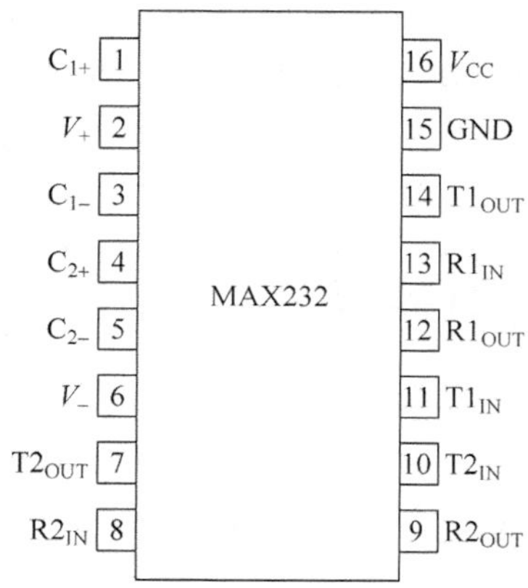

图 8-22 MAX232 封装图

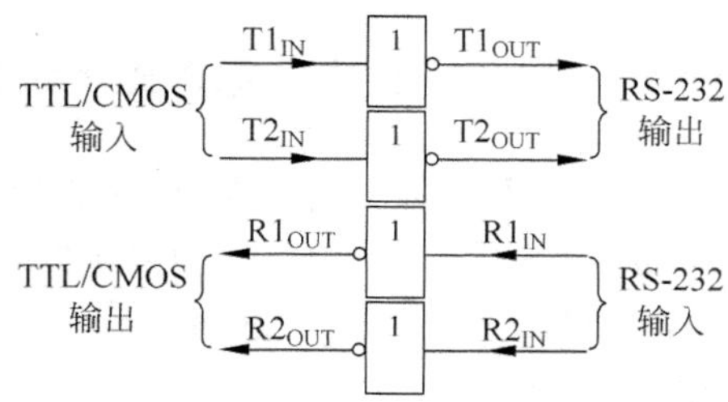

图 8-23 MAX232 功能图

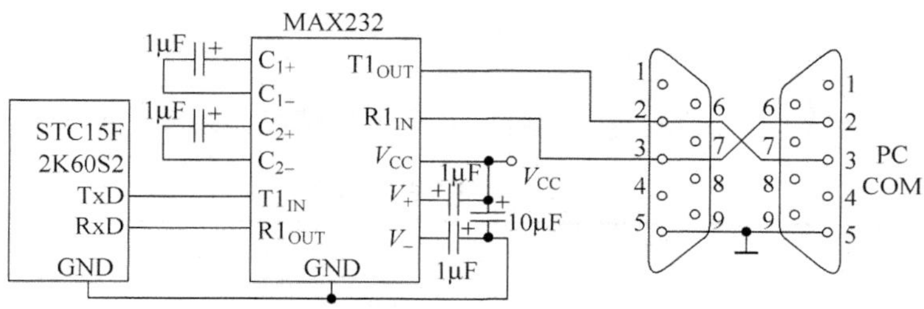

图 8-24 单片机与 PC 串口通信三线制连接电路

8.2.6 STC15F2K60S2 单片机与 PC USB 总线的通信接口

现在 RS-232 串口已不再是 PC 的标配了，为了使单片机与 PC 进行串行通信，可借助 CH340T 芯片将 USB 总线转换为串口，其转换电路如图 8-25 所示。

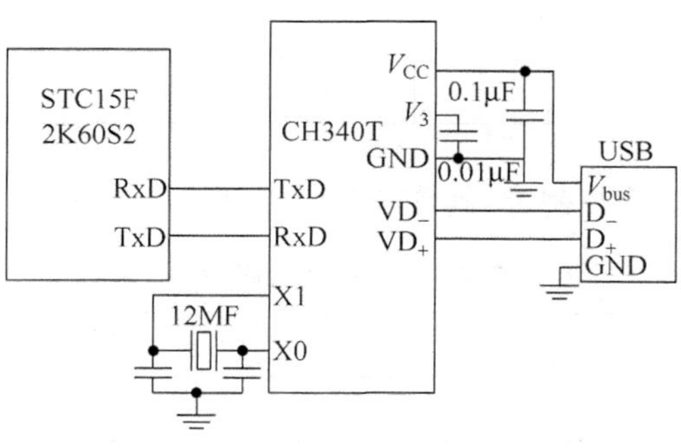

图 8-25 USB 转串口接口电路

USB 转串口电路只是实现 USB 传输协议和异步串口传输协议之间的转换，对用户来说，程序设计没有本质的改变，还是基于串口编程的。当然，在使用时首先安装 USB 转串口的驱动程序，安装成功后在 PC 资源管理器的设备管理器中查看 USB 转串口的串口号，此后在 PC 端采用此串口号按照平常串口一样的方法编程通信即可。

单片机与 PC 的通信程序分为上位机(PC)程序设计和下位机(单片机)程序设计两部分。上位机程序可以借助 VC++、VB、DELPHI 等开发环境自主设计,也可以直接使用市场上现有的串口通信程序,比如串口助理、串口调试精灵等。下位机的通信程序设计与前面讲解一致,这里不再阐述。

8.2.7 STC15F2K60S2 单片机串口引脚的切换

串口 1 和串口 2 的接收、发送引脚可在不同口切换。通过操作寄存器 P_SW1(AUXR1)的 S1_S1、S1_S0 两位使串口 1 的接收、发送引脚在不同口进行切换;通过操作寄存器 P_SW2(AUXR1)的 S2_S 位使串口 2 的接收、发送引脚在不同口进行切换;P_SW1、P_SW2 寄存器的各位定义如下:

P_SW1 A2H	位号	B_7	B_6	B_5	B_4	B_3	B_2	B_1	B_0	复位值
	位名称	S1_S1	S1_S0	CCP_S1	CCP_S0	SPI_S1	SPI_S0	—	DPS	000000x0

S1_S1,S1_S0 为串口 1 引脚切换控制位,具体切换情况如表 8-4 所示。

表 8-4 串口 1 引脚切换

S1_S1	S1_S0	串口 1	
		TxD	RxD
0	0	P3.1(默认)	P3.0(默认)
0	1	P3.7(TxD_2)	P3.6(RxD_2)
1	0	P1.7(TxD_3)	P1.6(RxD_3)
1	1	无效	无效

P_SW2 寄存器的各位定义如下:

P_SW2 BAH	位号	B_7	B_6	B_5	B_4	B_3	B_2	B_1	B_0	复位值
	位名称	—	—	—	—	—	—	—	S2_S	xxxxxxx0

S2_S 为串口 2 引脚切换控制位,具体切换情况如表 8-5 所示。

表 8-5 串口 2 引脚切换

S2_S	串口 2	
	TxD2	RxD2
0	P1.1(默认)	P1.0(默认)
1	P4.7(TxD2_2)	P4.6(RxD2_2)

P_SW1 97H	位号	B_7	B_6	B_5	B_4	B_3	B_2	B_1	B_0	复位值
	位名称	MCKO_S1	MCKO_S0	ADRJ	Tx_Rx	—	CLKS2	CLKS1	CLKS0	0000x000

习题

(1) 什么是串行异步通信？通信双方是如何实现同步的？

(2) 阐述 STC15F2K60S2 的串口 1 四种工作方式的特点。

(3) STC15F2K60S2 单片机如何实现多机通信？

(4) 设 SYSclk 为 11.0592MHz，串口 1 以波特率 9600b/s 按方式 3 工作，写出初始化代码。

(5) 试设计一个双机通信系统，甲机将扩展存储器 100H～120H 共 32 个单元的数据通过串口 1 传送给乙机，乙机将收到的数据存储到片内存储器的 20H～40H。

第9章 同步通信技术

9.1 同步串行外围接口(SPI 接口)

STC15F2K60S2 集成了同步串行外围接口(Serial Peripheral Interface,SPI)。SPI 是一种全双工、高速、同步的通信总线,它有两种操作模式:主模式和从模式。工作频率为12MHz 时,主模式速率高达 3MB/S,如果 CPU 主频采用 20～36MHz,则速率更高,从模式速度不能太快,一般速度在 SYSCLK/8 以内比较好。另外,SPI 接口还具有传输完成标志和写冲突标志保护功能,可以与其他微处理器通信,也可以与含有 SPI 兼容接口的器件连接进行同步通信,如存储器、A/D 转换器,D/A 转换器,LED 或 LCD 驱动器等。

9.1.1 SPI 的结构

STC15F2K60S2 单片机的 SPI 接口方框图如图 9-1 所示,其核心是一个 8 位移位寄存

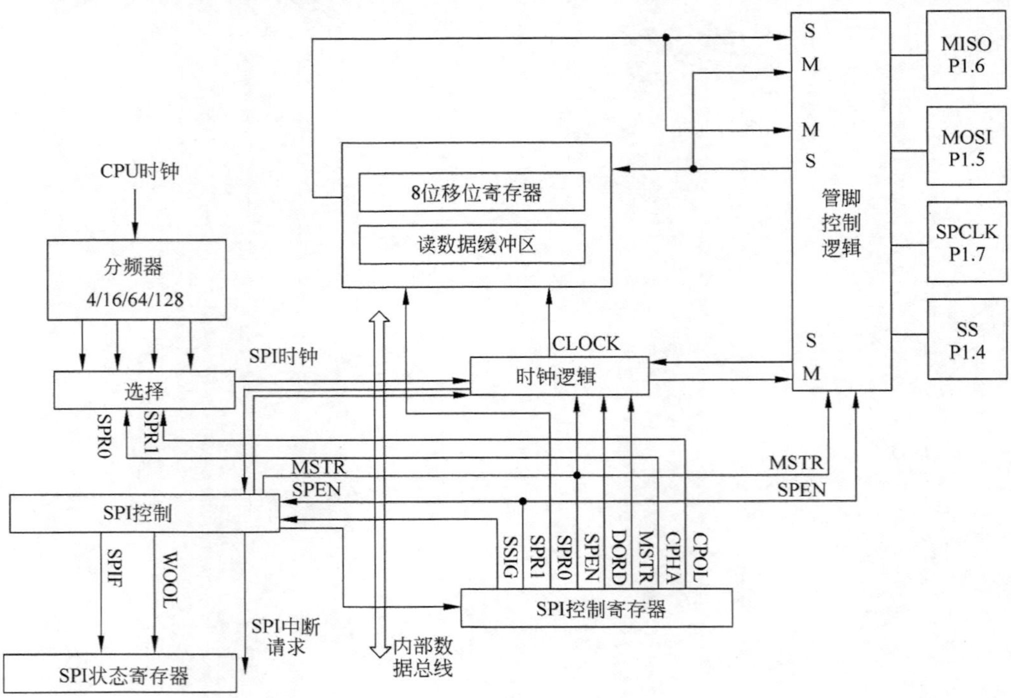

图 9-1 SPI 功能方框图

器和数据缓冲器，可以同时完成数据的发送和接收。在 SPI 数据的传输过程中，发送和接收的数据都存储在数据缓冲器中。采用主模式时，若要发送一个字节数据，只需将这个数据写入 SPDAT 寄存器中，此时$\overline{SS}$信号不是必须的。而在从模式下，必须在$\overline{SS}$信号变为有效并接收到合适的时钟信号后才可以进行数据传输。采用从模式时，如果一个字节传输完成后，该$\overline{SS}$信号变为高电平，这个字节立即被硬件逻辑标志看作接收完成，SPI 就准备接收下一个数据。任何 SPI 控制寄存器的改变都将使 SPI 复位，同时清除相关寄存器。

9.1.2　SPI 接口的引脚

SPI 有如下 3 组共 4 个通信引脚，且 3 组引脚可进行切换。

(1) MOSI(Master Out Slave In，主出从入)：主器件的输出和从器件的输入，用于主器件到从器件的串行数据传输。根据 SPI 规范，多个从机共享一根 MOSI 信号线。在时钟边界的前半周期，主机将数据放在 MOSI 信号线上，从机从该边界处获取数据。

(2) MISO(Master In Slave Out，主入从出)：从器件的输出和主器件的输入，用于实现从器件到主器件的数据传输。一个主机可以连接多个从机，主机的 MISO 信号线和多个从机相连，多个从机共享一根 MISO 信号线，当主机与一个从机通信时，其他从机应将其 MISO 引脚置为高阻状态。

(3) SCLK(SPI Clock，串行时钟信号)：串行时钟信号是主器件的输出和从器件的输入，用于同步主器件和从器件之间在 MOSI 和 MISO 线上的串行数据传输。当主部件启动一次数据传输时，自动产生 8 个 SCLK 时钟周期信号给从机。在 SCLK 的每个跳变处移出一位数据，这样一次数据传输就可以传输一个字节的数据。

一般情况下，SCLK、MOSI、MISO 通常和两个或更多 SPI 器件连接在一起。数据通过 MOSI 由主机传送到从机，通过 MISO 由从机传送到主机；SCLK 信号在主模式下为输出，在从模式下为输入。若 SPI 系统被禁止，则 SPEN＝0，这些引脚都可以作为 I/O 口使用。

(4) $\overline{SS}$(Slave Select，从机选择信号)：这是一个输入信号，主器件用它来选择处于从模式的 SPI 模块。主从模式下$\overline{SS}$的使用不同，如在主模式下，SPI 只能有一个主机，不存在主机选择问题，此时$\overline{SS}$不是必须的。通常将主机的$\overline{SS}$引脚通过 1 个 10kΩ 的电阻上拉高电平，每一个从机的$\overline{SS}$接主机的 I/O 口，由主机控制电平高低，以便主机选择从机；而在从模式下，不管发送还是接收，$\overline{SS}$信号必须有效，每一次数据传输之前必须将$\overline{SS}$设为低电平。

SPI 主机可以使用 I/O 口选择一个 SPI 器件作为当前的从机，在典型的配置中，SPI 主机使用 I/O 口来选择一个 SPI 器件作为当前的从机。

SPI 从器件通过其$\overline{SS}$引脚确定是否被选择，若满足下面的条件之一，SS 就被忽略：

- SPI 系统被禁止，即 SPEN＝0；
- SPI 配置为主机，即 MSTR＝1 且$\overline{SS}$配置为输出；
- $\overline{SS}$引脚都被忽略，即 SSIG＝1，该引脚配置为 I/O 口功能。

即使 SPI 被配置为主机，仍然可以通过拉低$\overline{SS}$引脚配置为从机（$\overline{SS}$配置为输入且 SSIG=0），要使能该特性，应当置位 SPIF。

9.1.3 SPI 接口的相关特殊功能寄存器

与 STC15F2K60S2 单片机的 SPI 相关的特殊功能寄存器有 SPI 控制寄存器 SPCTL、SPI 状态寄存器 SPSTAT、SPI 数据寄存器 SPDAT。

1. SPI 控制寄存器 SPCTL

寄存器 SPCTL 的每一位都有控制含义。SPCTL 寄存器的各位定义如表 9-1 所示。

表 9-1 SPCTL 寄存器的各位定义

SPCTL	位号	B_7	B_6	B_5	B_4	B_3	B_2	B_1	B_0	复位值
CEH	位名称	SSIG	SPEN	DORD	MSTR	CPOL	CPHA	SPR1	SPR0	00000000

- SSIG：$\overline{SS}$引脚忽略控制位。该位可通过软件置 1 或清 0。
  SSIG=0，由$\overline{SS}$引脚确定器件为主机还是从机，具体见表 9-2。
  SSIG=1，由 MSTR 位确定器件为主机还是从机，此时$\overline{SS}$引脚被忽略，可作为 I/O 使用。
- SPEN：SPI 使能位。该位可通过软件置 1 或清 0。
  SPEN=0，SPI 被禁止，所有 SPI 信号引脚用作 I/O。
  SPEN=1，SPI 使能。
- DORD：设置 SPI 接口数据发送和接收的位顺序。
  DORD=0，数据传送的顺序为由高到低。
  DORD=1，数据传送的顺序为由低到高。
- MSTR：SPI 接口的主机/从机模式控制位。
  MSTR=0，从机模式。
  MSTR=1，主机模式。具体选择如表 9-2 所示。
- CPOL：SPI 接口时钟极性控制位。
  CPOL=0，SPI 空闲时 SCLK 为低电平，SCLK 的前沿为上升沿、后沿为下降沿。
  CPOL=1，SPI 空闲时 SCLK 为高电平，SCLK 的前沿为下降沿、后沿为上升沿。
- CPHA：SPI 接口时钟相位控制位。
  CPHA=0，数据在 SS 为低（SSIG=0）时驱动到 SPI 口线，在 SCLK 的后跳变沿被改变，SCLK 的前跳变沿被采样（注意：SSIG 为 1 时的操作未定义）。
  CPHA=1，SPI 数据在 SCLK 的前沿驱动到 SPI 口线，在 SCLK 的后沿被采样。
- SPR1、SPR0：SPI 时钟频率选择控制位。SPI 的时钟选择如表 9-3 所示。

表 9-2 主机和从机的选择

<table>
<tr><th>SPEN</th><th>SSIG</th><th>SS
P1.2</th><th>MSTR</th><th>主模式或
从模式</th><th>MISO
P1.4</th><th>MOSI
P1.3</th><th>SCLK
P1.5</th><th>备 注</th></tr>
<tr><td>0</td><td>×</td><td>P1.2</td><td>×</td><td>SPI 功能禁止</td><td>P1.4</td><td>P1.3</td><td>P1.5</td><td>SPI 禁止，P1.2，P1.3，P1.4，P1.5 作为普通 I/O 口</td></tr>
<tr><td>1</td><td>0</td><td>0</td><td>0</td><td>从模式</td><td>输出</td><td>输入</td><td>输入</td><td>选择作为从机</td></tr>
<tr><td>1</td><td>0</td><td>1</td><td>0</td><td>从模式未选中</td><td>高阻</td><td>输入</td><td>输入</td><td>未被选中，MOSI 为高阻状态，避免总线冲突</td></tr>
<tr><td>1</td><td>0</td><td>0</td><td>1－>0</td><td>从模式</td><td>输出</td><td>输入</td><td>输入</td><td>P1.2/SS 配置为输入或准双向口，SSIG 为 0，SS 低电平选择从机，MSTR 将清 0</td></tr>
<tr><td rowspan="2">1</td><td rowspan="2">0</td><td rowspan="2">1</td><td rowspan="2">1</td><td>主(空闲)</td><td rowspan="2">输入</td><td rowspan="2">高阻</td><td rowspan="2">高阻</td><td rowspan="2">当主机空闲时 MOSI、SCLK 为高阻态避免总线冲突，需将 SCLK 上拉或下拉避免 SCLK 悬浮。</td></tr>
<tr><td>主(激活)</td></tr>
<tr><td rowspan="2">1</td><td rowspan="2">1</td><td rowspan="2">P1.2</td><td>0</td><td>从</td><td>输出</td><td>输入</td><td>输入</td><td rowspan="2"></td></tr>
<tr><td>1</td><td>主</td><td>输入</td><td>输出</td><td>输出</td></tr>
</table>

表 9-3 SPI 时钟频率选择

SPR1	SPR0	SCLK
0	0	CPU_CLK/4
0	1	CPU_CLK/16
1	0	CPU_CLK/64
1	1	CPU_CLK/128

其中 CPU_CLK 为 CPU 时钟。

2. SPI 状态寄存器 SPSTAT

寄存器 SPSTAT 记录了当前 SPI 接口信息传输的状态。SPSTAT 寄存器的状态位定义如表 9-4 所示。

表 9-4 SPSTAT 寄存器的状态位

<table>
<tr><td rowspan="2">SPSTAT
CDH</td><td>位号</td><td>B_7</td><td>B_6</td><td>B_5</td><td>B_4</td><td>B_3</td><td>B_2</td><td>B_1</td><td>B_0</td><td>复位值</td></tr>
<tr><td>位名称</td><td>SPIF</td><td>WCOL</td><td>—</td><td>—</td><td>—</td><td>—</td><td>—</td><td>—</td><td>00 xxxxxx</td></tr>
</table>

- SPIF：SPI 传输完成标志。

当一次数据传输完成时，SPIF 置位，SPIF 就是 SPI 中断标志位，此时，如果 CPU 开中断且 SPI 中断被允许(EA＝1，ESPI＝1)，则 CPU 将响应该中断。

当 SPI 处于主模式且 SSIG＝0 时，如果 SS 为输入并被驱动为低电平，SPIF 也被置位，此时表示“模式改变”，由主机模式变为从机模式。

SPIF 位清 0 的方法为向其位再写 1 而不是写 0。

- WCOL：SPI 写冲突标志。

当一个数据正在传输时，再向 SPI 数据寄存器 SPDAT 写数据，此时 WCOL 被置 1。WCOL 位清 0 的方法为向其位再写 1 而不是写 0。

3. SPI 数据寄存器 SPDAT

数据寄存器 SPDAT 的地址为 CFH，数据的读写是通过 SPDAT 完成的。

9.1.4 SPI 的数据通信方式

STC 系列单片机 SPI 的数据通信方式有如下三种即单主机-单从机方式、双器件方式（器件可互为主机和从机）和单主机-多从机方式。

单主机-单从机方式的电路连接如图 9-2 所示。从机的 SSIG＝0，SS 用于选择从机。SPI 主机可使用任何端口来驱动 SS 脚。主机 SPI 与从机 SPI 的 8 位移位寄存器连接成一个循环 16 位移位寄存器，当主机程序向 SPDAT 寄存器写入一个字节时，立即启动一个连续 8 位移位通信过程。主机的 SCLK 引脚向从机的 SCLK 引脚发出一连串脉冲，在此脉冲的驱动下，主机 SPI 的 8 位移位寄存器中的数据移动到了从机 SPI 的 8 位移位寄存器中。同时，从机 SPI 的 8 位移位寄存器中的数据移动到了主机 SPI 的 8 位移位寄存器中，因此，主机可以向从机发送数据，又可以从从机中读取数据。

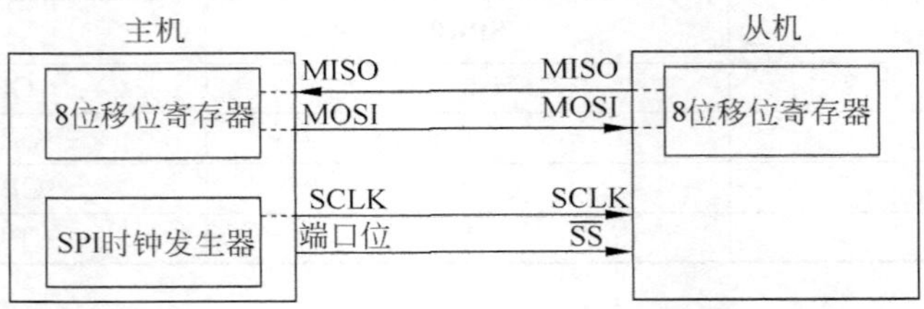

图 9-2 SPI 单主机-单从机配置

双器件（器件可互为主机和从机）方式的电路连接图如图 9-3 所示。SPI 双器件配置时，当没有发生 SPI 操作时两个器件都可配置为主机（MSTR＝1），将 SSIG 清零并将 P1.2 配置为准双向模式。当其中一个器件启动传输时，它可将 P1.4 配置为输出并驱动为低电平，同时强制另一器件为从机。

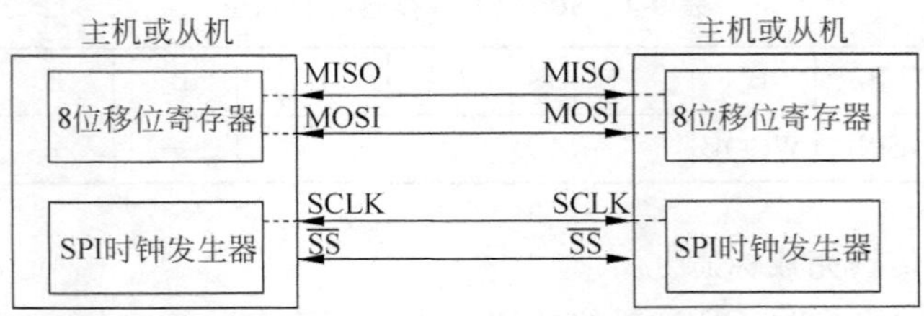

图 9-3 双器件配置

双方初始化时将自己设置为忽略 SS 脚的 SPI 从模式，当一方要主动发送数据时，先检测 SS 脚的电平，若为高电平就将自己设置成忽略 SS 脚的主模式。通信双方平时将 SPI 设置成没有被选中的从模式。在该模式下，MISO、MOSI、SCLK 均为输入，当多个 MCU 的 SPI 接口以此模式并联也不会发生总线冲突。

注意：互为主从模式时，双方的 SPI 速率必须相同，如使用外部晶体振荡器，双方晶体的频率也要相同。

SPI 单主机-多从机方式连接图如图 9-4 所示。从机的 SSIG 为 0，从机通过对应的 SS 信号被选中，SPI 主机可使用任何端口来驱动 SS 脚。

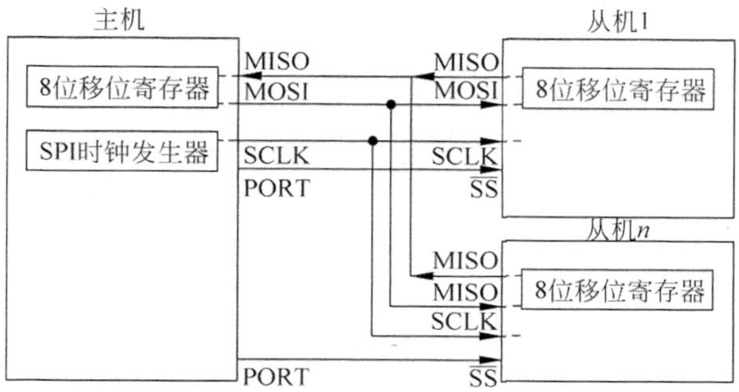

图 9-4　SPI 单主机-多从机配置

STC15F2K60S2 单片机进行 SPI 通信时，主机和从机的选择由 SPEN、SSIG、$\overline{SS}$和 MSTR 联合控制。主从机的选择如表 9-2 所示。

9.1.5　SPI 的通信过程

1. 作为从机时

当 CPHA=0 时，SSIG 必须为 0(不能忽略$\overline{SS}$引脚)，$\overline{SS}$引脚必须置低并且在每个连续的串行字节发送完后重新设置为高电平。如果在 SS 有效时执行 SPDAT 写操作，那么将导致写冲突错误。CPHA=0 且 SSIG=1 时的操作未定义。如图 9-5 所示为 SPI 从机传输格式。

当 CPHA=1 时，SSIG 可以为 1 也可为 0。如果 SSIG=0，则$\overline{SS}$引脚可在连续传输之间保持有效，即一直为低电平。这种配置适于驱动单主机单从机间的数据传输。如图 9-6 所示为 SPI 从机传输格式。

2. 作为主机时

在 SPI 通信时，数据传输一般都是由主机发起的，若 SPEN=1，主机对 SPI 数据寄存器的写操作将启动 SPI 时钟发生器和数据的传输。在数据写入 SPDAT 之后的半个到一个 SPI 时钟后数据将出现在 MOSI 引脚。

需要注意的是，主机可以通过将对应器件的$\overline{SS}$引脚驱动为低电平实现通信，写入主机 SPDAT 寄存器的数据从 MOSI 引脚移出发送到从机的 MOSI 引脚。与此同时，从机 SPDAT 寄存器的数据从 MISO 引脚移出发送到主机的 MISO 引脚。传输完一个字节后，SPI 时钟发生器停止，SPIF 置位并产生 SPI 使能中断，如图 9-7 所示 CPHA=0，SPI 主机传输格式。

主机和从机 SPI 的两个移位寄存器使得数据可以相反的方向移入，在一个移位周期中，主机和从机实现数据相互交换。系统首选配置为一个 SPI 主机和一个 SPI 从机，当选择从机模式时，CPHA＝0，SSIG＝0，$\overline{SS}$取反且每个连续的串行字节之间设置为高电平。若 SPDAT 寄存器在 SS 低电平时执行写操作会导致写冲突错误，WCOL 标志置 1，如图 9-8 所示，CPHA＝1，SPI 主机传输格式。

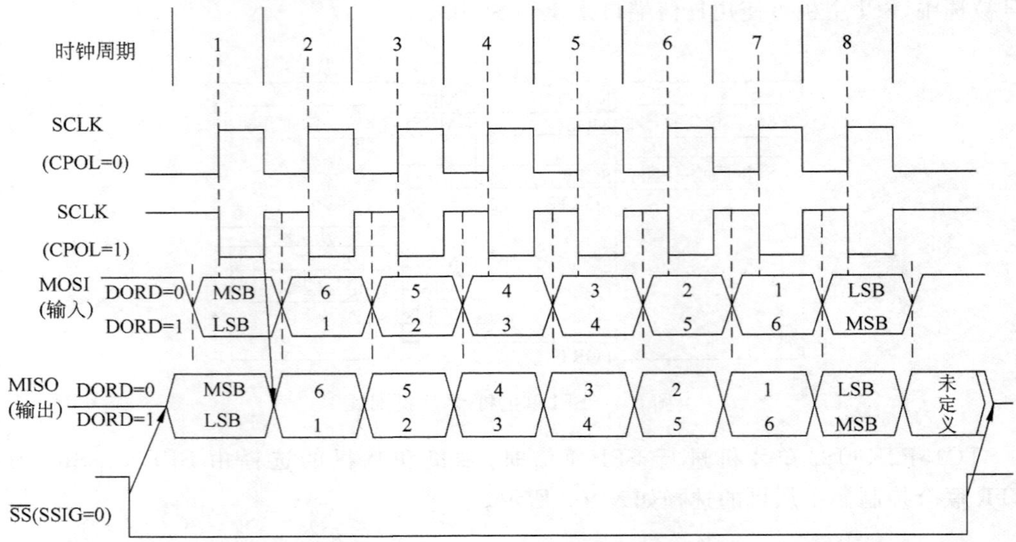

图 9-5 CPHA＝0，SPI 从机传输格式

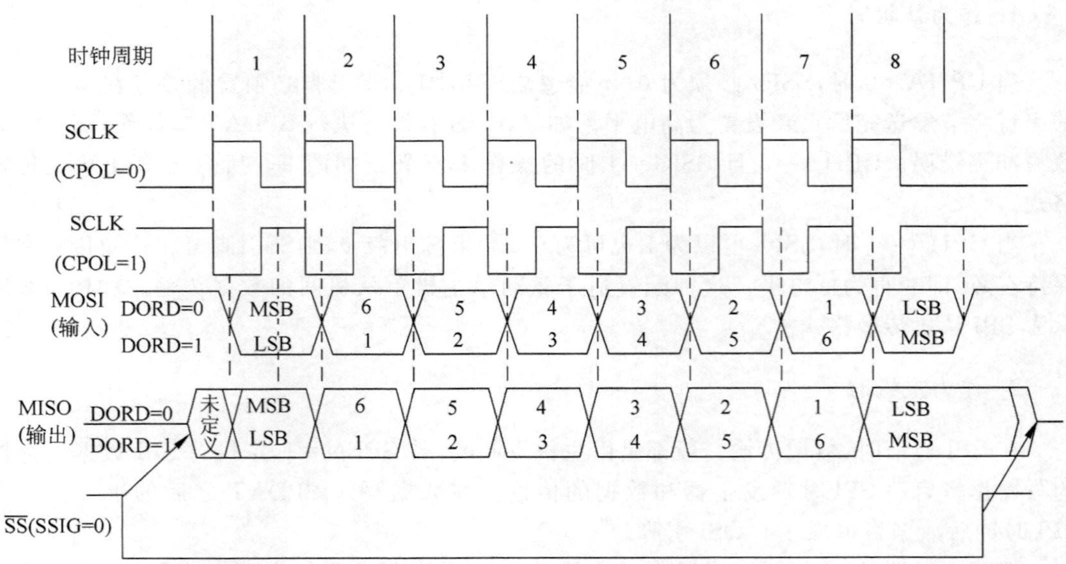

图 9-6 CPHA＝1，SPI 从机传输格式

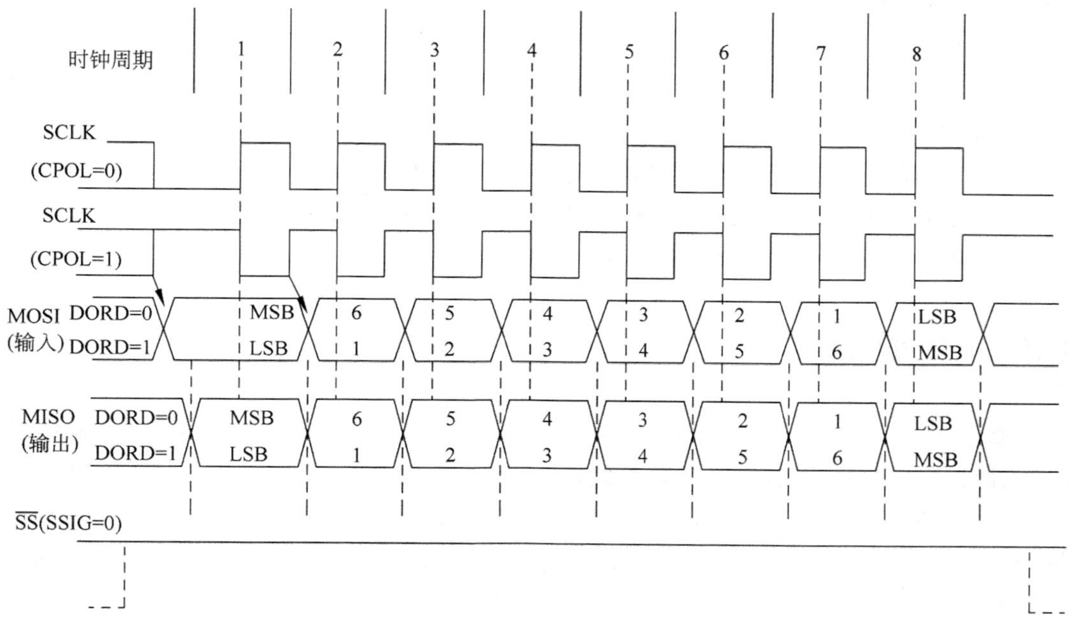

图 9-7 CPHA=0,SPI 主机传输格式

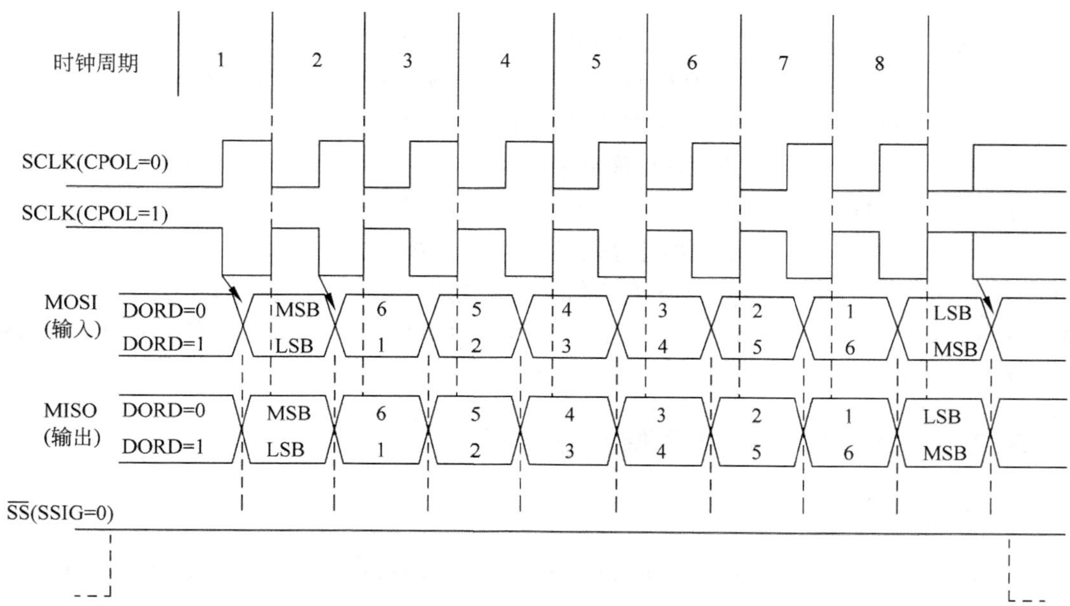

图 9-8 CPHA=1,SPI 主机传输格式

9.1.6 通过$\overline{SS}$改变模式

如果 SPEN=1、SSIG=0 且 MSTR=1,此时 SPI 使能为主机模式,$\overline{SS}$引脚可配置为输入或准双向模式,此时另外一个主机可将该引脚驱动为低电平,从而将该器件选择为 SPI 从

机并向其发送数据。

为了避免争夺总线，SPI 系统执行以下动作：

- MSTR 清 0，强迫 SPI 变为从机。MOSI 和 SCLK 强制变为输入模式，而 MISO 变为输出模式。
- SPIF 置位。如果 SPI 中断已被允许，则产生 SPI 中断。

用户程序必须对 MSTR 进行检测，如果该位被一个从机选择清 0 而用户想继续将 SPI 作为主机，就必须重新置位 MSTR，否则进入从机模式。

9.2 I^2C 通信接口

I^2C(Inter-Integrated Circuit)总线是一种由 PHILIPS 公司开发的两线制串行总线，用于连接微控制器及其外围设备。I^2C 总线产生于 20 世纪 80 年代，最初为音频和视频设备开发，主要在服务器管理中使用，其中包括单个组件状态的通信，例如管理员可对各个组件进行查询，以管理系统的配置或掌握组件的功能状态，如电源和系统风扇，可随时监控内存、硬盘、网络、系统温度等多个参数，增加了系统的安全性，方便管理。

9.2.1 I^2C 总线特点

I^2C 总线最主要的优点是其简单性和有效性。由于接口直接在组件之上，因此 I^2C 总线占用的空间非常小，减少了电路板的空间和芯片引脚的数量，降低了互联成本。总线的长度可高达 25 英尺，能够以 10Kb/s 的最大传输速率支持 40 个组件。

I^2C 总线还支持多主控，其中任何能够进行发送和接收的设备都可以称为主总线，一个主控能够控制信号的传输和时钟频率，在任何时间点上只能有一个主控。

目前有很多半导体集成电路上都集成了 I^2C 接口。带有 I^2C 接口的单片机如 CYGNAL 的 C8051F0XX 系列，PHILIPS 的 P87LPC7XX 系列，Microchip 的 PIC16C6XX 系列等，很多外围器件如存储器、监控芯片等也提供 I^2C 接口如 Atmel 的串行 EEPROM AT24CXX 系列。

9.2.2 I^2C 总线构成及信号类型

1. I^2C 总线的构成

I^2C 总线是由数据线 SDA 和时钟 SCL 构成的串行总线，可发送和接收数据。在 CPU 与被控 IC 之间、IC 与 IC 之间进行双向传送，最高传送速率 100kb/s。各种被控制电路都并联在这条总线上，就像电话机一样只有拨通各自的号码才能工作，所以每个电路和模块都有唯一的地址，在信息的传输过程中，I^2C 总线上并接的每一模块电路取决于所要完成的功能，可以既是主控器(或被控器)又是发送器(或接收器)。

CPU 发出的控制信号分为地址码和控制量两部分，地址码用来选择地址，即接通需要控制的电路，确定控制的种类；控制量用来决定该调整的类别及需要调整的量如对比度、亮度等。这样，各控制电路虽然挂在同一条总线上，但彼此独立，互不相关。

2. I^2C 总线的信号类型

I^2C 总线在传送数据过程中共有三种类型信号，它们分别是：开始信号、结束信号和应答信号。

（1）开始信号：SCL 为高电平时，SDA 由高电平向低电平跳变，开始传送数据。

（2）结束信号：SCL 为低电平时，SDA 由低电平向高电平跳变，结束传送数据。

（3）应答信号：接收数据的 IC 在接收到 8bit 数据后，向发送数据的 IC 发出特定的低电平脉冲，表示已收到数据。CPU 向受控单元发出一个信号后，等待受控单元发出一个应答信号，CPU 接收到应答信号后，根据实际情况做出是否继续传递信号的判断；若未收到应答信号，则判断为受控单元出现故障。

9.2.3　I^2C 总线工作原理

I^2C 是一种串行总线的外设接口，采用同步串行方式接收或发送信息，两个设备在同一个时钟下工作。I^2C 总线只用两根线即串行数据（Serial Data，SDA）、串行时钟（Serial Clock，SCL），其中只有一根数据线，所以信息的发送和接收只能分时进行。

I^2C 总线的数据传输协议比 SPI 总线复杂，I^2C 总线器件没有片选控制线，数据传输的开始是由主器件产生通信的开始条件（START）；通信结束时，由主器件产生通信的停止条件（STOP）。

I^2C 总线上所有器件的 SDA 线并接在一起，所有器件的 SCL 线并接在一起，且 SDA 和 SCL 线必须通过上拉电阻连接到正电源。当总线空闲时，两条线都是高电平。

当 SCL 为高时，使用 SDA 的变化表示开始条件和停止条件。如果 SDA 由 1 变到 0，则产生开始条件；如果 SDA 由 0 变到 1，则产生停止条件。所有连接到总线上的器件都会识别并响应开始和停止条件，如图 9-9 所示为开始条件和停止条件时序图。

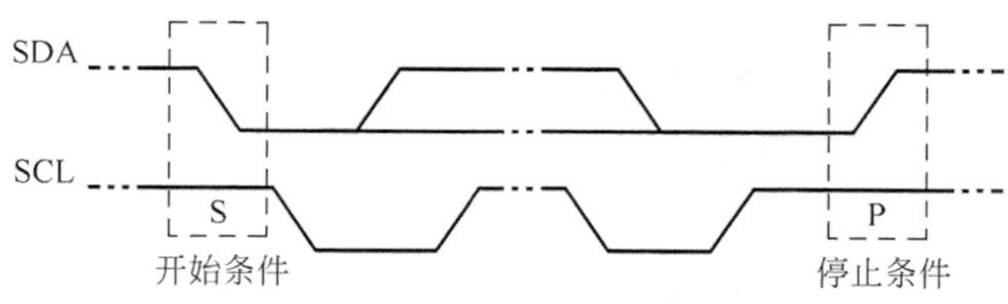

图 9-9　开始条件和停止条件时序

SDA 线上的数据在 SCL 高电平器件必须保持稳定，否则会被误认为开始条件或结束条件。只有在 SCL 低电平器件才能改变 SDA 线上的数据。I^2C 总线的数据传输波形图如图 9-10 所示。

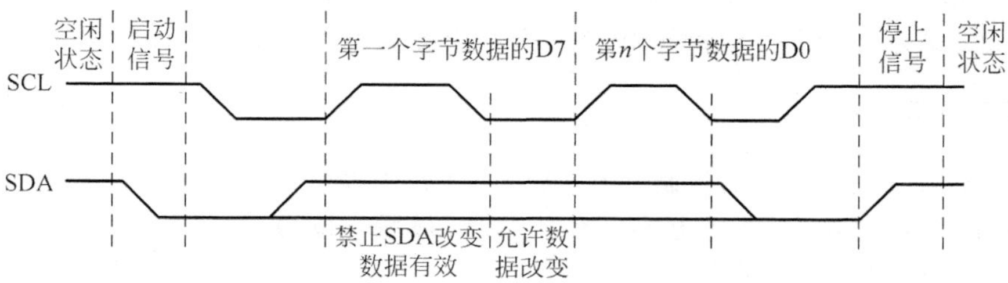

图 9-10　I^2C 总线的数据传输波形图

I^2C 总线上的所有器件均并联在这条总线上，为了两个器件之间的通信而不影响其他器件。主器件发出的信息分为地址码和数据两部分，地址码用来选址，即接通将要通信的从器件；数据是主器件要传输给从器件的具体信息。一旦有一个主机产生了一个 START 条件，总线就不再空闲了。主机接着发出包含 7 位从机地址和 1 位读写标志共 8 个数据位，在包含多个主机的系统中，在从机地址传输之前，可能需要一段用于总线竞争和仲裁的时间。从机要接受数据，R/W 必须为 0；如果 R/W=1，表示它将准备发送数据。对于某些 I^2C 设备，如存储器必须先向从机写一个内部地址，然后再读或写数据字节，此时 START 条件可以重新产生。主机产生了 8 个 SCL 脉冲后，把 SDA 输出置高电平，并产生第 9 个时钟脉冲。如果被寻地址的从机做出响应，从机将把 SDA 线拉成低电平，这表示一个确认位(ACK)。然后，如果被寻址的从机保持 SDA 线为高电平，主机就会认为从机没有确认(NACK)本次数据传输。一旦被寻址的从机产生了 NACK 信号而不是正常的 ACK 信号，多字节数据传输过程就会被终止。同时，在确认位之后，从机在执行本地处理时，有可能将 SCL 线拉低。这种情况在作为从机的微控制器执行耗时较长的中断服务程序时经常发生。如果 SCL 保持为低，主机就需要等待。

如果主机发出带有 R/W 位为 1 的从机地址，当从机使用 ACK 响应时，从机则变为一个主机发送者，然后从机向主机提供数据，但每次在第 9 个时钟脉冲时，释放 SDA 线并采样由主机提供的确认位。如果主机希望收到更多的数据，就会产生 ACK 信号；如果是最后一个字节，则产生 NACK 信号以通知从机。I^2C 的确认位时序图如图 9-11 所示。

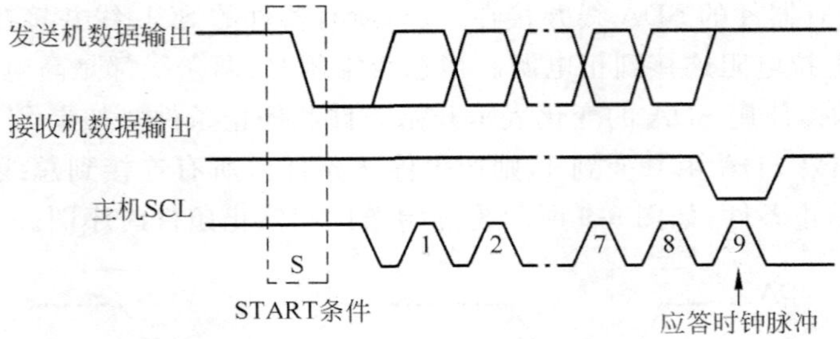

图 9-11 I^2C 的确认位时序图

9.2.4 I^2C 总线基本操作

I^2C 规程运用主/从双向通信，器件发送数据到总线上，则定义为发送器，器件接收数据则定义为接收器。主器件和从器件都可以工作于接收和发送状态。总线必须由主器件(微控制器)控制，主器件产生串行时钟(SCL)控制总线的传输方向，并产生起始和停止条件。SDA 线上的数据状态仅在 SCL 为低电平的期间才能改变，SCL 为高电平的期间，SDA 状态的改变被用来表示起始和停止条件，其串行总线上数据传送顺序如图 9-12 所示。

1. 控制字节

在起始条件之后是器件的控制字节，其中高 4 位为器件类型识别符(EEPROM 一般应为 1010，不同的芯片定义不同)，接着三位为片选，最后一位为读写位，当为 1 时为读操作，为 0 时为写操作，如图 9-13 所示。

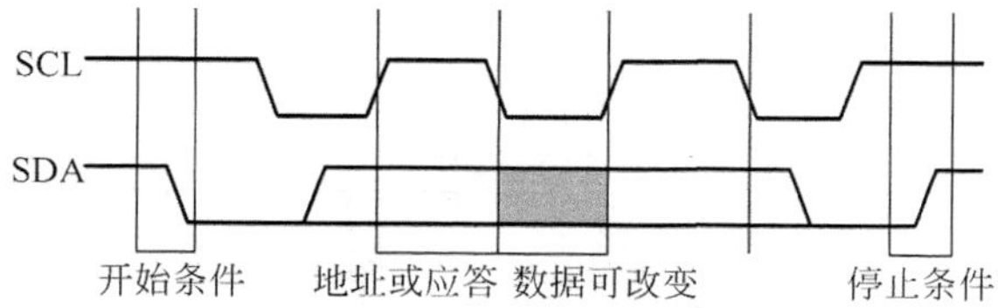

图 9-12　串行总线上的数据传送顺序

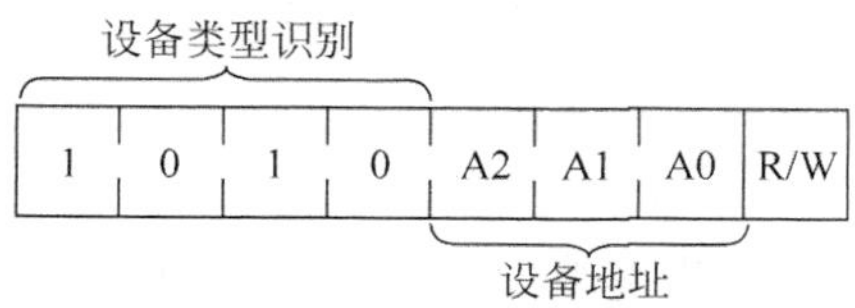

图 9-13　控制字节

2. 写操作

写操作分为字节写和页面写两种操作，对于页面写根据芯片的一次装载的字节不同有所不同。关于页面写的地址、应答和数据传送的时序如图 9-14 所示。

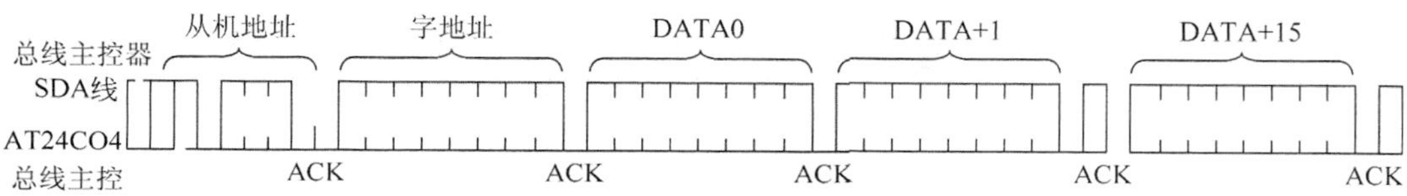

图 9-14　页面写时序图

写操作分为字节写和页面写两种操作，根据芯片的一次装载的字节不同页面写也不同。写入字节指令每次只能向芯片中的一个地址写入一个字节的数据。先发送开始位来通知芯片开始进行指令传输，然后传送设置好的器件地址字节，R/W 位置 0，接着分开传送 16 位地址的高低字节，再传送要写入的数据，最后发送停止位表示本次指令结束。写入单个字节的时序图如图 9-15 所示。

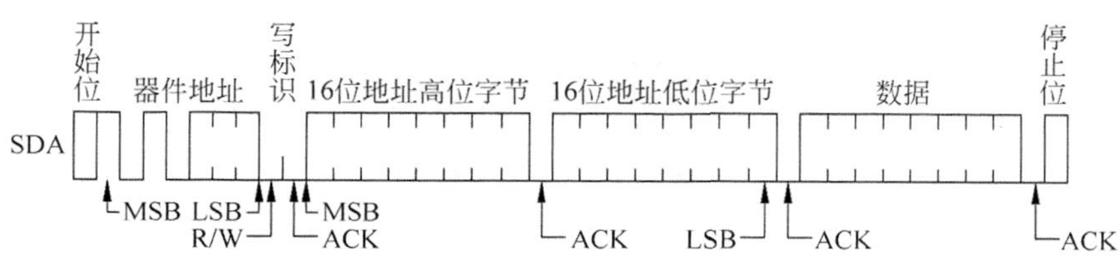

图 9-15　写入单个字节的时序图

页写入模式的操作基本和字节写入模式一样，不同于它需要发送第一个字节的地址，然后一次性发送多个字节的写入数据后，再发送停止位。写入过程中其余的地址增量由芯片内部完成。页写入的时序图如图 9-16 所示。

无论哪种写入方式，指令发送完成后，芯片内部开始写入，SDA 会被芯片拉高，直到写入完成后 SDA 才会重新变为有效，编写程序写入时不停发送伪指令并查询是否有 SCK 返回，如果有 ACK 返回则可以进行下一步操作。

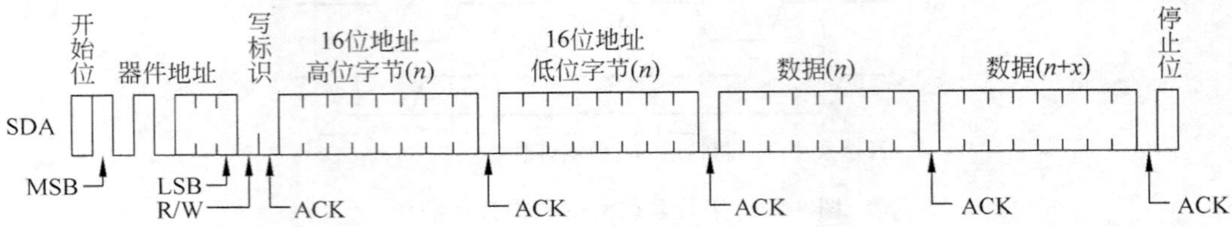

图 9-16　页写入时序图

3. 读操作

该操作有三种基本操作即读当前地址、读任意地址和连续读取。

(1) 读当前地址

读操作有三种基本操作：当前地址读、随机读和顺序读。图 9-17 所示为顺序读时序图。为了结束读操作，主机必须在第 9 个周期间发出停止条件或者在第 9 个时钟周期内保持 SDA 为高电平，然后发出停止条件。

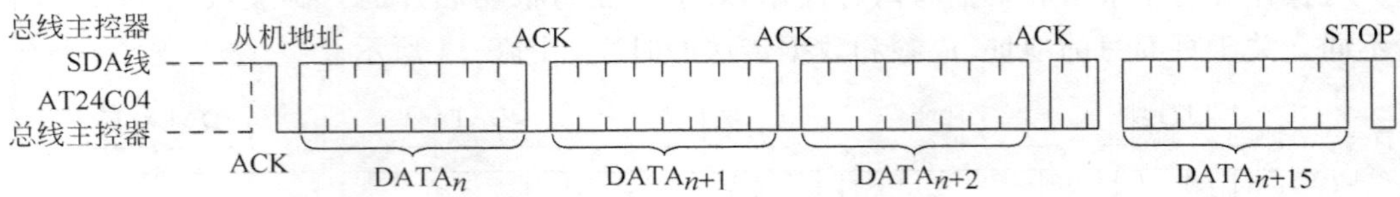

图 9-17　顺序读时序图

这种读取模式是读取当前芯片内部的地址指针指向的数据。每次读写操作后，芯片就会把最后一次操作过的地址作为当前地址。在 CPU 接收完芯片传送的数据后不必发送低电平的 ACK 给芯片，直接拉高 SDA 等待一个时钟后发送停止位。读当前地址时序图如图 9-18 所示。

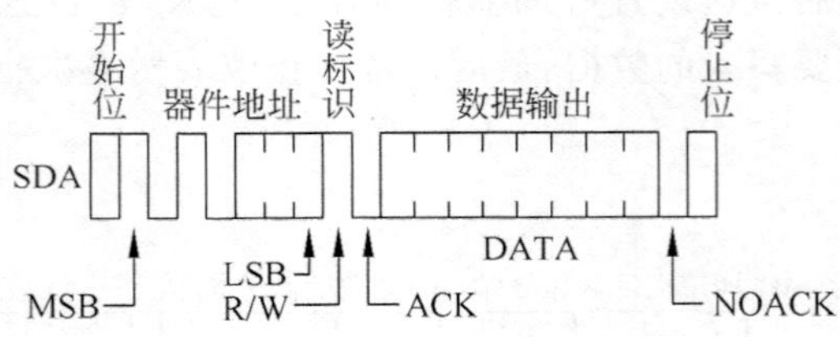

图 9-18　读当前地址时序图

(2) 读任意地址

读当前地址是读基本指令，读任意地址时只是在这个基本指令前加一个"伪操作"，这个伪操作传送一个写指令，但这个写指令在地址传送完成后就结束，这时芯片内部的地址指针指到这个地址上，再用读当前地址指令就可以读出该地址的数据。如图 9-19 所示为读任意地址的时序图。

(3) 连续读取

连续读取操作时只要在上面两种读取方式中芯片传送完读取数据后，CPU 回应给芯片一个低电平 ACK 应答，这样芯片地址指针自动加一并传送数据，直到 CPU 不回应

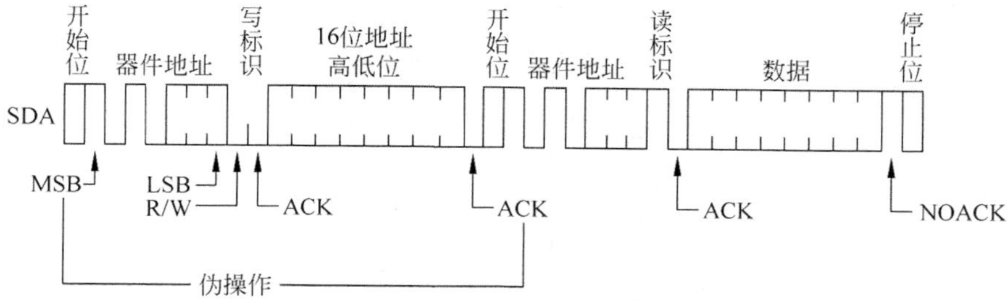

图 9-19 读任意地址的时序图

(NOACK)并停止操作,连续读取时序图如图 9-20 所示。

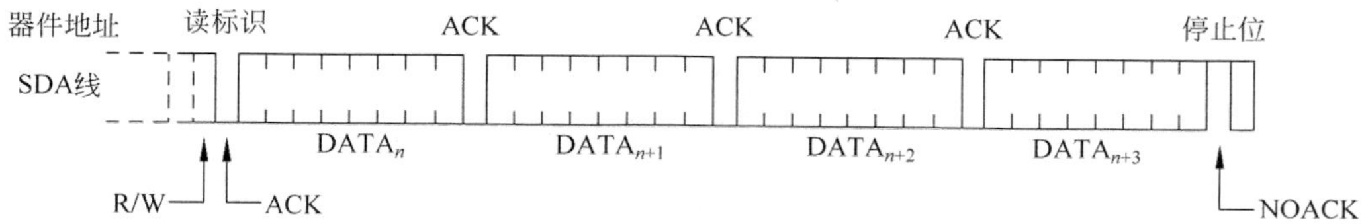

图 9-20 连续读取时序图

9.2.5 应用举例

下面以 STC 单片机对 AT24C04 的操作为例来说明 I^2C 接口的应用。

AT24C04 是 XICOR 公司的 CMOS4096 位串行 EEPROM,内部组织成 512×8 位,16B 页面写。与 STC 单片机的连接电路如图 9-21 所示。

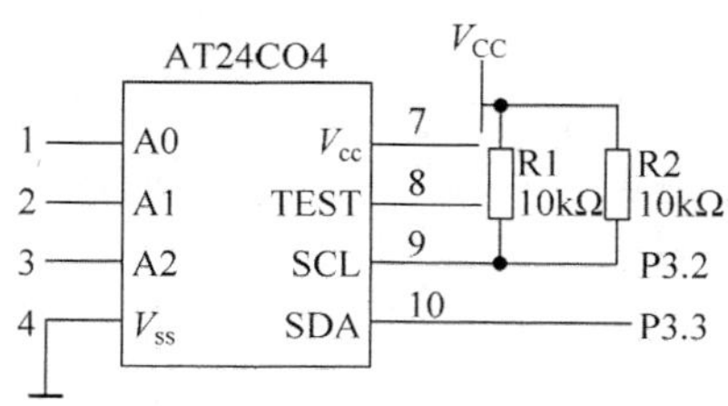

图 9-21 AT24C04 与单片机连接电路图

对 AT24C04 进行单字节写的流程图如图 9-22 所示。

单字节写操作的程序如下。

```
P3.2 = SCL;
P3.3 = SDA;
BYTE - WR:
        MOV R2, #08H            ;1B = 8 位
SENDA:CLR SCL
         RLC A                  ;左移 1 位
         MOV SDA,C              ;写 1 位
         SETB SCL
         DJNZ R2,SENDA          ;写完 8 个字节
         CLR SCL                ;应答信号
```

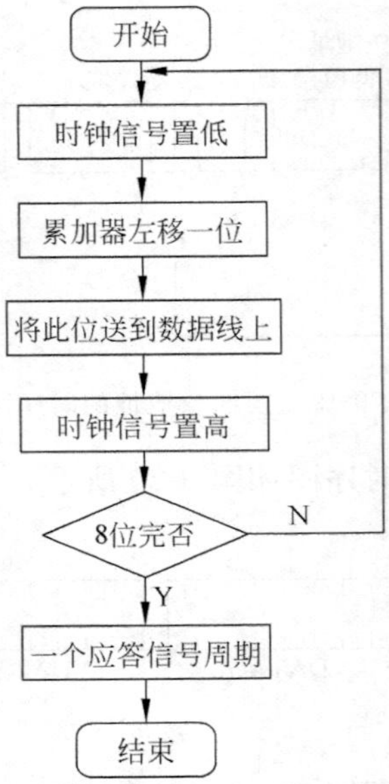

图 9-22 对 AT24C04 进行单字节写操作流程图

```
        SETB SDA
        SETB SCL
RET
```

具体连接电路图如图 9-23 所示。

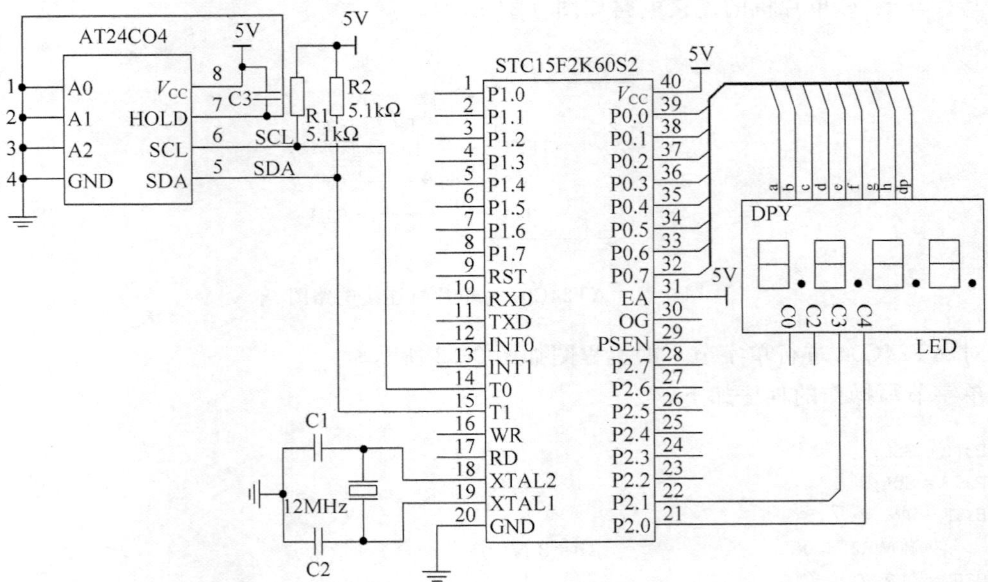

图 9-23 STC 读写 AT24CO4 电路图

汇编程序如下。

```
SCL BIT P3.4                    ;AT24C04 的时钟线
```

```
SDA BIT P3.5                    ;AT24C04 的数据线
BUF EQU 30H                     ;数据缓冲区
;***************************************
    ORG 0
    JMP Reset
    ORG 100H
Reset:
    CALL AT24C04_WritePage      ;写一页数据
    CALL Delay5ms               ;写一页数据需延时 5ms
    CALL AT24C04_ReadPage       ;读一页数据
    JMP  $
;***************************************
;向 AT24C04 写 1 页(16 字节)数据
;将 TESTDATA 开始的 16 个测试数据写入设备的 00～0F 地址中
;入口参数:无
;出口参数:无
;***************************************
AT24C04_WritePage:
    CALL AT24C04_Start          ;起始信号
    MOV A, #0A0H                ;发送设备地址 + 写信号
    CALL AT24C04_SendByte       ;发送
    MOV A, #00H                 ;发送存储单元地址
    CALL AT24C04_SendByte       ;发送
    MOV R0, #16                 ;16 字节计数器
    MOV DPTR, #TESTDATA         ;测试数据首地址
WriteNext:
    CLR A                       ;读取测试数据
    MOVC A,@A + DPTR
    CALL AT24C04_SendByte       ;写入设备
    INC DPTR                    ;准备下一个数据的地址
    DJNZ R0,WriteNext           ;判断 16 字节是否完成
    CALL AT24C04_Stop           ;停止信号
    RET
TESTDATA:
    DB 000H,011H,022H,033H,044H,055H,066H,077H
    DB 088H,099H,0AAH,0BBH,0CCH,0DDH,0EEH,0FFH
;***************************************
;从 AT24C04 读取 1 页(16 字节)数据
;将设备的 00～0F 地址中的数据读出存放在 DATA 区的 BUF 中
;入口参数:无
;出口参数:无
;***************************************
AT24C04_ReadPage:
    CALL AT24C04_Start          ;起始信号
    MOV A, #0A0H                ;发送设备地址 + 写信号
    CALL AT24C04_SendByte       ;发送
    MOV A, #00H                 ;发送存储单元地址
    CALL AT24C04_SendByte       ;发送
    CALL AT24C04_Start          ;起始信号
    MOV A, #0A1H                ;发送设备地址 + 读信号
    CALL AT24C04_SendByte       ;发送
```

```
    MOV R0, #16                 ;16 字节计数器
    MOV R1, #BUF                ;数据缓冲区首地址
ReadNext:
    CALL AT24C04_RecvByte       ;读取数据
    MOV @R1,A                   ;保存数据
    CJNE R0, #2, $ +3           ;判断回应 ACK 还是 NAK
    CALL AT24C04_SendACK        ;发送应答信号
    INC R1                      ;缓冲区地址加 1
    DJNZ R0,ReadNext            ;判断 16 字节是否完成
    CALL AT24C04_Stop           ;停止信号
    RET
;****************************************
;延时 5 微秒(STC12C5A60S2@12M)
;不同的工作环境,需要调整此函数
;入口参数:无
;出口参数:无
;****************************************
Delay5us:                       ;6 此延时函数是使用 1T 的指令周期进行计算的,与传统的 12T
                                ;的 MCU 不同
    PUSH ACC                    ;4
    MOV A, #4                   ;2
Delay5us1:
    NOP                         ;1
    NOP                         ;1
    NOP                         ;1
    NOP                         ;1
    NOP                         ;1
    NOP                         ;1
    NOP                         ;1
    DJNZ ACC,Delay5us1          ;5
    POP ACC                     ;3
    RET                         ;4
;****************************************
;延时 5 毫秒(STC12C5A60S2@12M)
;不同的工作环境,需要调整此函数
;入口参数:无
;出口参数:无
;****************************************
Delay5ms:                       ;6 此延时函数是使用 1T 的指令周期进行计算的,与传统的 12T
                                ;的 MCU 不同
    PUSH ACC                    ;4
    PUSH DPL                    ;4
    PUSH DPH                    ;4
    MOV DPTR, # -5000           ;3
Delay5ms1:
    NOP                         ;1
    NOP                         ;1
    NOP                         ;1
    INC DPTR                    ;1
    MOV A,DPL                   ;2
    ORL A,DPH                   ;3
```

```
    JNZ Delay5ms1               ;3
    POP DPH                     ;3
    POP DPL                     ;3
    POP ACC                     ;3
    RET                         ;4
;****************************************
;起始信号
;入口参数:无
;出口参数:无
;****************************************
AT24C04_Start:
    SETB SDA
    SETB SCL                    ;拉高时钟线
    CALL Delay5us               ;延时
    CLR SDA                     ;产生下降沿
    CALL Delay5us               ;延时
    CLR SCL                     ;拉低时钟线
    RET
;****************************************
;停止信号
;入口参数:无
;出口参数:无
;****************************************
AT24C04_Stop:
    CLR SDA
    SETB SCL                    ;拉高时钟线
    CALL Delay5us               ;延时
    SETB SDA                    ;产生上升沿
    CALL Delay5us               ;延时
    RET
;****************************************
;发送应答信号
;入口参数:C (0:ACK 1:NAK)
;出口参数:无
;****************************************
AT24C04_SendACK:
    MOV SDA,C                   ;写应答信号
    SETB SCL                    ;拉高时钟线
    CALL Delay5us               ;延时
    CLR SCL                     ;拉低时钟线
    CALL Delay5us               ;延时
    RET
;****************************************
;接收应答信号
;入口参数:无
;出口参数:C
;****************************************
AT24C04_RecvACK:
    SETB SCL                    ;拉高时钟线
    CALL Delay5us               ;延时
    MOV C,SDA                   ;读应答信号
```

```
    CLR SCL                         ;拉低时钟线
    CALL Delay5us                   ;延时
    RET
;************************************
;向 I²C 总线发送一个字节数据
;入口参数:ACC
;出口参数:无
;************************************
AT24C04_SendByte:
    PUSH 0
    MOV 0,#8                        ;8 位计数器
SendNext:
    RLC A                           ;移出数据的最高位
    MOV SDA,C                       ;送数据口
    SETB SCL                        ;拉高时钟线
    CALL Delay5us                   ;延时
    CLR SCL                         ;拉低时钟线
    CALL Delay5us                   ;延时
    DJNZ 0,SendNext                 ;判断 8 位数据是否发送完成
    POP 0
    JMP AT24C04_RecvACK             ;接收应答信号
; RET
;************************************
;从 I²C 总线接收一个字节数据
;入口参数:无
;出口参数:ACC
;************************************
AT24C04_RecvByte:
    SETB SDA                        ;使能内部上拉,准备读取数据
    PUSH 0
    MOV 0,#8                        ;8 位计数器
RecvNext:
    SETB SCL                        ;拉高时钟线
    CALL Delay5us                   ;延时
    MOV C,SDA                       ;读数据口
    RLC A                           ;保存数据
    CLR SCL                         ;拉低时钟线
    CALL Delay5us                   ;延时
    DJNZ 0,RecvNext                 ;判断 8 位数据是否接收完成
    POP 0
    RET
;************************************
    END
```

C 语言程序如下:

```
#include ".\STC\STC15F2K60S2.H"
#include "INTRINS.H"
typedef unsigned char BYTE;
typedef unsigned short WORD;
sbit SCL = P3^4;                    //AT24C04 的时钟
```

```
sbit SDA = P3 ^5;                    //AT24C04 的数据
BYTE BUF[16];                        //数据缓冲区
BYTE code TESTDATA[ ] =
{
    0x00,0x11,0x22,0x33,0x44,0x55,0x66,0x77,
    0x88,0x99,0xAA,0xBB,0xCC,0xDD,0xEE,0xFF
};
void Delay5us();
void Delay5ms();
void AT24C04_Start();
void AT24C04_Stop();
void AT24C04_SendACK(bit ack);
bit AT24C04_RecvACK();
void AT24C04_SendByte(BYTE dat);
BYTE AT24C04_RecvByte();
void AT24C04_ReadPage();
void AT24C04_WritePage();
void main()
{
    AT24C04_WritePage();
    Delay5ms();
    AT24C04_ReadPage();

    while (1);
}
/****************************************
向 AT24C04 写 1 页(16 字节)数据
将 TESTDATA 开始的 16 个测试数据写入设备的 00～0F 地址中
****************************************/
void AT24C04_WritePage()
{
    BYTE i;
    AT24C04_Start();                 //起始信号
    AT24C04_SendByte(0xa0);          //发送设备地址 + 写信号
    AT24C04_SendByte(0x00);          //发送存储单元地址
    for (i = 0; i < 16; i++)
    {
        AT24C04_SendByte(TESTDATA[i]);
    }
    AT24C04_Stop();                  //停止信号
}
/****************************************
从 AT24C04 读取 1 页(16 字节)数据
将设备的 00～0F 地址中的数据读出存放在 DATA 区的 BUF 中
****************************************/
void AT24C04_ReadPage()
{
    BYTE i;
    AT24C04_Start();                 //起始信号
    AT24C04_SendByte(0xa0);          //发送设备地址 + 写信号
    AT24C04_SendByte(0x00);          //发送存储单元地址
```

```
    AT24C04_Start();              //起始信号
    AT24C04_SendByte(0xa1);       //发送设备地址 + 读信号
    for (i = 0; i < 16; i++)
    {
        BUF[i] = AT24C04_RecvByte();
        if (i == 15)
        {
            AT24C04_SendACK(1);       //最后一个数据需要会 NAK
        }
        else
        {
            AT24C04_SendACK(0); //回应 ACK
        }
    }
    AT24C04_Stop();               //停止信号
}
/***************************************
延时 5 微秒
不同的工作环境,需要调整此函数
此延时函数是使用 1T 的指令周期进行计算的,与传统的 12T 的 MCU 不同
***************************************/
void Delay5us()
{
    BYTE n = 4;
    while (n--)
    {
        _nop_();
        _nop_();
    }
}
/***************************************
延时 5 毫秒
不同的工作环境,需要调整此函数
此延时函数是使用 1T 的指令周期进行计算的,与传统的 12T 的 MCU 不同
***************************************/
void Delay5ms()
{
    WORD n = 2500;
    while (n--)
    {
        _nop_();
        _nop_();
        _nop_();
        _nop_();
        _nop_();
    }
}
/***************************************
起始信号
***************************************/
void AT24C04_Start()
```

```
{
    SDA = 1;                        //拉高数据线
    SCL = 1;                        //拉高时钟线
    Delay5us();                     //延时
    SDA = 0;                        //产生下降沿
    Delay5us();                     //延时
    SCL = 0;                        //拉低时钟线
}
/****************************************
停止信号
****************************************/
void AT24C04_Stop()
{
    SDA = 0;                        //拉低数据线
    SCL = 1;                        //拉高时钟线
    Delay5us();                     //延时
    SDA = 1;                        //产生上升沿
    Delay5us();                     //延时
}
/****************************************
发送应答信号
入口参数:ack (0:ACK 1:NAK)
****************************************/
void AT24C04_SendACK(bit ack)
{
    SDA = ack;                      //写应答信号
    SCL = 1;                        //拉高时钟线
    Delay5us();                     //延时
    SCL = 0;                        //拉低时钟线
    Delay5us();                     //延时
}
/****************************************
接收应答信号
****************************************/
bit AT24C04_RecvACK()
{
    SCL = 1;                        //拉高时钟线
    Delay5us();                     //延时
    CY = SDA;                       //读应答信号
    SCL = 0;                        //拉低时钟线
    Delay5us();                     //延时
    return CY;
}
/****************************************
向I2C总线发送一个字节的数据
****************************************/
void AT24C04_SendByte(BYTE dat)
{
    BYTE i;
    for (i=0; i<8; i++)             //8位计数器
    {
```

```
        dat <<= 1;                  //移出数据的最高位
        SDA = CY;                   //送数据口
        SCL = 1;                    //拉高时钟线
        Delay5us();                 //延时
        SCL = 0;                    //拉低时钟线
        Delay5us();                 //延时
    }
    AT24C04_RecvACK();
}
/***************************************
从 I²C 总线接收一个字节数据
***************************************/
BYTE AT24C04_RecvByte()
{
    BYTE i;
    BYTE dat = 0;
    SDA = 1;                        //使能内部上拉,准备读取数据
    for (i = 0; i < 8; i++)         //8 位计数器
    {
        dat <<= 1;
        SCL = 1;                    //拉高时钟线
        Delay5us();                 //延时
        dat |= SDA;                 //读数据
        SCL = 0;                    //拉低时钟线
        Delay5us();                 //延时
    }
    return dat;
}
```

注意使用 I^2C 总线时应注意以下几点：

(1) 应严格按照时序图的时序要求进行操作。

(2) 若与口线上带内部上拉电阻的单片机连接,可以不外加上拉电阻。

(3) 为了配合相应的传输效率,对口线操作的指令之后用 NOP 指令加一定的延时。

(4) 为了减少意外干扰信号将 EEPROM 内的数据改写,可用外部写保护或者每次上电或者复位时做一次检测看是否被改写。

9.3 单总线技术(Single-wire Bus)

单总线技术是由美国 Dallas 公司推出的,用单片机可以构成单总线技术的应用系统。这里主要介绍单总线系统的硬、软件组成特点及典型应用系统。

9.3.1 单总线技术

单总线技术是由只有一个总线命令者和一个或多个从者组成的计算机应用系统,通常用一根信号线(single-wire)连接多个测控对象。单总线系统由硬件配置、处理次序和单总线信号三部分组成。系统按单总线协议规定的时序和信号波形完成初始化、识别器件和数

据交换。

1. 硬件配置

单总线系统定义了一根信号线，总线上的每个器件都能驱动它。为了区分不同的芯片，厂家为每个芯片都编制了唯一的序列号，用激光刻录的一个 64 位二进制 ROM 代码，从最低位开始前 8 位是族码表示产品的分类编号，接着的 48 位是一个唯一的序列号，最后 8 位是前 56 位的 CRC 校验码。当有多个器件连接在一根信号线上进行串行分时数据交换时，就能通过寻址把芯片识别出来。

例如用 0x68H 命令对于单总线上的器件要读其序列号，首先对单总线发复位信号，然后再对单总线写 0x68H 命令，最后从单总线上读取 64 位的序列号，存入 Temp 变量中。

当芯片内还含有收、发控制和电源存储电路，单总线芯片入口连接图如图 9-24 所示。

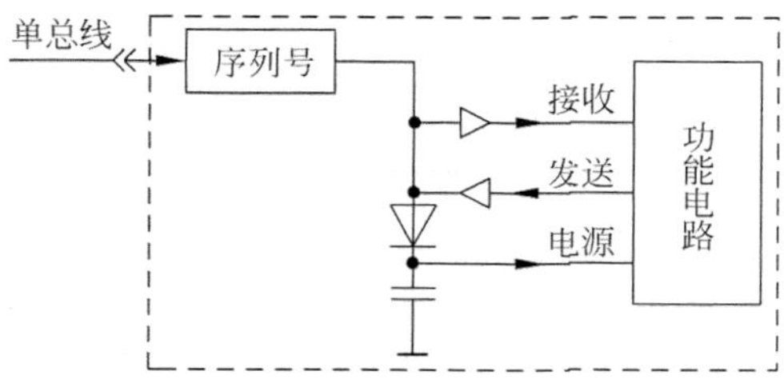

图 9-24 单总线芯片入口连接图

单总线的芯片一般采用 CMOS 技术，耗电量都很小，可以从单总线上“借”一点电(空闲时几 μW，忙时几 mW)存在芯片内电容中就可正常工作了，一般不需另加电源。单总线上通常处于高电平(5V 左右)，每个器件都能在需要时驱动它。所以连在总线上的每个器件必须是漏极开路或者是三态输出的，这样不工作时不会给总线增加功耗。

单总线的数据传输有两种模式，即通常以 16.3kb/s 的速率通信，超速模式可达 142kb/s。因此常用于对速度要求不高的场合，一般用于 100kb/s 以下速率的测控或数据交换系统中。另外在单片机 I/O 直接驱动下，单总线技术作用距离可达 200m，经扩展可达 1000m 以上，允许连接上百个器件，能满足一般测控系统的要求。

2. 单总线信号

单总线传送数据或命令是由一系列时序信号组成的。通常，单总线上共有以下 4 种时序信号。初始化信号；写 0 信号；写 1 信号；读信号。设计中可以用单片机的汇编语言编程以确保指令执行时间小于或等于时序信号中的最小时间，尤其注意当单片机工作频率不同时，单总线的时延值也不同的。

3. 处理次序

在单总线系统中软件设计的处理次序是关键。单片机作主控机时，依据单总线协议，处理次序要保证数据可靠地传送，并且任一时刻单总线上只能有一个控制信号或数据。

处理次序操作时，一般有以下 4 个过程：①初始化；②传送 ROM 命令；③传送 RAM

命令；④数据交换。单总线上所有处理都必须从初始化开始，初始化时序是由总线命令者发出的复位脉冲和一个或多个从者发出的应答脉冲组成的。“应答脉冲”是从者让总线命令者知道某器件是在总线上并准备工作，当总线命令者检测到某器件的存在时，就会发出传送ROM功能命令。单总线的时序信号波形如图 9-25 所示。

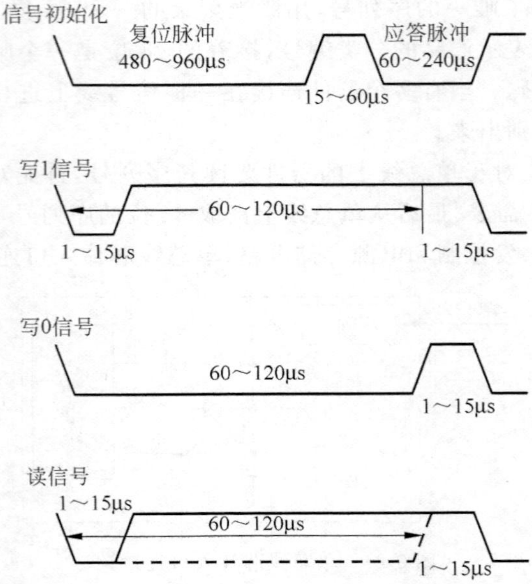

图 9-25　单总线的时序信号波形图

单总线协议规定其层次结构图如图 9-26 所示。单总线命令者首先必须发送以下 7 个ROM功能命令中的一个命令。

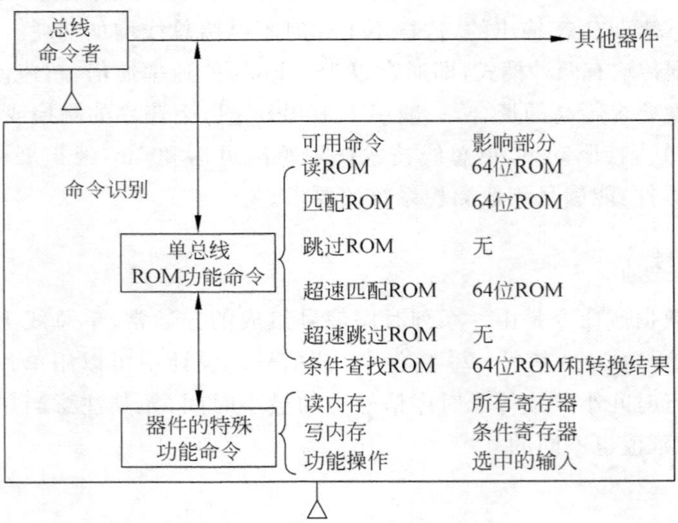

图 9-26　ROM 的功能层次结构图

(1) 读 ROM，当总线上只有一个器件时，如读 DS18B20 序列号；

(2) 匹配 ROM,当总线上有多个器件时寻址某个器件;

(3) 查找 ROM,在系统首次启动后,须识别总线上的各器件;

(4) 跳过 ROM,为节省时间只有一个器件时可跳过读 ROM 命令直接向器件发送命令;

(5) 超速匹配 ROM,寻址某个器件;

(6) 超速跳过 ROM,在超速模式下可跳过读 ROM 命令;

(7) 条件查找 ROM,查找某个器件的输入电压是否超过设置的报警门限值。

当成功执行上述命令之一后,总线命令者可发送任何一个命令来通过访问存储和控制功能进行数据交换,并且所有数据的读写都从最低位开始。

9.3.2 单总线器件

1. 数字温度计 DS18S20

DS18S20 是 Dallas 公司提供典型的单总线数字温度计,其主要特性有:温度测量范围是－55～＋125℃;分辨率为±0.5℃(－10～＋85℃时);温度值输出为 9 位二进制数量;转换时间为 750ms(最大值);用户可设置报警温度的上下限;不需外围电路,电源可由单总线提供;价格低廉,抗干扰力强,芯片封装图如图 9-27 所示,它有如下两种封装形式即 3 端 PR-35 塑封或 8 脚 SOIC 封装。

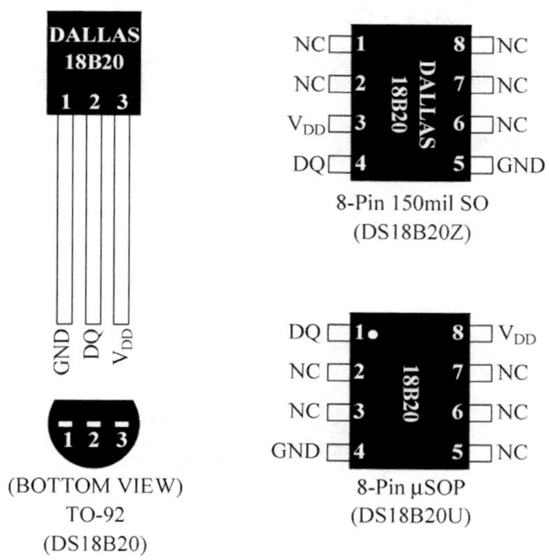

图 9-27　DS18B20 芯片封装图

DS18B20 温度检测与数字数据输出全集成于一个芯片之上,一个工作周期可分为温度检测和数据处理,利用温敏振荡器的频率随温度变化的关系,通过对振荡周期的计数来实现温度测量。为了扩大测温范围和提高分辨率,使用了一个低温系数振荡器和一个高温系数振荡器分别进行计数,并采用了非线性累加器等电路来改善线性。

2. 可寻址控制开关

Dallas 公司提供了一些可寻址的控制开关，如 DS2405、DS2406、DS2409 等。DS2405 的主要特性为：由单总线上的数据决定漏极开路输出的逻辑电平作为开关控制信号，PIO 引脚吸收能力大于 4mA、0.4V；不用外接电源；其原理示意图如图 9-28 所示。

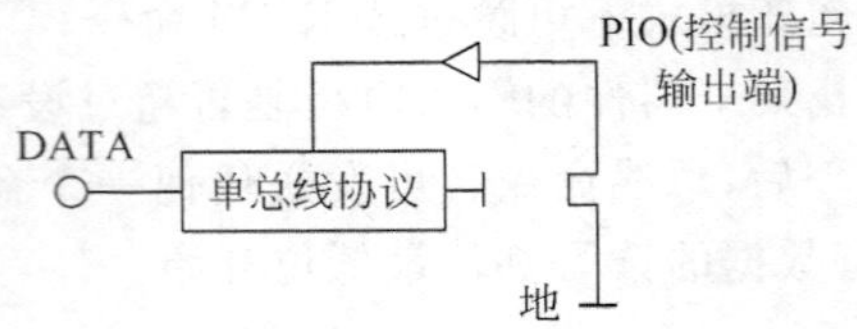

图 9-28 可寻址控制开关 DS2405 原理示意图

3. DS2450 A/D 转换器

DS2450 A/D 转换器是 Dallas 公司于 1999 年推出的，可以将各种物理量通过传感器变为电压量再由 A/D 采集后经单总线送到计算机进行处理，其主要特性包括：4 路模拟输入通道；两种模拟输入量程为 0～2.56V 和 0～5.12V；未用作输入的通道可作为输出通道使用、一个数据口以 16.3kb/s 的速率通信，超速模式可达 142kb/s；逐次逼近的变换原理，可选择的 8 位转换精度；响应模拟电压超门限报警设置；不用另接电源和外围电路。

9.3.3 DS18B20 应用举例

下面是一个用 DS18B20 实现的温度测量控制实例，电路连接如图 9-29 所示。

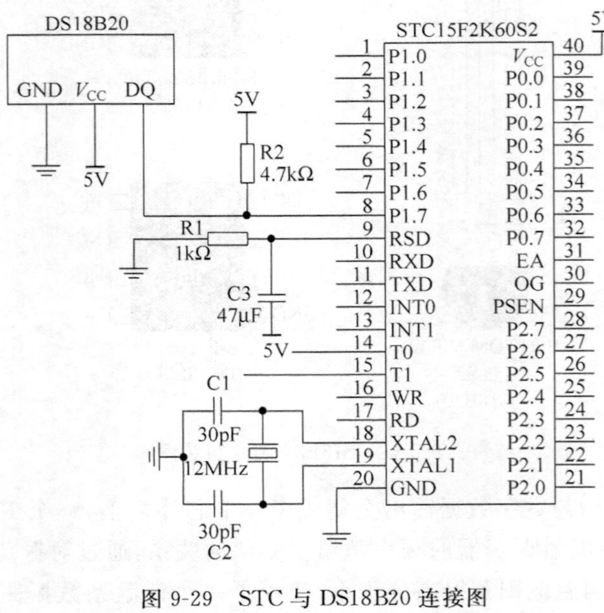

图 9-29 STC 与 DS18B20 连接图

汇编语言程序如下。

```
DQ BIT P3.3                    ;DS18B20 的数据口位 P3.3
TPH DATA 20H                   ;存放温度值的高字节
TPL DATA 21H                   ;存放温度值的低字节
    ORG 0
    JMP Reset
    ORG 100H
Reset:
    CALL DS18B20_Reset         ;设备复位
    MOV A, #0CCH               ;跳过 ROM 命令
    CALL DS18B20_WriteByte     ;送出命令
    MOV A, #044H               ;开始转换
    CALL DS18B20_WriteByte     ;送出命令
    JNB DQ, $                  ;等待转换完成
    CALL DS18B20_Reset         ;设备复位
    MOV A, #0CCH               ;跳过 ROM 命令
    CALL DS18B20_WriteByte     ;送出命令
    MOV A, #0BEH               ;读暂存存储器
    CALL DS18B20_WriteByte     ;送出命令
    CALL DS18B20_ReadByte      ;读温度低字节
    MOV TPL,A                  ;存储数据
    CALL DS18B20_ReadByte      ;读温度高字节
    MOV TPH,A                  ;存储数据
    JMP $
;***************************************
;延时 X 微秒(STC12C5A60S2@12M)
;不同的工作环境,需要调整此函数
;入口参数:R7
;出口参数:无
;***************************************
DelayXus:                      ;6 此延时函数是使用 1T 的指令周期进行计算的,与传统的 12T
                               ;的 MCU 不同
    NOP                        ;1
    NOP                        ;1
    NOP                        ;1
    NOP                        ;1
    NOP                        ;1
    NOP                        ;1
    NOP                        ;1
    NOP                        ;1
    DJNZ R7,DelayXus           ;4
    RET                        ;4
;***************************************
;复位 DS18B20,并检测设备是否存在
;入口参数:无
;出口参数:无
;***************************************
DS18B20_Reset:
    CLR DQ                     ;送出低电平复位信号
    MOV R7, #240               ;延时至少 480μs
```

```
    CALL DelayXus
    MOV R7,#240
    CALL DelayXus
    SETB DQ                        ;释放数据线
    MOV R7,#60                     ;等待60μs
    CALL DelayXus
    MOV C,DQ                       ;检测存在脉冲
    MOV R7,#240                    ;等待设备释放数据线
    CALL DelayXus
    MOV R7,#180
    CALL DelayXus
    JC DS18B20_Reset               ;如果设备不存在,则继续等待
    RET
;****************************************
;从 DS18B20 读 1 字节数据
;入口参数:无
;出口参数:ACC
;****************************************
DS18B20_ReadByte:
    CLR A
    PUSH 0
    MOV 0,#8                       ;8 位计数器
ReadNext:
    CLR DQ                         ;开始时间片
    MOV R7,#1                      ;延时等待
    CALL DelayXus
    SETB DQ                        ;准备接收
    MOV R7,#1
    CALL DelayXus
    MOV C,DQ                       ;读取数据
    RRC A
    MOV R7,#60                     ;等待时间片结束
    CALL DelayXus
    DJNZ 0,ReadNext
    POP 0
    RET
;****************************************
;向 DS18B20 写 1 字节数据
;入口参数:ACC
;出口参数:无
;****************************************
DS18B20_WriteByte:
    PUSH 0
    MOV 0,#8                       ;8 位计数器
WriteNext:
    CLR DQ                         ;开始时间片
    MOV R7,#1                      ;延时等待
    CALL DelayXus
    RRC A                          ;输出数据
    MOV DQ,C
    MOV R7,#60                     ;等待时间片结束
```

```
    CALL DelayXus
    SETB DQ                     ;准备送出下一位数据
    MOV R7, #1
    CALL DelayXus
    DJNZ 0,WriteNext
    POP 0
    RET
    END
```

C程序如下所示。

```
#include "STC15F2K60S2.H"
#include "INTRINS.H"
typedef unsigned char BYTE;
sbit DQ = P3^3;                  //DS18B20的数据口位P3.3
BYTE TPH;                        //存放温度值的高字节
BYTE TPL;                        //存放温度值的低字节
void DelayXus(BYTE n);
void DS18B20_Reset();
void DS18B20_WriteByte(BYTE dat);
BYTE DS18B20_ReadByte();
void main()
{
    DS18B20_Reset();             //设备复位
    DS18B20_WriteByte(0xCC);     //跳过ROM命令
    DS18B20_WriteByte(0x44);     //开始转换命令
    while (!DQ);                 //等待转换完成
    DS18B20_Reset();             //设备复位
    DS18B20_WriteByte(0xCC);     //跳过ROM命令
    DS18B20_WriteByte(0xBE);     //读暂存存储器命令
    TPL = DS18B20_ReadByte();    //读温度低字节
    TPH = DS18B20_ReadByte();    //读温度高字节
    while (1);
}
/****************************************
延时X微秒
不同的工作环境,需要调整此函数
此延时函数是使用1T的指令周期进行计算,与传统的12T的MCU不同
****************************************/
void DelayXus(BYTE n)
{
    while (n--)
    {
        _nop_();
        _nop_();
    }
}
/****************************************
复位DS18B20,并检测设备是否存在
****************************************/
void DS18B20_Reset()
```

```
{
    CY = 1;
    while (CY)
    {
        DQ = 0;                    //送出低电平复位信号
        DelayXus(240);             //延时至少 480μs
        DelayXus(240);
        DQ = 1;                    //释放数据线
        DelayXus(60);              //等待 60μs
        CY = DQ;                   //检测存在脉冲
        DelayXus(240);             //等待设备释放数据线
        DelayXus(180);
    }
}
/****************************************
从 DS18B20 读 1B 数据
****************************************/
BYTE DS18B20_ReadByte()
{
    BYTE i;
    BYTE dat = 0;
    for (i = 0; i < 8; i++)        //8 位计数器
    {
        dat >>= 1;
        DQ = 0;                    //开始时间片
        DelayXus(1);               //延时等待
        DQ = 1;                    //准备接收
        DelayXus(1);               //接收延时
        if (DQ) dat |= 0x80;       //读取数据
        DelayXus(60);              //等待时间片结束
    }
    return dat;
}
/****************************************
向 DS18B20 写 1B 数据
****************************************/
void DS18B20_WriteByte(BYTE dat)
{
    char i;
    for (i = 0; i < 8; i++)        //8 位计数器
    {
        DQ = 0;                    //开始时间片
        DelayXus(1);               //延时等待
        dat >>= 1;                 //送出数据
        DQ = CY;
        DelayXus(60);              //等待时间片结束
        DQ = 1;                    //恢复数据线
        DelayXus(1);               //恢复延时
    }
}
```

习题

(1) 叙述 STC15F2K60S2 单片机 SPI 数据通信的几种工作方式。

(2) SPI 总线接口一般使用几条线？每条线的作用是什么？

(3) 请绘出一 STA15F2K60S2 单片机为主机，其他器件为从机的 I^2C 总线单主机系统框图。

(4) 举几个 I^2C 总线器件的型号，说明其主要作用。

(5) 请举例说明单总线机制通信的基本原理。

第10章 模数转换与数模转换

自然环境中的物理信号都是模拟信号，如温度、压力、转速、流量等，而在数字系统中需将这些模拟信号转换为对应的数字量才能进行信号处理，这个过程即为模数转换(A/D转换)，实现模拟量转换为数字量的器件称为模数转换器(Analog to Digital Converter，ADC)，也称A/D转换器。首先根据实际的物理量借助相应的传感器将其转化为电信号，再用适当的A/D转换器将模拟的电信号转换为数字量。用计算机控制外部设备时，需将计算机输出的数字信号转换为外部设备能直接接收的模拟信号，这个过程即为数模转换(D/A转换)，实现数字量转换为模拟量的器件称为模数转换器(Digital to Analog Converter，DAC)，也称D/A转换器。

10.1 模数转换器的性能指标

A/D变换包含三个部分：抽样、量化和编码。抽样是将模拟信号在时间上离散化的过程；量化是将模拟信号在幅度上离散化的过程；编码指将每个量化后的样值用一定的二进制代码来表示。一般情况下，量化和编码是同时完成的。

为确保系统处理结果的精确度，A/D转换器必须具有足够的转换精度；要实现快速变化信号的实时检测，A/D转换器还要求具有较高的转换速度。因此转换精度与转换速度是衡量A/D转换器的重要技术指标。除此之外模数转换器还有分辨率、量程、量化误差、线性度、数字接口方式、通道数、模拟信号类型、电源电压等。

1. 分辨率

分辨率表示转换器对微小输入量变化的敏感程度，通常用转换器输出数字量的位数来表示。n位转换器，其数字量变化范围为$0 \sim 2^n - 1$。对8位的转换器，5V满量程输入电压时，则分辨率为$5/2^8 = 19.5\text{mV}$。

2. 精度

A/D转换器的精度是指与数字输出量所对应模拟输入量的实际值与理论值之间的差值。A/D转换电路中与每个数字量对应的模拟输入量并非是一个单一的数值，而是一个范围值Δ，其中Δ的大小理论上取决于电路的分辨率。定义Δ为数字量的最小有效位LSB。

3. 转换速率(转换速度)

转换时间是 A/D 完成一次转换所需要的时间。一般转换速度越快越好,常见的有高速(转换时间<1μs)、中速(转换时间<1ms)和低速(转换时间<1s)等。

4. 量化误差

在 A/D 转换中由于满刻度量化产生的固有误差。量化误差在±1/2LSB(最低有效位)之间。

5. 线性度

实际 A/D 转换器的转换函数与理想直线的最大偏移称为线性度。

6. 数字接口方式

根据数字信号的输出方式,A/D 转换器分为并行接口和串行接口两种。

7. A/D 转换器的极性

对于电压性模拟信号,根据信号是否过 0,分成单极性 A/D 转换器和双极性 A/D 转换器。

8. 电源电压

不同的 A/D 转换器有的单电源供电,如+5V 等,有的双电源供电,如±15V 等。

9. 量程

指 A/D 转换器能转换的电压范围。

10. 模拟通道数

指 A/D 芯片上模拟信号输入的通道个数。有的 A/D 芯片上集成有多个 A/D 转换模块,可同时实现多路信号的转换,也有的 A/D 芯片只有一个公共的 A/D 转换模块,由一个数控多路开关实现分时转换。

10.2　STC15F2K60S2 单片机集成的 A/D 转换

STC15F2K60S2 单片机集成有 8 路 10 位高速电压输入型模数转换器(ADC),转换方式为逐次逼近性,频率可达 300kHz,可做压力、温度、湿度、电压等信号的检测。

10.2.1　STC15F2K60S2 单片机的 ADC 结构

STC15F2K60S2 单片机的 ADC 内部结构如图 10-1 所示。它是 8 路 10 位的 ADC,其输入通道与 P1 口复用,系统上电复位时 P1 口默认为弱上拉 I/O 口,可通过设置 P1ASF 寄存器相应位将对应引脚置为 ADC 输入通道。

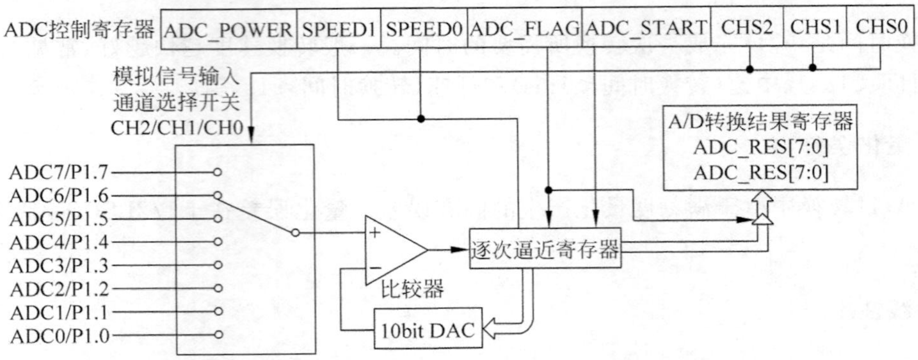

图 10-1 STC15F2K60S2 单片机的 ADC 内部结构图

通过图 10-1 看出，STC15F2K60S2 单片机的 ADC 由 ADC 控制寄存器、多路开关、比较器、逐次逼近寄存器、DAC 以及转换结果寄存器（ADC_RES 和 ADC_RESL）6 部分构成。当 A/D 转换结束后，将转换结果保存到寄存器 ADC_RES 和 ADC_RESL 中，同时置位 ADC 控制寄存器的转换结束标志位 ADC_FLAG。如开 A/D 中断，则向 CPU 提出中断请求，如关 A/D 中断，可通过查询 ADC_FLAG 位以确定转换是否结束。

10.2.2 STC15F2K60S2 单片机 ADC 的相关寄存器

1. ADC 控制寄存器 ADC_CONTR

寄存器 ADC_CONTR 用于设定 ADC 的转换速度、通道选择、启动等。ADC_CONTR 寄存器的各位定义如下。

ADC_CONTR	位号	B_7	B_6	B_5	B_4	B_3	B_2	B_1	B_0	复位值
BCH	位名称	ADC_POWER	SPEED1	SPEED0	ADC_FLAG	ADC_START	CH2	CH1	CH0	00H

- ADC_POWER 为 ADC 电源控制位。
  ADC_POWER＝0，关闭 ADC 电源。
  ADC_POWER＝1，打开 ADC 电源。
  STC15F2K60S2 单片机 ADC 模块的参考电压源是系统电源电压 V_{CC}，一般不用外接参考电压源，如果 V_{CC} 不稳定，则在 8 路 A/D 转换通道的任意一个通道外接一个稳定的参考电压源，计算出此时的工作电压 V_{CC}，再计算出其他通道 A/D 转换的模拟电压。
  为降低功耗，在空闲模式或不用 A/D 及 A/D 转换结束后关闭 ADC 电源。
  在启动 A/D 转换前要确保 ADC 电源已打开，初次打开 ADC 使用时需适当延时，等 ADC 电源电压稳定后再启动 A/D 转换。
  在启动 A/D 后、A/D 转换结束前，不要改变 I/O 的状态，以提高转换精度。
- SPEED1、SPEED0 为 ADC 转换速度控制位。其控制设置如表 10-1 所示。

表 10-1 ADC 转换速度控制

SPEED1	SPEED0	A/D 转换所需时间/系统时钟周期
0	0	90,CPU 的工作频率为 21MHz 时,A/D 转换速度约为 300kHz
0	1	180
1	0	360
1	1	540

- ADC_FLAG 为 A/D 转换结束标志位。
  ADC_FLAG=0,A/D 转换没有结束。
  ADC_FLAG=1,A/D 转换结束。
  不论使用中断法还是查询法,当 A/D 转换结束后必须通过软件将 ADC_FLAG 清零。
- ADC_START 为 A/D 转换启动控制位。
  ADC_START=0,ADC 转换停止。
  ADC_START=1,ADC 转换开始。
- CH2、CH1、CH0 为模拟输入通道选择控制位。通道设置如表 10-2 所示。

表 10-2 模拟输入通道选择

CH2	CH1	CH0	ADC 模拟输入通道
0	0	0	ADC0/P1.0
0	0	1	ADC1/P1.1
0	1	0	ADC2/P1.2
0	1	1	ADC3/P1.3
1	0	0	ADC4/P1.4
1	0	1	ADC5/P1.5
1	1	0	ADC6/P1.6
1	1	1	ADC7/P1.7

2. A/D 转换结果保存寄存器 ADC_RES、ADC_RESL

寄存器 ADC_RES、ADC_RESL 的地址发布为 BDH、BEH。用来保存 A/D 转换的结果,其保存的具体格式由 CLK_DIV 寄存器的 ADRJ 位决定。

3. 时钟分频寄存器 CLK_DIV

寄存器 CLK_DIV 的 ADRJ 位控制 A/D 转换结果的存放格式。CLK_DIV 寄存器的各位定义如下。

CLK_DIV 97H	位号	B_7	B_6	B_5	B_4	B_3	B_2	B_1	B_0	复位值
	位名称	MCLK_S1	MCLK_S0	ADRJ	Tx_Rx	—	CLKS2	CLKS1	CLKS0	00H

ADRJ 为 A/D 转换结果存放控制位。

ADRJ=0,10 位 A/D 转换结果的高 8 位存放在 ADC_RES 寄存器,转换结果的低 2 位存放在 ADC_RESL 寄存器的最低 2 位。

ADRJ=1,10 位 A/D 转换结果的低 8 位存放在 ADC_RESL 寄存器,转换结果的高 2 位存放在 ADC_RES 寄存器的最低 2 位。

A/D 转换结果的计算公式为

当 ADRJ=0,取 10 位结果时,(ADC_RES[7:0],ADC_RESL[1:0])$=1024\times V_{in}/V_{CC}$

取高 8 位结果时,ADC_RES[7:0]$=256\times V_{in}/V_{CC}$

当 ADRJ=1,取 10 位结果时,(ADC_RES[1:0],ADC_RESL[8:0])$=1024\times V_{in}/V_{CC}$

4. P1 口功能控制寄存器 P1ASF

寄存器 P1ASF 是用来控制 P1 口 8 个 I/O 的功能的。P1ASF 寄存器的各位定义如下。

P1ASF 9DH	位号	B_7	B_6	B_5	B_4	B_3	B_2	B_1	B_0	复位值
	位名称	P17ASF	P16ASF	P15ASF	P14ASF	P13ASF	P12ASF	P11ASF	P10ASF	00H

P1*n*ASF($n=0\sim7$),P1.0~P1.7 为功能控制位。

P1*n*ASF=0,对应引脚为基本 I/O。

P1*n*ASF=1,对应引脚为 ADC 的相应输入通道。

10.2.3 STC15F2K60S2 单片机的 ADC 应用

使用 STC15F2K60S2 单片机的 ADC 模块进行 A/D 转换有如下编程要点:

(1) 打开 ADC 电源。

(2) 延时约 1ms,等待内部 ADC 电源稳定。

(3) 设置 P1ASF 寄存器的相关位,使之改为 A/D 转换模拟输入通道。

(4) 选择 ADC 通道。

(5) 设置转换结果存储格式。

(6) 启动 ADC。

(7) 如采取查询法,查询 ADC_FLAG 位,读取转换结果。如采取中断法,开 ADC 中断,在中断服务程序中读取转换结果并清除 ADC_FLAG 位。

【例 10-1】 利用 STC15F2K60S2 单片机的 ADC 通道 0 采集外部模拟电压信号,采用中断法,将结果存放在片内 RAM 的 20H 和 21H 单元。设系统的 SYSclk=18.432MHz。

【解】 取 ADRJ=1,转换的 10 位数据的低 8 位在 ADC_RESL,高两位在 ADC_RES 的最低两位。如要连续转换,则在这中断服务程序中再次启动 A/D 即可。

汇编语言程序如下。

```
$INCLUDE (STC15.INC)
  ORG    0000H
  LJMP   START
  ORG    002BH
  LJMP   AD_ISR
  ORG    0100H
START:
```

```
        MOV     ADC_CONTR, #80H           ;ADC 电源使能,选择通道 0
        ORL     P1ASF, #1
        ORL     CLK_DIV, #20H
        LCALL   DELAY                     ;延时约 1ms,等待电源稳定
        SETB    EA
        SETB    EADC
        ORL     ADC_CONTR, #08H           ;启动 A/D
        SJMP    $
AD_ISR:
        ANL     ADC_CONTR, #0EFH          ;清除 A/D 结束标志位
        MOV     A,ADC_RESL                ;读转换结果低 8 位
        MOV     20H,A
        MOV     A,ADC_RES                 ;读转换结果高 2 位
        MOV     21H,A
        ORL     ADC_CONTR, #08H           ;启动 A/D
        RETI
        END
```

C 语言程序如下。

```
#include "STC15F2K60S2.H"
unsigned int i;
unsigned char data adc_data_low _at_ 0x20,adc_data_high _at_ 0x21;
void ADC_isr(void) interrupt 5
{
    ADC_CONTR &= 0EFH                  ;清除 A/D 结束标志位
    adc_data_low = ADC_RESL;           ;读转换结果低 8 位
    adc_data_high = ADC_RES;           ;读转换结果高 2 位
    ADC_CONTR| = 0x08;                 ;启动 A/D
}
void main(void)
{int i;
    ADC_CONTR = 0x80;                  ;ADC 电源使能,选择通道 0
    P1ASF| = 1;
    CLK_DIV| = 0x20;
    for(i = 0;i < 1000;i++);
    EA = 1;
    EADC = 1;
    ADC_CONTR| = 0x08;                 ;启动 A/D
    while(1);
}
```

10.2.4 多通道串行输出 A/D 芯片 TLC2543 及接口

虽在 STC15F2K60S2 单片机内部集成有 ADC 模块,其精度为 10 位,但有时需要更高的精度,此时需外扩 A/D 芯片。TLC2543 是 TI 公司生产的串行 A/D 转换器,具有输入多通道,精度高、速度快、体积小的优点。

1. TLC2543 的内部结构

TLC2543 为 CMOS 工艺的 12 位开关电容逐次逼近性 A/D 转换器，内部结构如图 10-2 所示。TLC2543 通过一个串行的三态输出端与主处理器进行串行通信，输出数据的长度和格式可编程。内部含有一个 14 通道的多路器，可从 11 个模拟输入或 3 个内部自测电压中选择一个，片内设有采样保持电路。系统时钟由片内产生并由 I/O CLOCK 同步，正负基准电压由外部提供，二者差值决定输入电压范围。

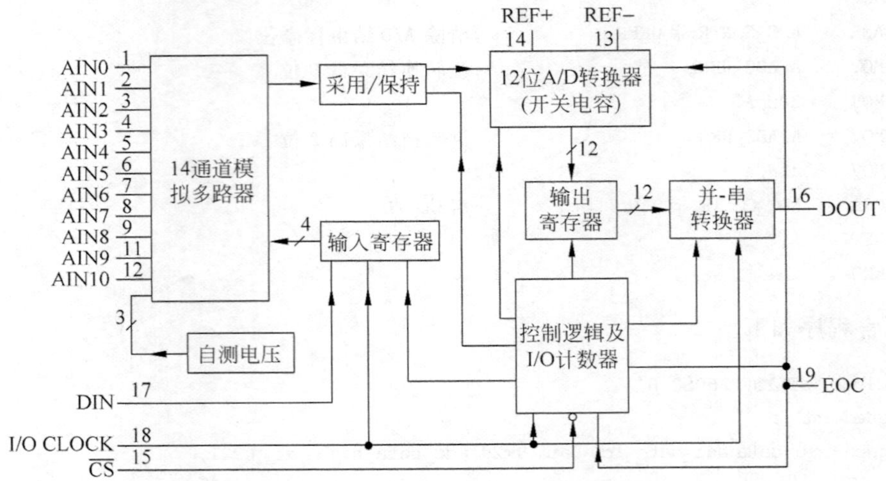

图 10-2　TLC2543 内部结构图

2. TLC2543 的特点

(1) 12 位分辨率的 A/D 转换器；
(2) 在工作温度范围内转换时间为 10μs；
(3) 11 个模拟输入通道；
(4) 3 路内置自测试方式；
(5) 采样率为 66kb/s；
(6) 线性误差±1LSBmax；
(7) 有转换结束输出 EOC；
(8) 具有单、双极性输出；
(9) 可编程的 MSB 或 LSB 前导；
(10) 可编程输出数据长度。

3. TLC2543 的封装及引脚意义

TLC2543 的封装为 20 个引脚，图 10-3 为双列直插封装。

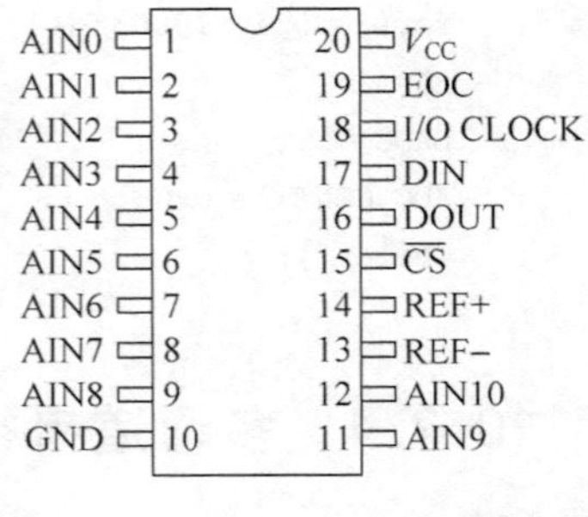

图 10-3　TLC2543 的双列直插封装

TLC2543 的引脚意义如表 10-3 所示。

表 10-3　TLC2543 的引脚意义

引　　脚	I/O	功能说明
AIN0～AIN10	I	模拟量输入端。对于 4.1MHz 的 I/O CLOCK，驱动源阻抗必须小于或等于 50Ω，而且用 60pF 电容来限制模拟输入电压的斜率
$\overline{CS}$	I	片选端。在端由高变低时，内部寄存器复位，同时使能系统的输入/输出和 I/O 的时钟输入。由低变高时，在设定时间内禁止数据输入/输出和 I/O CLOCK 输入
DIN	I	串行数据输入端最先输入的 4 位用来选择输入通道，高位先低位后，每一个 I/O 时钟的上升沿送入一位数据，最先 4 位送入地址寄存器后，接下来 4 位用来设置工作方式
DOUT	O	A/D 转换结果的三态串行输出端。有三种数据长度：8 位、12 位、16 位。数据输出的顺序在工作方式中选择，DOUT 在片选有效时使能，片选无效时呈现高阻状态
EOC	O	转换结束信号。在命令字的最后一个 I/O CLOCK 下降沿之后，EOC 从高电平变为低电平，转换完成后由低变高
END		地
V_{CC}		电源
REF＋	I	正参考电压，一般接 V_{CC}
REF－	I	负参考电压，一般接地
I/O CLOCK	I	I/O 时钟有 4 种功能 ① 在它的前 8 个上升沿将命令字输入到相关寄存器，其中前 4 个模拟输入通道选择，后 4 个是工作方式选择 ② 在第四个 I/O 时钟的下降沿，选中的模拟通道的模拟信号对系统电容阵列充电，直到最后一个 I/O 时钟结束 ③ I/O 时钟将上次转换结果输出，在最后一个数据输出完后，系统开始下一次转换 ④ 在最后一个 I/O 时钟的下降沿，EOC 将变为低电平

4. TLC2543 控制字的格式

命令字长度为 8 位，用于确定模拟通道、数据长度、数据输出的顺序及数据极性。命令字的输入采用高位在前，命令字格式如下。

通道选择位	数据输出长度控制位	数据输出顺序控制位	数据极性选择位
D7D6D5D4	D3D2	D1	D0

控制字为从 DIN 端串行输入 TLC2543 芯片内部的 8 位数据，它告诉 TLC2543 要转换的模拟量通道、转换后的输出数据长度、输出数据的格式。

其中高 4 位(D7～D4)决定通道号，对于 0 通道至 10 通道，该 4 位分别为 0000、0001、…、1010，该 4 位为其他数字时的功能，用于检测校正。低 4 位决定输出数据长度及格式。

D3、D2 决定输出数据长度，TLC2543 的输出数据长度有 8 位、12 位、16 位，当 D3、D2 两位为 00、10 时，TLC2543 为 12 位输出；当 D3、D2 两位为 01 时 TLC2543 为 8 位输出；当 D3、D2 两位为 11 时 TLC2543 为 16 位输出。

D1 决定输出数据是高位先送出，还是低位先送出，若为高位先送出，该位为 0，反之则为 1。

D0 决定输出数据是单极性（二进制）还是双极性（2 的补码），若为单极性，该位为 0，反之则为 1。

例如设采集第 1 通道、输出数据为 12 位、高位先送出、输出数据的格式为二进制，则控制字为 0001 0000。

5. TLC2543 的内部寄存器

从编程角度看，TLC2543 的内部寄存器有输入数据寄存器与输出数据寄存器。输入数据寄存器存放从 DIN 端移入的控制字。输出数据寄存器存放转换好的数据，以供从 DOUT 端移出。

6. 转换过程

转换时序如图 10-4 所示。上电后，片选 CS 必须从高到低，才能开始一次工作周期，此时 EOC 为高，输入数据寄存器被置为 0，输出数据寄存器的内容是随机的。开始时，片选 CS 为高，I/O CLOCK、DIN 被禁止，DOUT 呈高阻状态，EOC 为高。使 CS 变低，I/O CLOCK、DIN 使能，D 脱离高阻状态。12 个时钟信号从 I/O CLOCK 端依次加入，随着时钟信号的加入，控制字从 DIN 一位一位地在时钟信号的上升沿时被送入 TLC2543（高位先送入），同时上一周期转换的 A/D 数据，即输出数据寄存器中的数据从 DOUT 一位一位地移出。TLC2543 收到第四个时钟信号后，通道号也已收到，因此，此时 TLC2543 开始对选定通道的模拟量进行采样，并保持到第 12 个时钟的下降沿。在第 12 个时钟的下降沿，EOC 变低，开始对本次采样的模拟量进行 A/D 转换，转换时间后约需 10μs，转换完成后 EOC 变高，转换的数据在输出数据寄存器中，待下一个工作周期输出。此后，可以进行新的工作周期。

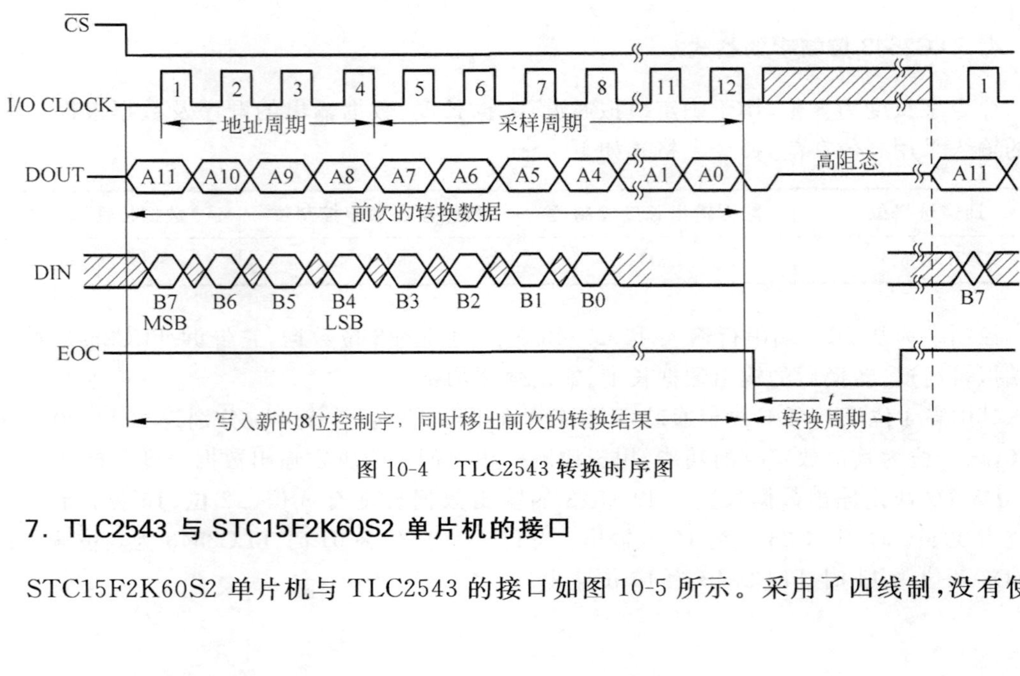

图 10-4 TLC2543 转换时序图

7. TLC2543 与 STC15F2K60S2 单片机的接口

STC15F2K60S2 单片机与 TLC2543 的接口如图 10-5 所示。采用了四线制，没有使用转换结束标志即 EOF(也可用 EOF 作为中断信号使用),做约十微秒的延时即可,不必判断 EOF。

【例 10-2】 通过 TLC2543 的 AIN0 通道采集 10 个数据,放到 STC15F2K60S2 单片机的片内 RAM 中。设 SYSclk=12MHz,数据格式为 12 位,高位在前,单极性。

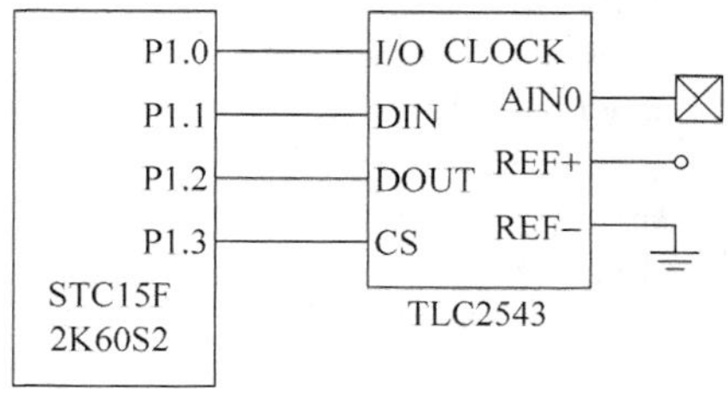

图 10-5 STC15F2K60S2 与 TLC2543 的接口电路

【解】 根据题意可知命令字为 00H。

汇编语言程序如下。

```
  $INCLUDE (STC15.INC)
  CS BIT P1.3
  CLOCK BIT P1.0
  DIN BIT P1.1
  DOUT BIT P1.2
    ORG 0000H
    LJMP START
    ORG 0100H
START:
    SETB   DOUT
    SETB   CS
    CLR    CLOCK
    MOV    R0, #20H
    MOV    R5, #10
    ACALL  AD2543
    SJMP   $
  AD2543:
    MOV    R4, #12
    MOV    A, #0                        ;设置通道为 0,12 位 A/D 转换,单极性,高位在先
    CLR    CS                           ;片选使能
    MOV    C,DOUT                       ;读入一位数据
    RLC    A
    MOV    DIN,C
    SETB   CLOCK
    NOP
    NOP
    CLR    CLOCK
    CJNE   R4, #4,LOP
    MOV    @R0,A
    INC    R0
    CLR    A
  LOP:
    DJNZ   R5,LOOP
    ANL    A, #0FH
    MOV    @R0,A
    RET
    END
```

C 语言程序如下。

```
#include ".\STC\STC15F2K60S2.H"
#include "INTRINS.H"
#define uchar unsigned char
#define uint unsigned int
sbit CS = P1^3;
sbit CLOCK = P1^0;
sbit DIN = P1^1;
sbit DOUT = P1^2;
uint *p;
void Delay20us(void)                    //SYSclk = 12MHz
{
    uchar x;
    _nop_();
    _nop_();
    x = 27;
    while (--x);
}
uint read2543(uchar port)               //从 TLC2543 读取采样值,形参 port 是采样的通道号
{
    uint ad;
    uint i;
    uchar al = 0,ah = 0;
    CLOCK = 0;
    CS = 0;
    for (i = 0;i < 8;i++)               //把通道号打入 2543
    {
        DIN = (bit)(port&0x80);CLOCK = 1;CLOCK = 0;
        port <<= 1;
    }
    for (i = 0;i < 4;i++)               //填充 4 个 CLOCK
    {
        CLOCK = 1;CLOCK = 0;
    }
    CS = 1;
    Delay20us();                        //等待 A/D 转换
    CS = 0;
    _nop_();_nop_();_nop_();
    for (i = 0;i < 4;i++)               //取 D11,D10,D9,D8
    {
        DOUT = 1;
        CLOCK = 1;
        ah <<= 1;
        if (DOUT) ah += 0x01;
        CLOCK = 0;
    }
    for (i = 0;i < 8;i++)               //取 D7～D0
    {
        DOUT = 1;
        CLOCK = 1;
```

```
            al <<= 1;
            if (DOUT) al += 0x01;
            CLOCK = 0;
        }

        CS = 1;
        ad = (uint)ah;
        ad <<= 8;
        ad += (uint)al;                    //得到 A/D 值
        return(ad);
}
void main(void)
{
        uchar i;
        p = 0x20;
        for(i = 0;i < 10;i++)
          {
            *p = read2543(0);
            p++;
          }
            while(1);
}
```

8. 应用 TLC2543 应注意的几个问题

(1) 硬件设计中,EOC 引脚是否连接的问题。EOC 引脚由高变低是在第 12 个时钟的下降沿,它标志 TLC2543 开始对本次采样的模拟量进行 A/D 转换,转换完成后 EOC 变高,标志转换结束。从理论上讲,应该通过 EOC,判断是否可以进行新的周期以便从 TLC2543 中取出已转换的 A/D 数据,但是,正如前面介绍的,TLC2543 的一次 A/D 转换时间约为 10μs,而一般情况下,一个工作周期后,单片机的后续处理工作已大于 10μs,因此,除非特别需要,一般可以不接 EOC。

(2) 一个输入输出工作周期为 12 个时钟信号,随着 12 个时钟信号的进入,TLC2543 的 DOUT 引脚送出的 12 位数,为上一个工作周期的 A/D 转换数据,而这一数据是和通道的采集量,取决于上一工作周期从 DIN 引脚送入 TLC2543 的控制字的前 4 位。那么对于系统上电后的第一个工作周期,从 DATA OUT 取出的数据是没有意义的。

(3) 控制字的低 4 位决定输出数据长度及格式,初始设定后,一般不要在运行过程中改变,以免数据混乱。而在工作周期循环,若累加器 A 中数据没有处理好,容易把非法的控制字带入 TLC2543,引起输出数据格式错误,这一点,应予特别注意。

(4) CS 端控制着 TLC2543 的转换初始化与输入输出。本文中 CS 端控制转换过程,CS 在输入输出数据过程必须保持为低,即在输入 12 个时钟信号期间 CS 必须保持 0。之后,CS 端被置高,以便使 CS 由高到低地变化,而产生下一工作周期。CS 端被置高时,与 TLC2543 相连的其他三线,呈高阻状态,可为其他线路使用,硬件设计时,可设计为共享线路,软件编程时,根据 CS 情况决定谁使用这些线路。

(5) 对于转换结果用二进制方式输出,当输入电压等于 V_{REF+} 时,转换结果为 12 个“1”,

即(1111 1111 1111),当输入电压等于V_{REF-}时,转换结果为12个“0”,即(0000 0000 0000),当输入电压等于$(V_{REF+}+V_{REF-})/2$时,转换结果为(1000 0000 0000),供校正参考。12位采集数据,对于8位单片机,分放在两个内存地址中,若是向微机系统传送,可以直接发送,由微机系统计算。若是自身使用,计算合成后,仍需放两个地址。

10.3 D/A 转换器

单片机控制系统中,单片机要对被控对象实现控制操作,而被控对象一般都是受模拟信号控制的,因此单片机处理过的数字信号经数/模转换(D/A)才能给被控对象。

D/A 转换器从接口上可分为两大类,并行接口 D/A 转换器和串行接口 D/A 转换器。由于并行 D/A 转换器引脚多,体积大,占用单片机 I/O 口多;而串行 D/A 转换器引脚少,体积小,占用单片机 I/O 少,因此在系统设计中越来越多地采用串行 D/A 转换器。

10.3.1 D/A 转换器的性能指标

1. 分辨率

分辨率是 D/A 转换器对输入数字量变化的敏感程度的描述,在理论上用最小输出电压(对应的输入数字量只有最低有效位为“1”)与最大输出电压(对应的输入数字量所有有效位全为“1”)之比。对n位 D/A 转换器,其分辨率表示为$1/(2^n-1)$。在实际使用中,分辨率用输入数字量的位数来表示。

2. 转换精度

指 D/A 转换器实际输出电压与理论值之间的误差,一般采用数字量的最低有效位作为衡量单位。D/A 转换器的转换精度与 D/A 转换器的集成芯片的结构和接口电路配置有关。在不考虑其他 D/A 转换误差时,D/A 的转换精度就是分辨率的大小。

3. 失调误差

失调误差(或称零点误差)定义为数字输入全为0码时,其模拟输出值与理想输出值之间的偏差值。对于单极性 D/A 转换,模拟输出的理想值为零伏点。对于双极性 D/A 转换,理想值为负域满量程。偏差值的大小一般用 LSB 的份数或用偏差值相对满量程的百分数来表示。

4. 电源抑制比

对于高质量的 D/A 转换器,要求在开关电路及运算放大器所用的电源电压发生变化时,对输出电压影响极小。通常把满量程电压变化的百分数与电源电压变化的百分数之比称为电源抑制比。

5. 非线性误差

D/A 转换器的非线性误差定义为实际转换特性曲线与理想特性曲线之间的最大偏差,

并以该偏差相对于满量程的百分数表示。

6. 输出电平

不同型号 D/A 转换器的输出电平相差很大，一般为 5～10V，而有些为高压输出型，可达到 24～30V。有的 D/A 转换器是电流输出型。

这里以 TI 公司的 TLC5615 为例加以介绍。TLC5615 是三线串行 D/A 转换器。输出为电压型，最大输出电压是基准电压值的两倍。带上电复位功能，上电时将 DAC 寄存器复位至全零。

10.3.2　TLC5615 的特点及功能

1. TLC5615 的特点

(1) 10 位 CMOS 电压输出；

(2) 5V 单电源工作；

(3) 最大输出电压为基准电压的两倍；

(4) 输出电压和基准电压的极性相同；

(5) 与微处理器三线串行接口；

(6) 建立时间为 12.5μs。

2. TLC5615 的引脚及功能

TLC5615 的封装如图 10-6 所示。

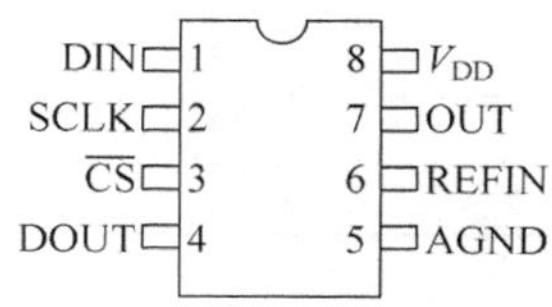

图 10-6　TLC5615 的封装图

TLC5615 的引脚功能如表 10-4 所示。

表 10-4　TLC5615 的引脚功能

引脚序号	引脚名称	I/O	引脚功能说明
1	DIN	I	串行数据输入
2	SCLK	I	串行时钟输入
3	$\overline{CS}$	I	片选
4	DOUT	O	串行数据输出
5	AGND		模拟地
6	REFIN	I	基准电压输入
7	OUT	O	模拟电压输出
8	V_{DD}		电源(4.5～5.5V)

3. TLC5615 的工作过程

当片选 CS 为高电平时，数据不能通过 DIN 输入到 TLC5615 内部移位寄存器中，串行数据输出端 DOUT 保持最近输出数值不变且不进入高阻状态。在片选 CS 为低电平时在时钟信号 SCLK 的作用下串行输入数据或串行输出数据。TLC5615 有两种工作方式，分别为级联方式和非级联方式。在非级联方式下，通过 DIN 只需输入 12 位数据，前 10 位为 TLC5615 输入的 D/A 转换数据，且高位在前，低位在后，最低两位必须为 00，这是因为

TLC5615 的 DAC 输入锁存器为 12 位。在级联方式下，则来自 DOUT 的数据须输入 16 个时钟下降沿，输入的数据也是 16 位，在输入的 16 位数据中，最高 4 位为虚拟位，中间 10 位为 D/A 转换数据，最低 2 位为 00。

4. TLC5615 输入与输出的关系

TLC5615 输入与输出的关系如表 10-5 所示。

表 10-5 TLC5615 输入与输出的关系表

输入的数字量	输出的模拟量
0000000000(00)	0V
0000000001(00)	$2V_{REFIN}\times 1/1024$
0000000010(00)	$2V_{REFIN}\times 2/1024$
…	…
1000000000(00)	$2V_{REFIN}\times 512/1024$
1000000001(00)	$2V_{REFIN}\times 513/1024$
1000000010(00)	$2V_{REFIN}\times 514/1024$
…	…
1111111100(00)	$2V_{REFIN}\times 1020/1024$
1111111101(00)	$2V_{REFIN}\times 1021/1024$
1111111110(00)	$2V_{REFIN}\times 1022/1024$
1111111111(00)	$2V_{REFIN}\times 1023/1024$

【例 10-3】 如图 10-7 所示为 STC15F2K60S2 单片机与 TLC5615 的连接图，编写程序实现 D/A 转换，实现正弦波发生器。

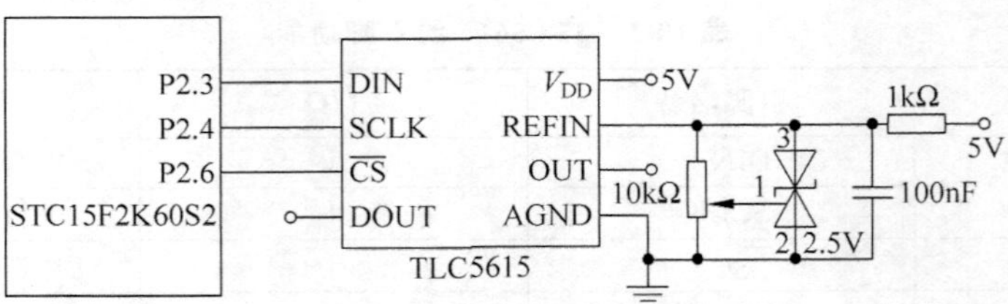

图 10-7 STC15F2K60S2 与 TLC5615 的接口电路

C 语言程序如下。

```
#include ".\STC\STC15F2K60S2.H"
#define SCLK P2_4
#define DIN P2_3
#define CS P2_6
unsigned char code sinTab[] = {  //正弦波代码数组
    0x80, 0x87, 0x8D, 0x94, 0x9A, 0xA1, 0xA7, 0xAE, 0xB4, 0xBA, 0xC0, 0xC5, 0xCB, 0xD0, 0xD5, 0xDA,
0xDE, 0xE3, 0xE7, 0xEB, 0xEE, 0xF1, 0xF4, 0xF7, 0xF9, 0xFB, 0xFC, 0xFD, 0xFE, 0xFF, 0xFF, 0xFF, 0xFE,
0xFD, 0xFC, 0xFB, 0xF9, 0xF7, 0xF4, 0xF1, 0xEE, 0xEB, 0xE7, 0xE3, 0xDE, 0xDA, 0xD5, 0xD0, 0xCB, 0xC5,
0xC0, 0xBA, 0xB4, 0xAE, 0xA7, 0xA1, 0x9A, 0x94, 0x8D, 0x87, 0x80, 0x79, 0x73, 0x6C, 0x66, 0x5F, 0x59,
0x52, 0x4C, 0x46, 0x40, 0x3B, 0x35, 0x30, 0x2B, 0x26, 0x22, 0x1D, 0x19, 0x15, 0x12, 0x0F, 0x0C, 0x09,
0x07, 0x05, 0x04, 0x03, 0x02, 0x01, 0x01, 0x01, 0x02, 0x03, 0x04, 0x05, 0x07, 0x09, 0x0C, 0x0F, 0x12,
```

```
0x15,0x19,0x1D,0x22,0x26,0x2B,0x30,0x35,0x3B,0x40,0x46,0x4C,0x52,0x59,0x5F,0x66,0x6C,
0x73,0x79};
    void da5615(uint *p)
    {
        uchar i;
        uint da;
        da = *p;
        da <<= 6;
        CS = 0;
        SCLK = 0;
        /* 在以下 12 个时钟周期内,每当在上升沿的数据被锁存时,形成 DA 输出。
        在前 10 个时钟内输入的是 10 位 DA 数据,后两个时钟周期为填充字节。 */
        for (i = 0;i < 12;i++)
        {
            DIN = (bit)(da&0x8000);
            SCLK = 1;        //时钟信号为上升沿时把数据送到输入寄存器
            da <<= 1;
            SCLK = 0;
        }
        CS = 1;
        SCLK = 0;
        for (i = 0;i < 12;i++);
    }
    void main(void)
    {
    uchar i;
    for(i = 0;i < 120;i++)
      {
        da5615(sinTab + i);
      }
    }
```

习题

(1) 简述 STC15F2K60S2 单片机的 A/D 转换器的结构特点及如何正确使用该 A/D 转换器。

(2) STC15F2K60S2 单片机 A/D 转换器的基准电压直接采用单片机的工作电源，当工作电源不稳定时，如何保证 A/D 的转换精度？

(3) 利用 STC15F2K60S2 单片机的 A/D 转换器设计一个直流数字电压表，量程为 5V，精确到三位小数，用 LCD1602 显示。

(4) 用 STC15F2K60S2 单片机和 TLC5615 构成一个锯齿波发生器。

第11章 人机交互接口

常用的与计算机进行信息交互的设备有键盘、显示器、打印机、鼠标等。本章主要介绍常用的键盘接口、显示接口的设计。

11.1 键盘接口

单片机系统常用的输入设备包括键盘、触摸屏等，通过键盘，用户可以输入数据或命令来完成相关操作。通常，键盘多用口线来实现连接和控制按键的，也可以用开关型传感器来实现连接与控制的。

常用的键盘分为编码式和非编码式键盘两种。非编码式键盘设计简单，可以直接与开关型电路或传感器连接，具有共用端子和口线，但是口线的利用率低，同时受到口线数量的限制键盘规模也有所限制。而编码式键盘是将口线与按键开关连接成矩阵电路，通过软件扫描识别编码，同时按编码规则识别键值的，这种键盘口线的利用率高，键盘规模可以做大。具体在实践中选择使用哪一种键盘可以根据具体实际应用来决定。

11.1.1 独立按键接口

独立按键接口采用非编码形式，典型应用电路如图 11-1 所示。单片机与 4 输入与门的输入端连接，同时 P1 的口线分别与按键连接，4 输入与门的输出线连接单片机的外部中断 INT0。电路中的键盘由 4 只按键开关 S0～S3 组成，按键的共用端接地。为保证按键开关在未闭合状态下单片机口线上有确定的高电平电位，对应每根口线上均连接上拉电阻。

键盘接口的控制方式有以下三种：

(1) 随机方式：每当 CPU 空闲时执行键盘扫描程序。

(2) 中断方式：每当有键闭合时才向 CPU 发出中断请求，中断响应后执行键盘扫描程序。

(3) 定时方式：每隔一定时间执行一次键盘扫描程序，由单片机的定时器完成定时。

这里，为保证单片机程序执行的效率和键盘的检测，常采用中断方式来处理，即有键按下时与门的输出电位变低，程序响应中断，此时进入中断服务程序中完成键值识别。

常用键盘的按键就是一个机械开关，被按下时，由于机械触点的弹性及电压突然跳变等原因，在触点闭合或断开的瞬间会出现电压的抖动，所以当扫描表明有键被按下之后，为了保证键扫描的正确，应进行去抖动处理。键闭合和断开时的电压抖动示意图如图 11-2 所

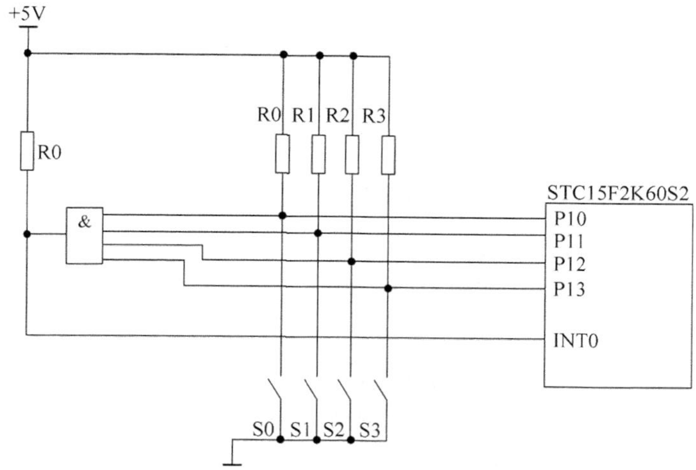

图 11-1　独立按键接口图

示。抖动时间长短与键的机械特性有关，一般为 5～10ms。而键的稳定闭合时间和操作者的按键动作有关，约为十分之几秒到几秒不等。

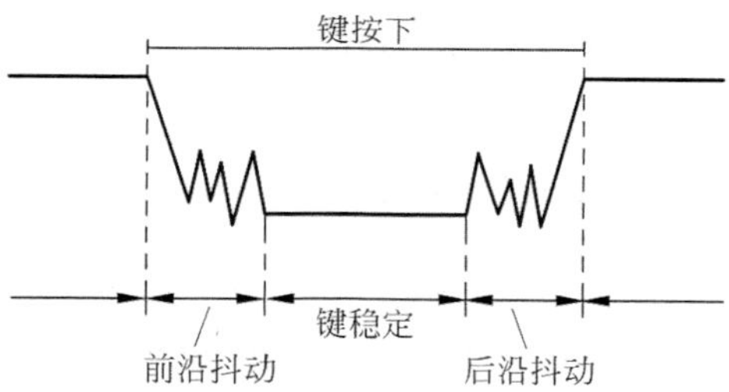

图 11-2　键闭合和断开时的电压抖动示意图

去抖动有硬件和软件两种方法。硬件方法就是在键盘中附加去抖动电路，从根上消除抖动产生的可能性；而软件方法则是采用编写程序完成时间延迟以消除抖动(约延迟 20～30ms)，待行线上状态稳定之后再进行行状态输入，一般多采用软件方法。延时消抖法指当遇到从高到低的电平变化后先不急于读取按键值，而是先延时约 10ms 之后再判断口线状态，如仍为低电平再进入读键值的操作。

汇编语言程序如下。

```
ORG 0000H
    LJMP START
    ORG 0013H
    LJMP INT0_ISR
    ORG 0100H
START:
    SETB IT0                    ;外部中断 1 为下降沿触发
    SETB EX0                    ;允许外部中断 1
    SETB EA                     ;CPU 开中断
    SJMP $
INT1_ISR:
```

```
    MOV P1,#0FH
    ACALL DELAY10ms
    JNB P1.0 KEY0
    JNB P1.1 KEY1
    JNB P1.2 KEY2
    JNB P1.3 KEY3
    RETI                        ;如果是抖动直接返回
KEY0:
    JNB P1.0 KEY0               ;等待按键释放
    …                           ;按键 S0 的处理程序
    RETI
KEY1:
    JNB P1.1 KEY1               ;等待按键释放
    …                           ;按键 S1 的处理程序
    RETI
KEY2:
    JNB P1.2 KEY2               ;等待按键释放
    …                           ;按键 S2 的处理程序
    RETI
KEY3:
    JNB P1.3 KEY3               ;等待按键释放
    …                           ;按键 S3 的处理程序
    RETI
DELAY10ms:
    …                           ;10ms 的延时子程序
    RET
    END
```

C语言程序如下。

```
#include ".\STC\STC15F2K60S2.H"
sbit s0 = P1^0;
sbit s1 = P1^1;
sbit s2 = P1^2;
sbit s3 = P1^3;
key0(void)
{
…
}
Key1(void)
{
…
}
Key2(void)
{
…
}
Key3(void)
{
…
}
```

```
void INT1_ISR(void) interrupt 0
{
uchar value1 = 0,value2 = 0;
    delay(300);
    P1 = 0x0F;
    value1 = P1 & 0x0f;
    if(value1!= 0x0f)
    {
        if(s0 == 0)
               {while(s0 == 0)
                 key0( );}
        if(s1 == 0)
               {while(s1 == 0)
                 Key1( );}

        if(s2 == 0)
               {while(s2 == 0)
                 Key2( );}

        if(s3 == 0)
               {while(s3 == 0)
                 Key3( );}
          }
}
void main(void)
{
  IT0 = 1;
  EX0 = 1;
  EA = 1;
  While(1);
}
```

11.1.2　矩阵键盘接口

简易键盘电路中每一个按键占用一根 I/O 口线,口线利用率较低。实际应用中常将口线按照行、列排成矩阵形式。制作时连接 16 只按键,将 P1 口的 8 根 I/O 线排列成 4×4 矩阵形式,就形成 4×4 矩阵式键盘。这样可以在相同口线数量的条件下增大键盘的规模,电路连接图如图 11-3 所示。

1. 电路结构

矩阵式键盘将 P1 口的 8 根 I/O 口线分成行、列线连接,16 只按键分别跨接在对应的行线、列线节点上。如果单片机在行线对应的 I/O 口线上有数据输出,当有键按下时行列线短路,单片机在列线对应 I/O 口线上的输入数据将由行线上的电平决定。行线特定的 4 位数据输出和列线对应的 4 位数据输入可以组成一个 8 位的特征值,该特征值即为键值,代表了按下的键所在的位置。

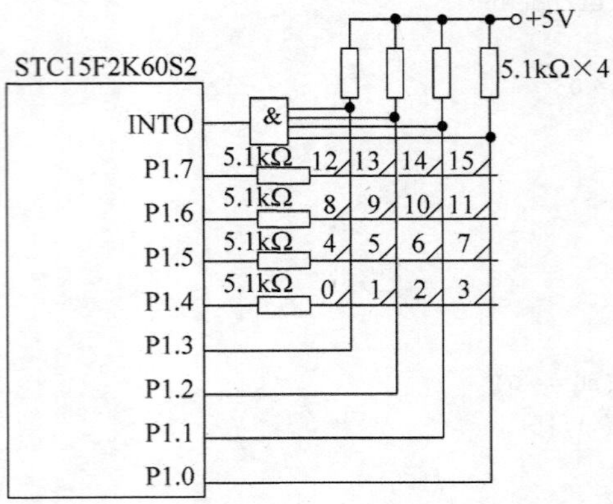

图 11-3 4×4 矩阵式键盘电路图

2. 键盘识别原理

在进行键盘扫描之前，为了避免无键按下时的空扫描而浪费 CPU 的执行时间，应先进行一次键盘识别，识别方法为键盘的行线一端经电阻接＋5V 电源，另一端接单片机的输入口线。各列线的一端接单片机的输出口线，另一端悬空。为判定有没有键按下，可先经输出口向所有列线输出低电平，然后再输入各行线状态。若行线全为高电平，则表明无键按下；若行线状态中有低电平，则表明有键被按下。

3. 键值产生的原理

(1) 线反转识别法产生键值是先将行线全部置为低电平，列线全部置为高电平，从列线对应的 I/O 口线接收数据，如果发现有口线变低，则说明该列线与闭合的按键连接。反之，将列线全部置为低电平，行线全部置为高电平，从行线对应的 I/O 口线接收数据，若发现有口线变低，就说明该行线与闭合的按键连接。

(2) 扫描法产生键值以行线作为扫描输出，以列线作为接收输入，依次将各个行线置为低电平，同时在列线上逐次接收数据。扫描完成后，如果发现接收到的某一列线有低电平，则表示该列线与行线连接的按键已经闭合，在接收到低电平的那次扫描中，行线数据与列线数据的组合就是期望的键值，由该键值可确定闭合键在矩阵中的连接位置。

(3) 用计算法或查表法得到键值，当被按键确定下来之后有了键码，就可以通过散转指令把程序执行转到闭合键对应的中断程序，然后计算闭合键的键码。通常都是以键的排列顺序安排键号，如图 11-4 键码图所示的键号是按从左到右、从上向下的顺序编排的。键码既可根据行号列号以查表求得或通过计算得到。按图 11-4 所示的键码图的编排规律，各行首号依次是 00H、04H、08H、0CH，如列号按 0～3 顺序，则键码的计算公式为：键码＝行首号 * 列数＋列号。

4. 按键的抖动处理

判断闭合键是否释放，如没释放则继续等待。计算键码后，为了保证键的一次闭合仅执行一次处理，在延时后进行行扫描来等待键释放。

00H	01H	02H	03H
04H	05H	06H	07H
08H	09H	0AH	0BH
0CH	0DH	0EH	0FH

图 11-4 键码图

与简易键盘电路相同，矩阵键盘同样要考虑按键触点闭合或断开时存在的抖动期，一般在取回键值后有 5～10ms 的延时，再判断原键值是否存在，来决定是否存在按键的误动作。

5. 矩阵键盘处理程序

在计算机中每一个键都对应一个处理子程序，得到闭合键的键码后，就可以根据键码，转到相应的键处理子程序，进行字符、数据的输入或命令处理，就可以实现键设定的功能。按键处理的总流程如图 11-5 所示。

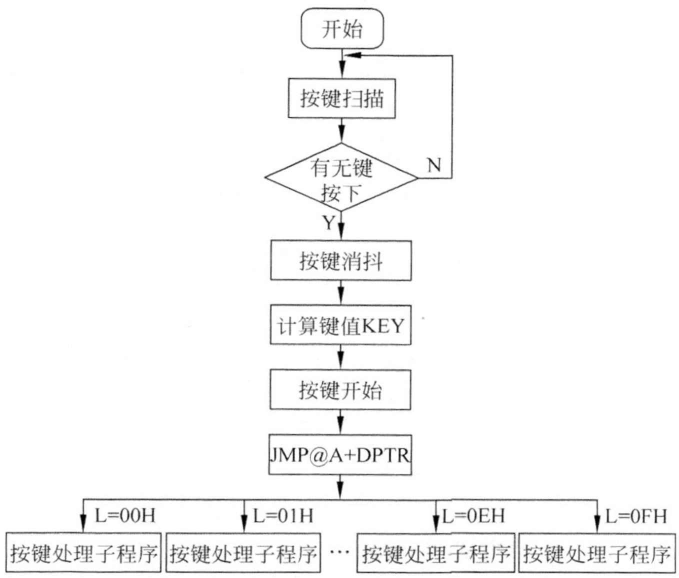

图 11-5 键处理的流程图

键盘扫描子程序设计如下所示。程序可以读入 4×4 键盘状态，再将键值送往内部数据存储器的 RAM30H～33H 单元。例如可以在具体实施时利用单片机 P1 口的 P1.0～P1.3 口线轮流向行扫描线送低电平，将每次扫描中由 P1.4～P1.7 返回的数据与当时行扫描送出的数据组合后作为键值送内部存储器 RAM 的 30H～33H 单元，键值内容为 8 位，低 4 位中的 0 对应于行扫描输出线，高 4 位中的 0 对应于闭合按键连接的列线。

键盘扫描子程序如下：

```
KEY-SCAN: MOV R0, #30H          ;设置键值存储单元地址指针
          MOV A, #0FEH          ;设置行扫描初始状态
```

```
SCAN: MOV P1,A          ;输出至行扫描线
MOV R1,A                ;保存行扫描线状态
MOV A,P1                ;读回列线数据
ANL A,#0F0H             ;保留读回数据的高 4 位
ORL A,R1                ;组合键值
MOV @R0,A               ;键值送存储单元
RET
```

11.2 显示接口技术

1. 显示元器件介绍

为了实现人机交互,单片机系统一般都有显示器接口。常用的显示元件如 LED(数码管)、LCD(液晶显示器)。LED 大多为笔画式显示数字或字母,LCD 多用于显示图形和汉字。

2. LED 显示

常用的 LED 是由 8 只 LED(发光二极管)组成的,8 个数码管分别为数码的笔画各段及小数点,其中用 7 段用来显示数码也叫七段数码管,其基本结构如图 11-6 所示。这种七段数码管根据电路的公共端不同共分为共阳极和共阴极两大类,将 8 只二极管的阳极或阴极连在一起作为公共端,分别采用低电平或高电平来驱动,使用时驱动电流应加以限制以保持正常的亮度。

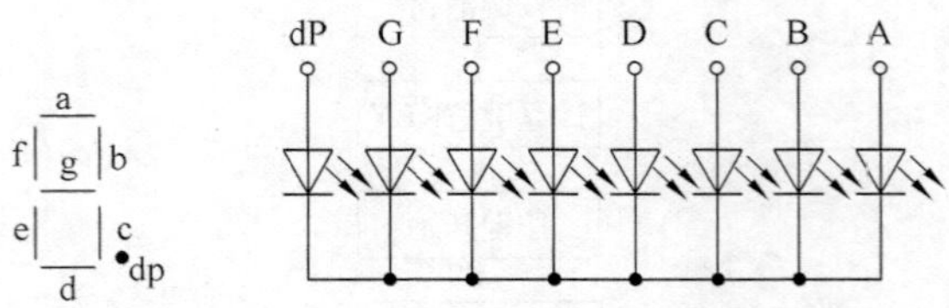

图 11-6 数码管图表示及共阴数码管内部结构图

3. 七段 LED 显示器的显示方式及接口

常用的七段 LED 显示器有静态显示和动态显示两种方式。静态显示主要是在显示时段内对组成字形的发光二极管保持恒定导通或截止,这种形式 CPU 在送出字形后不再管理,程序简单、容易操作。动态显示主要是在显示时段内对组成字形的发光二极管实行间断点亮或轮流点亮,执行时占用了 CPU 的执行时间。

(1) 静态显示接口

由单片机串口与 74LS164 组成的共阴数码管 LED 静态显示接口电路如图 11-7 所示。

单片机工作在串口方式 0,要显示的字形以七段码的形式由单片机的 RXD 输出至 74LS164 的数据输入端,每次输出一个字节,对应一位显示数字。多位显示时需要输出多个字节的显示数据,同时也需要多个 74LS164 级联,即多个 74LS164 的数据输入端都与 RXD 连接。单片机的 TXD 与每个 74LS164 的时钟输入端 CLK 连接,在串行数据输出过程中

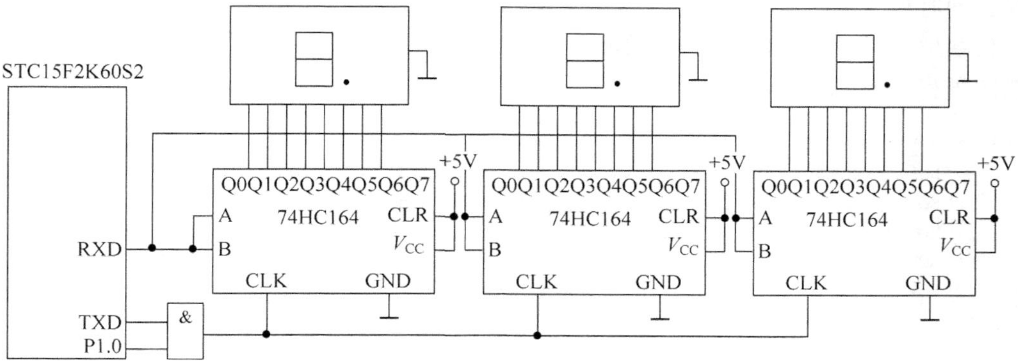

图 11-7 单片机串口与 74LS164 组成的共阴数码管 LED 静态显示接口电路

TXD 发出移位脉冲，驱动数据依次逐位在 74LS164 芯片中移动。当所有要显示的数据全部送出后，单片机可以将 P1.0 控制口线由低至高，使所有送入 74LS164 的数据由串行转为并行输出，在 LED 数码管上显示出对应位的数字内容。串行静态显示的位数主要由 TXD、P1.0 口线的带负载能力决定。如果 STC15F2K60S2 单片机的串行口 1 在系统中另有用途，则可以使用其串口 2 输出数据。静态显示的主要特点是占用 CPU 的处理时间少，显示稳定、亮度高、使用口线少。但在使用中应注意串口数据传送的格式及字符排位顺序。

(2) 动态显示接口

在采用多位 LED 数码管显示时，可以逐位点亮数码管，在显示过程中有些数码管有熄灭时间，但是利用人眼的视觉暂留效应和 LED 的余晖，只要点亮与熄灭时间分配适当，仍能够感觉到所有数码管始终处于显示状态。动态显示可以提高单片机显示口线的利用率，简化硬件电路的接线。动态显示时 CPU 需经常执行相关程序进行显示刷新，这样会占用较多的 CPU 执行时间，对需要快速运算或实时控制的用途会增加编程难度。例如，将逐位显示程序编入经常调用的延时子程序中，就可以在执行正常程序的过程中满足动态显示的需求。LED 动态显示接口电路如图 11-8 所示。

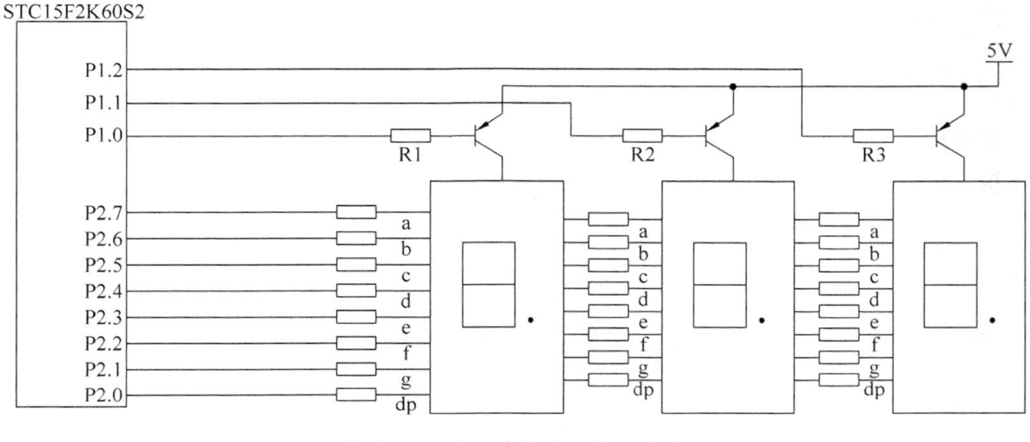

图 11-8 LED 动态显示接口电路

单片机的 P2 口输出字型码，与每一位数码管的段显示引脚连接，以低电平驱动数码管发光。同时单片机的 P1.0～P1.2 则对应输出低电平，选通其中与数码管连接的 PNP 管，使该位字形得到显示，这样轮流扫描显示各位数码管达到输出字形的效果。下面给出动态扫描的子程序如下：

```
SDIS:MOV    R0, #30H              ;设显示数据存储区指针
     MOV    DPTR, #DSEG           ;设置七段码表首地址
     MOV    R7, #0FEH             ;设置显示位指针,指向最右边一位
     MOV    A, R7                 ;显示指针内容送累加器
LD0: MOV    A,R7                  ;显示指针内容送累加器
     MOV    P1,A                  ;选通显示位
     RL     A                     ;显示指向下一位
     MOV    R7,A                  ;存显示指针内容
     MOV    A,@R0                 ;取显示内容
     MOVC   A,@A+DPTR             ;查显示内容的字形码
     MOV    P2,A                  ;送出显示字形码
     LCALL  DEL1                  ;调延时子程序
     INC    R0                    ;指向下一显示存储单元
     MOV    A,R7                  ;取显示指针内容
     JB     ACC.4,LD0             ;未扫描完 4 位循环
     RET
DSEG:DB 3FH,06H,5BH,4FH,66H,6DH,7DH,07H,7FH,6FH,77H,7CH,39H,5EH,79H,71H
;0～F 共阴极字形七段码
```

11.3 液晶显示技术

11.3.1 液晶显示模块 LCD12864 简介

液晶显示器件也就是常说的 LCD 显示器，具有显示信息丰富、功耗低、体积小、无辐射等优点，在实际中得到了广泛的应用。LCD 显示器的显示形式分为笔画分段、分割显示、字符点阵显示和图形点阵。为了便于使用，LCD 图形点阵显示器通常以 LCM 液晶显示模块形式出现，模块中封装了显示器、驱动电路、控制电路及背光调节电路等。

1. LCD12864 模块接口说明

这里以 128×64 点阵的汉字图形型液晶显示模块 LCD12864 为例介绍图形点阵 LCD 显示接口的应用。LCD12864 模块接口说明图如图 11-9 所示。

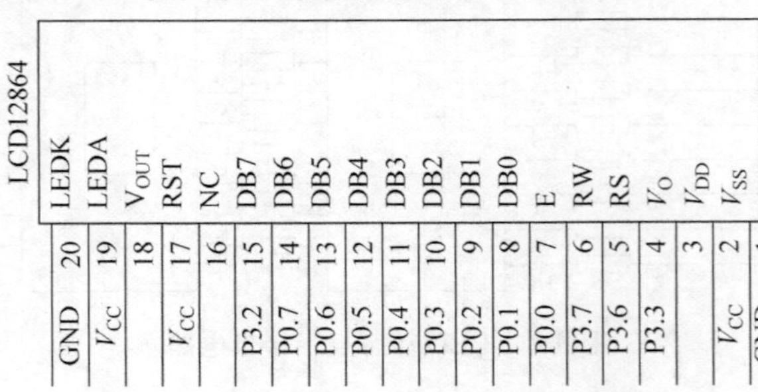

图 11-9 LCD12864 模块接口说明图

LCD12864 模块引脚功能如表 11-1 所示。

表 11-1 串行接口引脚信号列表

引脚号	名称	LEVEL	功　　能
1	V_{SS}	0V	电源地
2	V_{DD}	+5V	电源正(3.0～5.5V)
3	V_O	—	对比度(亮度)调整
4	CS	H/L	模组片选端,高电平有效
5	SID	H/L	串行数据输入端
6	CLK	H/L	串行同步时钟：上升沿时读取 SID 数据
15	PSB	L	L 为串口方式
17	$\overline{RESET}$	H/L	复位端,低电平有效
19	A	V_{DD}	背光源电压+5V
20	K	V_{SS}	背光源负端 0V

2. LCD12864 模块特点

LCD12864 的基本特性主要包括：

(1) 低电源电压(V_{DD}：+3.0～+5.5V)。

(2) 显示分辨率：128×64 点,内置汉字字库,提供 8192 个 16×16 点阵汉字(简繁体可选),内置 128 个 16×8 点阵字符。

(3) 显示方式：STN、半透、正显,2MHz 时钟频率。

(4) 驱动方式：1/32DUTY,1/5BIAS。

(5) 视角方向：6。

(6) 背光方式：侧部高亮白色 LED,功耗仅为普通 LED 的 1/5～1/10。

(7) 通信方式：串行、并口可选,内置 DC-DC 转换电路,无需外加负压,无需片选信号,简化软件设计。

(8) 工作温度：0～+55℃,存储温度：-20～+60℃。

LCD12864 并行接口引脚信号列表如表 11-2 所示。

表 11-2 并行接口引脚信号列表

引脚号	引脚名称	电平	引脚功能描述
1	V_{SS}	0V	电源地
2	V_{CC}	3～5V	电源正
3	V_O	—	对比度(亮度)调整
4	RS(CS)	H/L	RS=“H”,表示 DB7～DB0 为显示数据 RS=“L”,表示 DB7～DB0 为显示指令数据
5	R/W(SID)	H/L	R/W=“H”,E=“H”,数据被读到 DB7～DB0 R/W=“L”,E=“H→L”,DB7～DB0 的数据被写到 IR 或 DR
6	E(SCLK)	H/L	使能信号
7	DB0	H/L	三态数据线
8	DB1	H/L	三态数据线

续表

引脚号	引脚名称	电平	引脚功能描述
9	DB2	H/L	三态数据线
10	DB3	H/L	三态数据线
11	DB4	H/L	三态数据线
12	DB5	H/L	三态数据线
13	DB6	H/L	三态数据线
14	DB7	H/L	三态数据线
15	PSB	H/L	H 为 8 位或 4 位并口方式；L 为串口方式(见注释 1)
16	NC	—	空脚
17	$\overline{\text{RESET}}$	H/L	复位端，低电平有效(见注释 2)
18	V_{OUT}	—	LCD 驱动电压输出端
19	A	V_{DD}	背光源正端(+5V)(见注释 3)
20	K	V_{SS}	背光源负端(见注释 3)

* 注释 1：如在实际应用中仅使用并口通信模式，可将 PSB 接固定高电平，也可以将模块上的 J8 和“VCC”用焊锡短接。

* 注释 2：模块内部接有上电复位电路，因此在不需要经常复位的场合可将该端悬空。

* 注释 3：如背光和模块共用一个电源，可以将模块上的 JA、JK 用焊锡短接。

11.3.2 LCD12864 模块的硬件构成

1. 控制器接口信号说明

(1) RS，R/W 的配合选择决定控制界面的 4 种模式，如表 11-3 所示。

表 11-3 LCD12864 控制器接口 RS，R/W 信号说明表

RS	R/W	功 能 说 明
L	L	MPU 写指令到指令暂存器(IR)
L	H	读出忙标志(BF)及地址计数器(AC)的状态
H	L	MPU 写入数据到数据暂存器(DR)
H	H	MPU 从数据暂存器(DR)中读出数据

(2) E 信号说明如表 11-4 所示。

表 11-4 LCD12864 控制器接口 E 信号说明表

E 状 态	执 行 动 作	结 果
高⟶低	I/O 缓冲⟶DR	配合 $\overline{\text{W}}$ 进行写数据或指令
高	DR⟶I/O 缓冲	配合 R 进行读数据或指令
低/低⟶高	无动作	

• 忙标志：BF

BF 标志提供内部工作情况，BF=1 表示模块在进行内部操作，此时模块不接收外部指令和数据。BF=0 时，模块为准备状态，可随时接收外部指令和数据。利用 STATUS RD

指令可以将 BF 读到 DB7 总线,从而检验模块之工作状态。

• 字形产生 RAM(CGRAM)

字形产生 RAM 提供图像定义(造字)功能,可以提供 4 组 16×16 点的自定义图像空间,使用者可以将内部字形没有提供的图像字形自行定义到 CGRAM 中,便可和 CGROM 中的定义一样通过 DDRAM 显示在屏幕中了。

• 字形产生 ROM(CGROM)

字形产生 ROM(CGROM)提供 8192 个触发器用于模块屏幕显示开和关的控制。DFF =1 为开显示(DISPLAY ON),DDRAM 的内容就显示在屏幕上,DFF=0 为关显示(DISPLAY OFF) DFF 的状态,由指令 DISPLAY ON/OFF 和 RST 信号控制。

• 地址计数器 AC

地址计数器是用来存储 DDRAM/CGRAM 之一的地址,它可由设定指令暂存器来改变,只要读取或是写入 DDRAM/CGRAM 的值时,地址计数器的值就会自动加一,当 RS 为"0"时而 R/W 为"1"时,地址计数器的值会被读取到 DB6~DB0 中。

• 光标/闪烁控制电路

此模块提供硬件光标及闪烁控制电路,由地址计数器的值来指定 DDRAM 的光标或闪烁位置。

• 显示数据 RAM(DDRAM)

模块内部显示数据 RAM 提供 64×2 个位元组的空间,最多可控制 4 行 16 字(共 64 个字)的中文字形显示,当写入显示数据 RAM 时,可分别显示 CGROM 与 CGRAM 的字形;此模块可显示三种字型,分别是半角英数字型(16×8)、CGRAM 字型及 CGROM 的中文字型,三种字型的选择,由在 DDRAM 中写入的编码选择,在 0000H~0006H 的编码中(其代码分别是 0000、0002、0004、0006 共 4 个)将选择 CGRAM 的自定义字型,02H~7FH 的编码中将选择半角英数字的字型,至于 A1 以上的编码将自动的结合下一个位元组,组成两个位元组的编码形成中文字型的编码 BIG5(A140~D75F),GB(A1A0~F7FFH)。

2. 指令说明

LCD12864 液晶显示器提供两套控制指令即基本指令和扩充指令。

基本指令表如表 11-5 所示。

表 11-5 基本指令表(RE=0)

指令	指令码										功能
	RS	R/W	D7	D6	D5	D4	D3	D2	D1	D0	
清除显示	0	0	0	0	0	0	0	0	0	1	将 DDRAM 填满"20H",并且设定 DDRAM 的地址计数器(AC)到"00H"
地址归位	0	0	0	0	0	0	0	0	1	X	设定 DDRAM 的地址计数器(AC)到"00H",并且将游标移到开头原点位置;这个指令不改变 DDRAM 的内容
显示状态开/关	0	0	0	0	0	0	1	D	C	B	D=1:整体显示 ON,C=1:游标 ON,B=1:游标位置反白允许

续表

指令	指令码										功能
	RS	R/W	D7	D6	D5	D4	D3	D2	D1	D0	
进入点设定	0	0	0	0	0	0	0	1	I/D	S	指定在数据的读取与写入时，设定游标的移动方向及指定显示的移位
游标或显示移位控制	0	0	0	0	0	1	S/C	R/L	X	X	设定游标的移动与显示的移位控制位，这个指令不改变 DDRAM 的内容
功能设定	0	0	0	0	1	DL	X	RE	X	X	DL=0/1:4/8 位数据 RE=1:扩充指令操作 RE=0:基本指令操作
设定 CGRAM 地址	0	0	0	1	AC5	AC4	AC3	AC2	AC1	AC0	设定 CGRAM 地址
设定 DDRAM 地址	0	0	1	0	AC5	AC4	AC3	AC2	AC1	AC0	设定 DDRAM 地址(显示位址) 第一行:80H～87H 第二行:90H～97H
读取忙标志和地址	0	1	BF	AC6	AC5	AC4	AC3	AC2	AC1	AC0	读取忙标志(BF)可以确认内部动作是否完成，同时可以读出地址计数器(AC)的值
写数据到 RAM	1	0	数据								将数据 D7～D0 写入到内部的 RAM (DDRAM/CGRAM/IRAM/GRAM)
读出 RAM 的值	1	1	数据								从内部 RAM 读取数据 D7～D0(DDRAM/CGRAM/IRAM/GRAM)

扩充指令表如表 11-6 所示。

表 11-6 扩充指令指令表(RE=1)

指令	指令码										功能
	RS	R/W	D7	D6	D5	D4	D3	D2	D1	D0	
待命模式	0	0	0	0	0	0	0	0	0	1	进入待命模式，执行其他指令都将终止待命模式
卷动地址开关开启	0	0	0	0	0	0	0	0	1	SR	SR=1:允许输入垂直卷动地址 SR=0:允许输入 IRAM 和 CGRAM 地址
反白选择	0	0	0	0	0	0	0	1	R1	R0	选择两行中的任一行作反白显示，并可决定反白与否 初始值 R1R0=00，第一次设定为反白显示，再次设定变回正常
睡眠模式	0	0	0	0	0	0	1	SL	X	X	SL=0:进入睡眠模式 SL=1:脱离睡眠模式
扩充功能设定	0	0	0	0	1	CL	X	RE	G	0	CL=0/1:4/8 位数据 RE=1:扩充指令操作 RE=0:基本指令操作 G=1/0:绘图开关

续表

指令	指令码										功能
	RS	R/W	D7	D6	D5	D4	D3	D2	D1	D0	
设定绘图RAM地址	0	0	1	0 AC6	0 AC5	0 AC4	AC3 AC3	AC2 AC2	AC1 AC1	AC0 AC0	设定绘图 RAM 先设定垂直(列)地址 AC6AC5…AC0 再设定水平(行)地址 AC3AC2AC1AC0 将以上 16 位地址连续写入即可

注释：当 IC1 在接收指令前，微处理器必须先确认其内部处于非忙碌状态，即读取 BF 标志时，BF 必为零才接收新的指令；如果在送出一个指令前并不检查 BF 标志，在前一个指令和这个指令中间必须延长一段较长的时间，等待前一个指令确实执行完成。

3. 具体指令介绍

(1) 清除显示

CODE	RW	RS	DB7	DB6	DB5	DB4	DB3	DB2	DB1	DB0
	L	L	L	L	L	L	L	L	L	H

功能：清除显示屏幕，把 DDRAM 位址计数器调整为"00H"。

(2) 设定绘图 RAM 位址(018H)

CODE	RW	RS	DB7	DB6	DB5	DB4	DB3	DB2	DB1	DB0
	L	L	H	AC6	AC5	AC4	AC3	AC2	AC1	AC0

功能：设定 GDRAM 位址到位址计数器(AC)。

(3) 位址归位

CODE	RW	RS	DB7	DB6	DB5	DB4	DB3	DB2	DB1	DB0
	L	L	L	L	L	L	L	L	H	X

功能：把 DDRAM 位址计数器调整为"00H"，游标回原点，该功能不影响显示 DDRAM。

(4) 设定 IRAM 位址或卷动位址(017H)

CODE	RW	RS	DB7	DB6	DB5	DB4	DB3	DB2	DB1	DB0
	L	L	L	H	AC5	AC4	AC3	AC2	AC1	AC0

功能：SR=1:AC5～AC0 为垂直卷动位址；SR=0:AC3～AC0 写 ICONRAM 位址。

(5) 位址归位

CODE	RW	RS	DB7	DB6	DB5	DB4	DB3	DB2	DB1	DB0
	L	L	L	L	L	L	L	H	I/D	S

功能：执行该命令后，所设置的行将显示在屏幕的第一行。显示起始行是由Z地址计数器控制的，该命令自动将A0～A5位地址送入Z地址计数器，起始地址可以是0～63范围内的任意一行。Z地址计数器具有循环计数功能，用于显示行扫描同步，当扫描完一行后自动加一。

(6) 扩充功能设定(016H)

CODE	RW	RS	DB7	DB6	DB5	DB4	DB3	DB2	DB1	DB0
	L	L	L	L	H	H	X	1 RE	G	L

功能：RE=1：扩充指令集动作；RE=0：基本指令集动作。G=1：绘图显示ON；G=0：绘图显示OFF。

(7) 显示状态：开/关

CODE	RW	RS	DB7	DB6	DB5	DB4	DB3	DB2	DB1	DB0
	L	L	L	L	L	L	H	D	C	B

功能：D=1：整体显示ON；C=1：游标ON；B=1：游标位置ON。

(8) 睡眠模式(015H)

CODE	RW	RS	DB7	DB6	DB5	DB4	DB3	DB2	DB1	DB0
	L	L	L	L	L	L	H	SL	X	X

功能：SL=1：脱离睡眠模式；SL=0：进入睡眠模式。

(9) 游标或显示移位控制

CODE	RW	RS	DB7	DB6	DB5	DB4	DB3	DB2	DB1	DB0
	L	L	L	L	L	H	S/C	R/L	X	X

功能：设定游标的移动与显示的移位控制位，不改变DDRAM的内容。

(10) 反白选择(14H)

CODE	RW	RS	DB7	DB6	DB5	DB4	DB3	DB2	DB1	DB0
	L	L	L	L	L	L	L	H	R1	R0

功能：选择4行中的任一行作反白显示，并可决定反白的与否。

(11) 功能设定

CODE	RW	RS	DB7	DB6	DB5	DB4	DB3	DB2	DB1	DB0
	L	L	L	L	H	DL	X	RE	X	X

功能：DL=1(必须设为1)，RE=1：扩充指令集动作；RE=0：基本指令集动作。

(12) 卷动位址或 IRAM 位址选择(13H)

CODE	RW	RS	DB7	DB6	DB5	DB4	DB3	DB2	DB1	DB0
	L	L	L	L	L	L	L	L	H	SR

功能：SR=1:允许输入卷动位址；SR=0:允许输入 IRAM 位址。

(13) 设定 CGRAM 位址

CODE	RW	RS	DB7	DB6	DB5	DB4	DB3	DB2	DB1	DB0
	L	L	L	H	AC5	AC4	AC3	AC2	AC1	AC0

功能：设定 CGRAM 位址到位址计数器(AC)。

(14) 待命模式(12H)

CODE	RW	RS	DB7	DB6	DB5	DB4	DB3	DB2	DB1	DB0
	L	L	L	L	L	L	L	L	L	H

功能：进入待命模式,执行其他命令都可终止待命模式。

(15) 设定 DDRAM 位址

CODE	RW	RS	DB7	DB6	DB5	DB4	DB3	DB2	DB1	DB0
	L	L	H	AC6	AC5	AC4	AC3	AC2	AC1	AC0

功能：设定 DDRAM 位址到位址计数器(AC)。

(16) 读出 RAM 的值

CODE	RW	RS	DB7	DB6	DB5	DB4	DB3	DB2	DB1	DB0
	H	H	D7	D6	D5	D4	D3	D2	D1	D0

功能：从内部 RAM 读取资料(DDRAM/CGRAM/TRAM/GDRAM)。

(17) 写资料到 RAM

CODE	RW	RS	DB7	DB6	DB5	DB4	DB3	DB2	DB1	DB0
	H	L	D7	D6	D5	D4	D3	D2	D1	D0

功能：写入资料到内部的 RAM(DDRAM/CGRAM/TRAM/GDRAM)。

(18) 读取忙碌状态(BF)和位址

CODE	RW	RS	DB7	DB6	DB5	DB4	DB3	DB2	DB1	DB0
	L	H	BF	AC6	AC5	AC4	AC3	AC2	AC1	AC0

功能：读取忙碌状态(BF)可以确认内部动作是否完成,同时读出位址计数器(AC)的值。

4. 显示坐标关系

(1) 图形显示坐标如图 11-10 所示。水平方向 X——以字节为单位；垂直方向 Y——以位为单位。

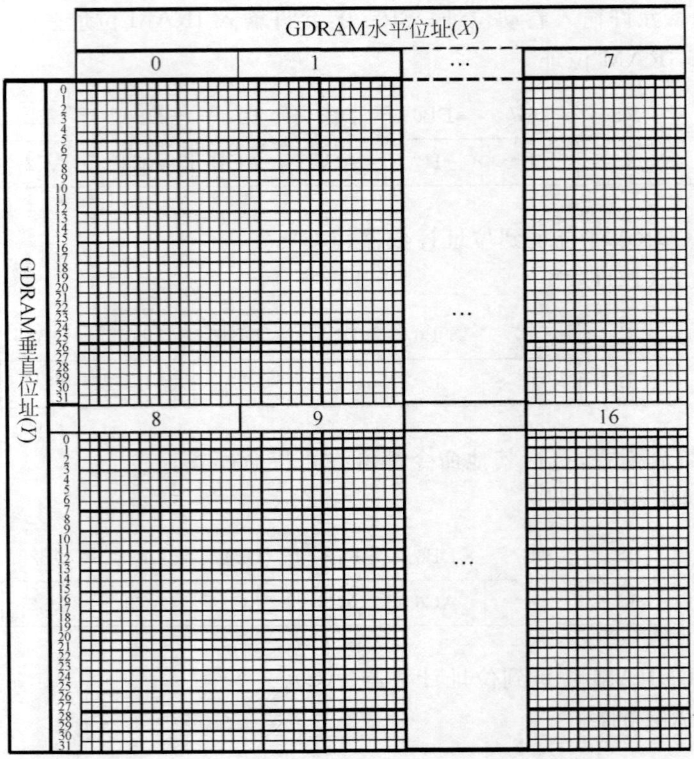

图 11-10 图形显示坐标

(2) 汉字显示坐标如表 11-7 所示。

表 11-7 汉字显示坐标表

	X 坐标							
Line1	80H	81H	82H	83H	84H	85H	86H	87H
Line2	90H	91H	92H	93H	94H	95H	96H	97H
Line3	88H	89H	8AH	8BH	8CH	8DH	8EH	8FH
Line4	98H	99H	9AH	9BH	9CH	9DH	9EH	9FH

(3) 字符表如图 11-11 所示(代码(02H～7FH))。

5. 显示 RAM

(1) 文本显示 RAM(DDRAM)

文本显示 RAM 提供 8×4 行的汉字空间，当写入文本显示 RAM 时，可以分别显示 CGROM、HCGROM 与 CGRAM 的字形；ST7920A 可以显示三种字形，分别是半宽的

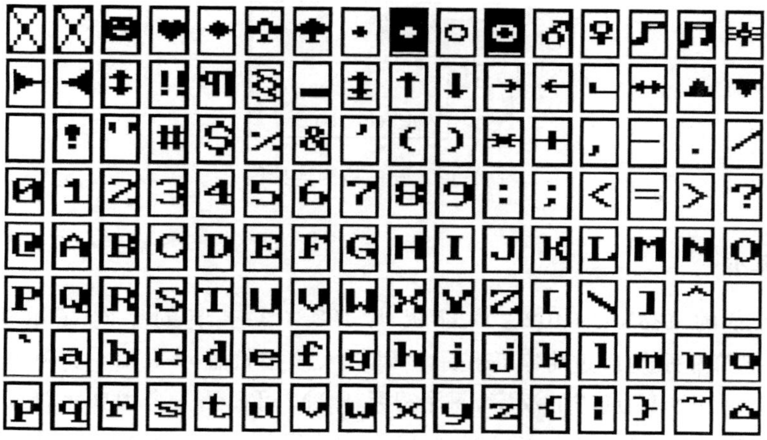

图 11-11　字符表

HCGROM 字形、CGRAM 字形及中文 CGROM 字形。三种字形的选择，由在 DDRAM 中写入的编码选择，各种字形详细编码如下：

- 显示半宽字形：将一位字节写入 DDRAM 中，范围为 02H～7FH 的编码。
- 显示中文字形：将两字节编码写入 DDRAM，范围为 A1A0H～F7FFH(GB 码)或 A140H～D75FH(BIG5 码)的编码。
- 显示 CGRAM 字形：将两字节编码写入 DDRAM 中，总共有 0000H，0002H，0004H，0006H 四种编码。

(2) 绘图 RAM(GDRAM)

绘图显示 RAM 提供 128×8 个字节的记忆空间，在更改绘图 RAM 时，先连续写入水平与垂直的坐标值，再写入两个字节的数据到绘图 RAM，而地址计数器(AC)会自动加一。在写入绘图 RAM 的期间，绘图显示必须关闭。

整个写入绘图 RAM 的步骤为：首先关闭绘图显示功能；将水平的位元组坐标(X)写入绘图 RAM 地址；再将垂直的坐标(Y)写入绘图 RAM 地址；将 D15～D8 写入 RAM 中；将 D7～D0 写入 RAM 中；打开绘图显示功能。绘图显示的缓冲区对应分布请参考“显示坐标”。

6. 游标/闪烁控制

ST7920A 提供硬件游标及闪烁控制电路，由地址计数器(Address Counter)的值来指定 DDRAM 中的游标或闪烁位置。

11.3.3　12864 应用举例

1. LCD12864 使用前测试

使用前先给模块加上工作电压，按照图 11-12 的连接调节 LCD 的对比度，使其显示出黑色的底影。同时初步检测 LCD 有无缺段现象。

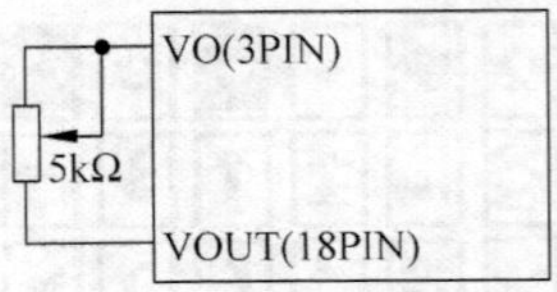

图 11-12 硬件检测连接图

2. 字符显示

带中文字库的 128X64-0402B 内部提供 128×2 字节的字符显示 RAM 缓冲区(DDRAM)。字符显示是通过将字符显示编码写入该字符显示 RAM 实现的；每屏可显示 4 行 8 列共 32 个 16×16 点阵的汉字，每个显示 RAM 可显示 1 个中文字符或 2 个 16×8 点阵全高 ASCII 码字符，即每屏最多可实现 32 个中文字符或 64 个 ASCII 码字符的显示。

根据写入内容的不同，可分别在液晶屏上显示 CGROM(中文字库)、HCGROM(ASCII 码字库)及 CGRAM(自定义字形)的内容。三种不同字符/字型的选择编码范围为 0000～0006H(其代码分别是 0000、0002、0004、0006 共 4 个)显示自定义字型，02H～7FH 显示半宽 ASCII 码字符，A1A0H～F7FFH 显示 8192 种 GB2312 中文字库字形。字符显示 RAM 在液晶模块中的地址 80H～9FH。字符显示的 RAM 的地址与 32 个字符显示区域有一一对应的关系，字符显示对应关系如表 11-8 所示。

表 11-8 字符显示对应表

80H	81H	82H	83H	84H	85H	86H	87H
90H	91H	92H	93H	94H	95H	96H	97H
88H	89H	8AH	8BH	8CH	8DH	8EH	8FH
98H	99H	9AH	9BH	9CH	9DH	9EH	9FH

3. 图形显示

先设垂直地址再设水平地址(连续写入两个字节的资料来完成垂直与水平的坐标地址)，垂直地址范围为 AC5...AC0，水平地址范围为 AC3…AC0，绘图 RAM 的地址计数器(AC)会对水平地址(*X* 轴)自动加 1，当水平地址＝0FH 时会重新设为 00H。不对垂直地址做进位自动加 1，当连续写入多个字符时，程序需自行判断垂直地址是否需重新设定。GDRAM 的坐标地址与字符排列顺序如图 11-13 所示。

4. 应用说明

用带中文字库的 128X64 显示模块时应注意以下几点。

(1) 欲在某一个位置显示中文字符时，应先设定显示字符位置，即先设定显示地址，再写入中文字符编码。

(2) 显示 ASCII 字符过程与显示中文字符过程相同。不过在显示连续字符时，只需设定一次显示地址，由模块自动对地址加 1 指向下一个字符位置，否则显示的字符中将会有一个空 ASCII 字符位置。

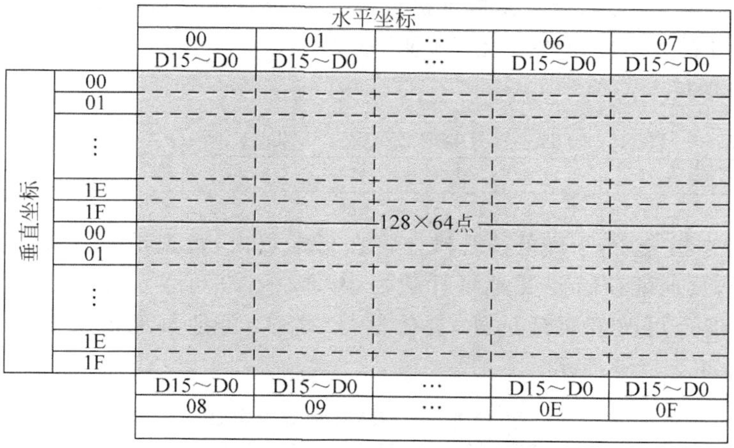

图 11-13 GDRAM 坐标地址与资料排列顺序图

(3) 当字符编码为 2B 时，应先写入高位字节，再写入低位字节。

(4) 模块在接收指令前，必须先向处理器确认模块内部处于非忙状态，即读取 BF 标志时 BF 需为"0"，方可接收新的指令。如果在送出一个指令前不检查 BF 标志，则在前一个指令和这个指令中间必须延迟一段较长的时间，即等待前一个指令确定执行完成。指令执行的时间请参考指令表中的指令执行时间说明。

(5) "RE"为基本指令集与扩充指令集的选择控制位。当变更"RE"后，以后的指令集将维持在最后的状态，除非再次变更"RE"位，否则使用相同指令集时，无需每次均重设"RE"位。

5. 指令描述

(1) 显示开/关设置

CODE	R/W	D/I	DB7	DB6	DB5	DB4	DB3	DB2	DB1	DB0
	L	L	L	L	H	H	H	H	H	H/L

功能：设置屏幕显示开/关。

(2) 设置显示起始行

CODE	R/W	D/I	DB7	DB6	DB5	DB4	DB3	DB2	DB1	DB0
	L	L	H	H	行地址(0～63)					

功能：执行该命令后，所设置的行将显示在屏幕的第一行。显示起始行是由 Z 地址计数器控制的，该命令自动将 A0～A5 位地址送入 Z 地址计数器，起始地址可以是 0～63 范围内的任意一行。Z 地址计数器具有循环计数功能，用于显示行扫描同步，当扫描完一行后自动加 1。

(3) 读显示数据

CODE	RS	R/W	DB7	DB6	DB5	DB4	DB3	DB2	DB1	DB0
	H	H	D7	D6	D5	D4	D3	D2	D1	D0

功能：从 DD RAM 读数据，读指令执行后 Y 地址计数器自动加 1。从 DD RAM 读数据前要先执行“设置页地址”及“设置列地址”命令。

(4) 设置页地址

CODE	R/W	D/I	DB7	DB6	DB5	DB4	DB3	DB2	DB1	DB0
	L	L	H	L	H	H	H	页地址(0～7)		

功能：执行本指令后，下面的读写操作将在指定页内，直到重新设置。页地址就是 DD RAM 的行地址，页地址存储在 X 地址计数器中，A2～A0 可表示 8 页，读写数据对页地址没有影响，除本指令可改变页地址外，复位信号(RST)可把页地址计数器内容清零。DD RAM 地址映像如表 11-9 所示。

表 11-9 DD RAM 地址映像表

0	1	2	…	61	62	63	Y 地址
DB0 ∫ DB7	PAGE0						$X=0$
DB0 ∫ DB7	PAGE1						$X=1$
⋮							
DB0 ∫ DB7	PAGE6						$X=7$
DB0 ∫ DB7	PAGE7						$X=8$

(5) 设置列地址

CODE	R/W	D/I	DB7	DB6	DB5	DB4	DB3	DB2	DB1	DB0
	L	L	L	H	列地址(0～63)					

功能：DD RAM 的列地址存储在 Y 地址计数器中，读写数据对列地址有影响。

(6) 写显示数据

CODE	R/W	D/I	DB7	DB6	DB5	DB4	DB3	DB2	DB1	DB0
	L	H	D7	D6	D5	D4	D3	D2	D1	D0

功能：写数据到 DD RAM，DD RAM 是存储图形显示数据的，写指令执行后 Y 地址计数器自动加 1。D7～D0 位数据为 1 表示显示，数据为 0 表示不显示。写数据到 DD RAM 前，要先执行“设置页地址”及“设置列地址”命令。

(7) 状态检测

CODE	R/W	D/I	DB7	DB6	DB5	DB4	DB3	DB2	DB1	DB0
	H	L	BF	L	ON/OFF	RST	L	L	L	L

功能：读忙信号标志位(BF)、复位标志位(RST)以及显示状态位(ON/OFF)。BF=H：内部正在执行操作；BF=L：空闲状态。RST=H：正处于复位初始化状态；RST=L：正常状态。ON/OFF=H 表示显示关闭；ON/OFF=L 表示显示开。

6. 接口时序

(1) 写操作时序，如图 11-14 所示。

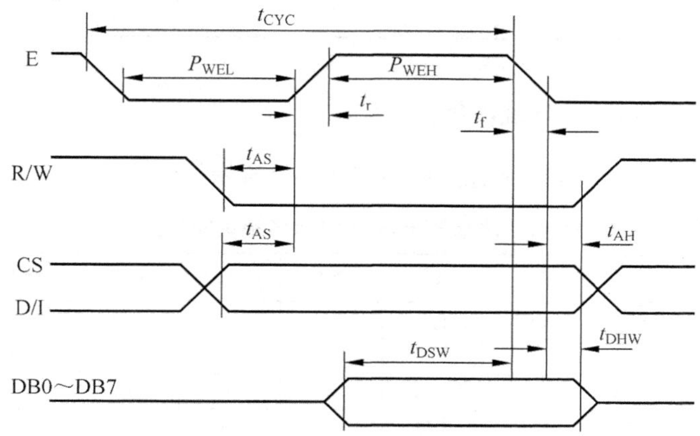

图 11-14　写时序图

(2) 读操作时序，如图 11-15 所示。

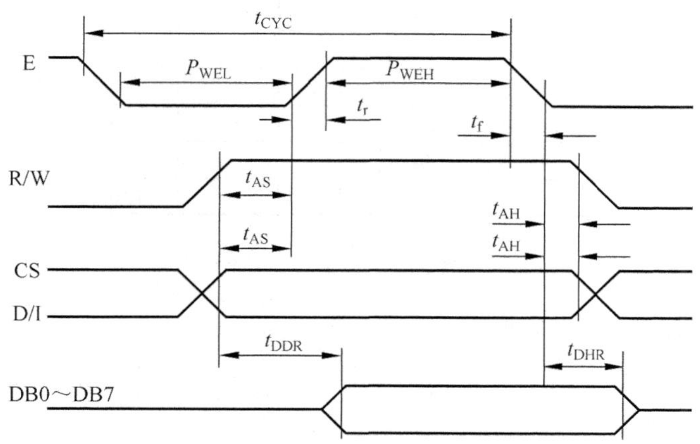

图 11-15　读时序图

时序参数表如表 11-10 所示。

表 11-10 时序参数表

名 称	符号	最小值	典型值	最大值	单位
E 周期时间	Tcyc	1000			ns
E 高电平宽度	Pweh	450			ns
E 低电平宽度	Pwel	450			ns
E 上升时间	Tr			25	ns
E 下降时间	Tf			25	ns
地址建立时间	Tas	140			ns
地址保持时间	Taw	10			ns
数据建立时间	Tdsw	200			ns
数据延迟时间	Tddr			320	ns
写数据保持时间	Tdhw	10			ns
读数据保持时间	Tdhr	20			ns

7. 屏幕显示与 DD RAM 地址映射关系

屏幕显示与 DD RAM 地址映射关系如表 11-11 所示。

表 11-11 屏幕显示与 DD RAM 地址映射关系表

		Y1	Y2	Y3	Y4	…	Y62	Y63	Y64	
X=0	Line 0	1/0	1/0	1/0	1/0	…	1/0	1/0	1/0	DB0
	Line 1	1/0	1/0	1/0	1/0	…	1/0	1/0	1/0	DB1
	Line 2	1/0	1/0	1/0	1/0	…	1/0	1/0	1/0	DB2
	Line 3	1/0	1/0	1/0	1/0	…	1/0	1/0	1/0	DB3
	Line 4	1/0	1/0	1/0	1/0	…	1/0	1/0	1/0	DB4
	Line 5	1/0	1/0	1/0	1/0	…	1/0	1/0	1/0	DB5
	Line 6	1/0	1/0	1/0	1/0	…	1/0	1/0	1/0	DB6
	Line 7	1/0	1/0	1/0	1/0	…	1/0	1/0	1/0	DB7
						…				
X=7	Line60	1/0	1/0	1/0	1/0	…	1/0	1/0	1/0	DB4
	Line61	1/0	1/0	1/0	1/0	…	1/0	1/0	1/0	DB5
	Line62	1/0	1/0	1/0	1/0	…	1/0	1/0	1/0	DB6
	Line63	1/0	1/0	1/0	1/0	…	1/0	1/0	1/0	DB7

C 语言程序如下。

```
#include <\STC\STC15F2K60S2.H>
#include <bit.h>
#define lcd_sclk P0_8
#define lcd_sid P0_9
void byte_write(char a)
{
char b;
lcd_sid = 0;
lcd_sclk = 0;
for(b = 0;b < 8;b++)
```

```
{
  if(a&0x0080)
   lcd_sid = 1;
  else
  lcd_sid = 0;
  lcd_sclk = 0;
  lcd_sclk = 1;
  a = a<<1;
  *P_Watchdog_Clear = 0x0001;
}
}
void command(char i)                //写指令
{
char a,b;
a = 0xf8;
byte_write(a);
b = i&0x00f0;
byte_write(b);
b = i&0x000f;
b = b<<4;
byte_write(b);
}
void data(char i)                   //写数据
{
char a,b;
a = 0xfa;
byte_write(a);
b = i&0x00f0;
byte_write(b);
b = i&0x000f;
b = b<<4;
byte_write(b);
}
void init()                         //初始化
{
command(0x38);
command(12);
command(0x01);
command(0x06);
command(0x80);
}
main()
{
char a;
char sj[] = "恭喜串口测试成功";
*P_IOA_Dir = 0xffff;                //对a口初始化设置为低电平输出
*P_IOA_Attrib = 0xffff;
*P_IOA_Data = 0xffff;
init();
for(a = 0;a<16;a++)
  data(sj[a]);
```

```
  while(1)
   * P_Watchdog_Clear = 0x0001;
// dely(1);
}
```

这是 2864 液晶串口驱动。但初始化与写指令,写数据的函数可以移植调用。

```
#include< reg51.h>
#define uint unsigned int
#define uchar unsigned char
#define LCDP P0
sbit    E = P2 ^0;
sbit    RW = P2 ^1;
sbit    RS = P2 ^2;
sbit    CS2 = P2 ^3;
sbit    CS1 = P2 ^4;
sbit    RESET = P2 ^5;
sbit    busy = P0 ^7;
uchar   start_line = 0xc0;
//*********************************************************************
uchar   code zw[][32] = {
/* --   文字: ★   -- */
/* --   宋体 12; 此字体下对应的点阵为:宽×高 = 16×16   -- */
0x40,0x40,0xC0,0xC0,0xC0,0xE0,0xFC,0xFF,0xFC,0xE0,0xC0,0xC0,0xC0,0x40,0x40,0x0,
0x00,0x00,0x40,0x39,0x3F,0x1F,0x1F,0x0F,0x1F,0x1F,0x3F,0x39,0x40,0x00,0x00,0x0,
/* --   文字: 刘  -- */
/* --   宋体 12; 此字体下对应的点阵为:宽×高 = 16×16   -- */
0x00,0x08,0x28,0x49,0x8A,0x0C,0xC8,0x38,0x08,0x00,0xF8,0x00,0x00,0xFF,0x00,0x00
0x40,0x20,0x10,0x08,0x04,0x03,0x06,0x38,0x10,0x00,0x07,0x20,0x40,0x3F,0x00,0x0,
/* --   文字: 紫  -- */
/* --   宋体 12; 此字体下对应的点阵为:宽×高 = 16×16   -- */
0x00,0x20,0x3E,0x20,0x1F,0x94,0x54,0x24,0x80,0x9F,0x24,0x24,0x22,0x22,0x30,0x0,
0x00,0x40,0x24,0x1D,0x05,0x47,0x85,0x7D,0x04,0x04,0x14,0x26,0x4C,0x00,0x00,0x0,
/* --   文字: 华  -- */
/* --   宋体 12; 此字体下对应的点阵为:宽×高 = 16×16   -- */
0x20,0x10,0x08,0xFC,0x03,0x02,0x10,0x10,0x7F,0x88,0x88,0x84,0x86,0xE4,0x00,0x0,
0x00,0x04,0x04,0x05,0x04,0x04,0x04,0xFF,0x04,0x04,0x04,0x04,0x04,0x04,0x04,0x0,
/* --   文字: ★  -- */
/* --   宋体 12; 此字体下对应的点阵为:宽×高 = 16×16   -- */
0x40,0x40, 0xC0, 0xC0, 0xC0, 0xE0, 0xFC, 0xFF, 0xFC, 0xE0, 0xC0, 0xC0, 0xC0, 0x40, 0x40, 0x00, x00,
0x00,0x40,0x39,0x3F,0x1F,0x1F,0x0F,0x1F,0x1F,0x3F,0x39,0x40,0x00,0x00,0x00,
/* --   文字: 华  -- */
/* --   宋体 12; 此字体下对应的点阵为:宽×高 = 16×16   -- */
0x20,0x10,0x08,0xFC,0x03,0x02,0x10,0x10,0x7F,0x88,0x88,0x84,0x86,0xE4,0x00,0x0,
0x00,0x04,0x04,0x05,0x04,0x04,0x04,0xFF,0x04,0x04,0x04,0x04,0x04,0x04,0x04,0x0,
/* --   文字: 仔  -- */
/* --   宋体 12; 此字体下对应的点阵为:宽×高 = 16×16   -- */
0x80, 0x40, 0x30, 0xFC, 0x43, 0x40, 0x42, 0x42, 0x42, 0xE2, 0x52, 0x4A, 0x46, 0x40, 0x40, 0x00, 0x00,
0x00,0x00,0xFF,0x00,0x00,0x00,0x40,0x80,0x7F,0x00,0x00,0x00,0x00,0x00,0x00,
/* --   文字: ★  -- */
/* --   宋体 12; 此字体下对应的点阵为:宽×高 = 16×16   -- */
```

```
0x40,0x40,0xC0,0xC0,0xC0,0xE0,0xFC,0xFF,0xFC,0xE0,0xC0,0xC0,0xC0,0x40,0x40,0x0,
0x00,0x00,0x40,0x39,0x3F,0x1F,0x1F,0x0F,0x1F,0x1F,0x3F,0x39,0x40,0x00,0x00,0x00
};
/* --  文字: 测  -- */
/* --  宋体 12; 此字体下对应的点阵为:宽×高=16×16   -- */
uchar code ce[][32]={0x08,0x31,0x86,0x60,0x00,0xFE,0x02,0xF2,0x02,0xFE,0x00,0xF8,0x00,
0x00,0xFF,0x00,0x04,0xFC,0x03,0x00,0x80,0x47,0x30,0x0F,0x10,0x67,0x00,0x07,0x40,0x80,
0x7F,0x00,
/* --  文字: 试  -- */
/* --  宋体 12; 此字体下对应的点阵为:宽×高=16×16   -- */
0x40,0x42,0xDC,0x08,0x00,0x90,0x90,0x90,0x90,0x90,0xFF,0x10,0x12,0x1C,0x10,0x00,0x00,
0x00,0x7F,0x20,0x10,0x20,0x20,0x1F,0x10,0x10,0x01,0x06,0x18,0x20,0x78,0x00,
/* --  文字: 成  -- */
/* --  宋体 12; 此字体下对应的点阵为:宽×高=16×16   -- */
0x00,0x00,0xF8,0x48,0x48,0x48,0xC8,0x08,0xFF,0x08,0x09,0x0A,0xC8,0x88,0x08,0x00,0x40,
0x30,0x0F,0x00,0x08,0x50,0x4F,0x20,0x10,0x0B,0x0C,0x12,0x21,0x40,0xF0,0x00,
/* --  文字: 功  -- */
/* --  宋体 12; 此字体下对应的点阵为:宽×高=16×16   -- */
0x00,0x04,0x04,0x04,0xFC,0x04,0x14,0x14,0x10,0x90,0x7F,0x10,0x10,0xF0,0x00,0x0,
0x04,0x0C,0x04,0x04,0x03,0x42,0x22,0x11,0x0C,0x23,0x20,0x60,0x20,0x1F,0x00,0x0,
/* --  文字: 欢  -- */
/* --  宋体 12; 此字体下对应的点阵为:宽×高=16×16   -- */
0x14,0x24,0x44,0x84,0x64,0x1C,0x20,0x18,0x0F,0xE8,0x08,0x08,0x28,0x18,0x08,0x0,
0x20,0x10,0x4C,0x43,0x43,0x2C,0x20,0x10,0x0C,0x03,0x06,0x18,0x30,0x60,0x20,0x00,
/* --  文字: 迎  -- */
/* --  宋体 12; 此字体下对应的点阵为:宽×高=16×16   -- */
0x40,0x41,0xCE,0x04,0x00,0xFC,0x04,0x02,0x02,0xFC,0x04,0x04,0x04,0xFC,0x00,0x00,0x40,
0x20,0x1F,0x20,0x40,0x47,0x42,0x41,0x40,0x5F,0x40,0x42,0x44,0x43,0x40,0x00,
/* --  文字: 使  -- */
/* --  宋体 12; 此字体下对应的点阵为:宽×高=16×16   -- */
0x40,0x20,0xF0,0x1C,0x07,0xF2,0x94,0x94,0x94,0xFF,0x94,0x94,0x94,0xF4,0x04,0x00
0x00,0x00,0x7F,0x00,0x40,0x41,0x22,0x14,0x0C,0x13,0x10,0x30,0x20,0x61,0x20,0x0,
/* --  文字: 用  -- */
/* --  宋体 12; 此字体下对应的点阵为:宽×高=16×16   -- */
0x00,0x00,0x00,0xFE,0x22,0x22,0x22,0x22,0xFE,0x22,0x22,0x22,0x22,0xFE,0x00,0x0,
0x80,0x40,0x30,0x0F,0x02,0x02,0x02,0x02,0xFF,0x02,0x02,0x42,0x82,0x7F,0x00,0x00}
/* --  调入了一幅图像:F:\我的文档\字模软件\液晶字模提取软件\图例\linqian.bmp -- */
/* --  宽度×高度=128×32 -- */
uchar code img[]={
0x00,0x00,0x00,0x00,0x00,0x00,0x00,0x00,0x00,0x00,0x00,0x00,0x00,0x00,0x00,0x0,
0x00,0x00,0x00,0x00,0x00,0x00,0x00,0x00,0x00,0x00,0x00,0x00,0x00,0x00,0x00,0x0,
0x00,0x00,0x00,0xFC,0xFC,0xFC,0xF8,0xF8,0x78,0x78,0x78,0x78,0x78,0xF8,0xF8,0x78,0x78,
0x78,0x78,0x78,0x7C,0x7C,0x78,0x78,0x78,0x78,0xF8,0xF8,0x78,0x70,0x70,0x78,0xF8,0xF8,
0xF8,0xF8,0xFC,0xFC,0xFC,0xFC,0xFC,0xFC,0xFC,0xFC,0xFC,0x78,0x00,0x00,0x00,0x00,0x00,
0x00,0x00,0x00,0x00,0x00,0x00,0x00,0x00,0x00,0x00,0x00,0x00,0x00,0x00,0x00,0x00,0x00,
0x00,0x00,0x00,0x00,0x00,0x00,0x00,0x00,0x00,0x00,0x00,0x00,0x00,0x00,0x00,0x00,0x00,
0x00,0x00,0x00,0x00,0x00,0x00,0x00,0x00,0x00,0x00,0x00,0x00,0xC0,0xE0,0xE0,0xE0,0xE0,
0xE0,0xE0,0xE0,0xE0,0xE0,0xE0,0xE0,0xE0,0xE0,0xE0,0xE0,0xE0,0xE0,0xE0,0xE0,0xE0,0xE0,
0xE0,0xE0,0xE0,0xE0,0xE0,0xC0,0xC0,0xC0,0xC0,0xC0,0xC0,0xE0,0xE0,0xE0,0xF0,0xF0,0xF8,
0xFC,0xFE,0xFE,0xE2,0xFF,0xFF,0xFF,0xFB,0xFA,0xFA,0xFA,0xFA,0xFE,0xFE,0xFE,0xFE,0xFE,
0xFF,0xFF,0xFF,0xFF,0xFE,0xFE,0xFE,0xFE,0xFE,0xFE,0xFE,0xFF,0xFF,0xFF,0xFF,0xFF,0xFF,
```

```
0xFF,0xFF,0xFF,0xFE,0xFE,0xFE,0xFE,0xFE,0xFC,0xFC,0xFC,0xFC,0xFC,0xFC,0xFC,0xFC,0xFC,
0xFC,0xFC,0x7C,0x1C,0x1C,0x1C,0x1C,0x1C,0x1C,0x1C,0x1C,0x1C,0x1C,0x1C,0x1C,0x1C,0x1C,
0x1C,0x1C,0x1C,0x1C,0x1C,0x1C,0x1C,0x1C,0x1C,0x1C,0x1C,0x1C,0x1C,0x1C,0x1C,0x1C,0x1C,
0x1C,0x1C,0x00,0x00,0xFF,0xFF,0xFF,0xFF,0xFF,0xFF,0xFF,0xFF,0xFF,0xFF,0xFF,0xFF,0xFF,
0xFF,0xFF,0xFF,0xFF,0xFF,0xFF,0xFF,0xFF,0xFF,0xFF,0xFF,0xFF,0xFF,0xFF,0xFF,0xFF,0xFF,
0xFF,0x7F,0x1F,0x0F,0x0F,0x0F,0x07,0x07,0x0F,0x3F,0x4F,0x5F,0x67,0x47,0x3F,0x0F,0x07,
0x07,0x07,0x07,0x03,0x03,0x03,0x03,0x03,0x03,0x03,0x03,0x03,0x03,0x03,0x03,0x03,0x03,
0x03,0x03,0x03,0x03,0x03,0x03,0x01,0x01,0x01,0x01,0x01,0x01,0x01,0x01,0x01,0x01,0x01,
0x01,0x01,0x01,0x01,0x01,0x01,0x01,0x00,0x00,0x00,0x00,0x00,0x00,0x00,0x00,0x00,0x00,
0x00,0x00,0x00,0x00,0x00,0x00,0x00,0x00,0x00,0x00,0x00,0x00,0x00,0x00,0x00,0x00,0x00,
0x00,0x00,0x00,0x00,0x00,0x00,0x00,0x00,0x00,0x00,0x00,0x00,0x00,0x3F,0x3F,0x3F,0x3F,
0x1F,0x1F,0x1F,0x1F,0x1F,0x07,0x07,0x07,0x07,0x03,0x03,0x03,0x01,0x01,0x01,0x01,0x00,
0x00,0x00,0x00,0x00,0x01,0x01,0x03,0x03,0x03,0x03,0x00,0x00,0x00,0x00,0x00,0x00,0x00,
0x00,0x00,0x00,0x00,0x00,0x00,0x00,0x00,0x00,0x00,0x00,0x00,0x00,0x00,0x00,0x00,0x00,
0x00,0x00,0x00,0x00,0x00,0x00,0x00,0x00,0x00,0x00,0x00,0x00,0x00,0x00,0x00,0x00,0x00,
0x00,0x00,0x00,0x00,0x00,0x00,0x00,0x00,0x00,0x00,0x00,0x00,0x00,0x00,0x00,0x00,0x00,
0x00,0x00,0x00,0x00,0x00,0x00,0x00,0x00,0x00,0x00,0x00,0x00,0x00,0x00,0x00,0x00,0x00,
0x00,0x00,0x00,0x00,0x00,0x00,0x00,0x00,0x00,0x00,0x00,0x00,0x00,0x00,0x00,0x00,0x00,
0x00,0x00,0x00,0x00
};
void delay1ms(uint Xms)
{
uint i,j;
for(i = 0;i < Xms;i++)
   {for(j = 0;j < 120;j++);}
}
void check_BF()
{
RS = 0; RW = 1;
E = 1;
LCDP = 0xff;
while(!busy);
}
void write_cmd(uchar cmd)
{
check_BF();
E = 1;
RS = 0; RW = 0;
LCDP = cmd;
E = 1;
E = 0;
}
void write_data(uchar dat)
{
check_BF();
E = 1;
RS = 1; RW = 0;
LCDP = dat;
E = 1;
E = 0;
}
```

```
void lcdinit()
{
write_cmd(0x3f);
write_cmd(0xc0);
//write_cmd(0xb8);
//write_cmd(0x40);
}
//测试段
void delay1ms(unsigned int Xms)
{
unsigned int i,j;
for(i = 0;i < Xms;i++)
    for(j = 0;j < 120;j++);
}
void check_BF()
{
E = 1;
RS = 0;RW = 1;
P0 = 0xff;
while(!busy);
}
void write_cmd(unsigned char cmd)
{
check_BF();
E = 1;
RS = 0;RW = 0;
P0 = cmd;
E = 1;
E = 0;
}
void write_data(unsigned char dat)
{
check_BF();
E = 1;
RS = 1;RW = 0;
P0 = dat;
E = 1;
E = 0;
}
void lcdinit()
{
write_cmd(0xc0);
write_cmd(0x3f);
}
void display(uchar X,uchar Y, //uchar * P)
uchar ( * P)[32])
{
uchar i,j;
CS2 = 0;CS1 = 1;
for(i = 0;i < 8;i++)
    {if(i >= 4)
```

```
        {CS2 = 1;CS1 = 0;}
      if(Y == 0x80)
        {Y = 0x40;}
      //write_cmd(0xC0);
      write_cmd(X);
      write_cmd(Y);
      Y += 0x10;
      for(j = 0;j < 16;j++)
          {//write_data(P[i * 32 + j]);
          write_data( * ( * (P + i) + j));
          }
    }
  CS2 = 0;CS1 = 1;Y = 0x40;          //X = 0xb8;
  for(i = 0;i < 8;i++)
    {if(i >= 4)
        {CS2 = 1;CS1 = 0;}
      if(Y == 0x80)
        {Y = 0x40;}
      //write_cmd(0xC0);
      write_cmd(X + 1);
      write_cmd(Y);
      Y += 0x10;
      for(j = 16;j < 32;j++)
          {//write_data(P[i * 32 + j]);
          write_data( * ( * (P + i) + j));
          }
    }
  }
  void display_img(uchar X, uchar Y,uchar code  * P)
  {
  uchar i,j;
  for(i = 0;i < 4;i++)
    {CS2 = 0;CS1 = 1;
      //write_cmd(0xc0);
      write_cmd(X + i);
      write_cmd(Y);
      for(j = 0;j < 64;j++)
          {write_data(P[i * 128 + j]);}
      CS2 = 1;CS1 = 0;
      //write_cmd(0xc0);
      write_cmd(X + i);
      write_cmd(Y);
      for(j = 64;j < 128;j++)
          {write_data(P[i * 128 + j]);}
    }
  }
  void main()
  {
  RESET = 0;
  delay1ms(3);
  RESET = 1;
```

```
lcdinit();
while(1)
    {
     display(0xb8,0x40,zw);
     write_cmd(0xC0);
     delay1ms(2000);
     display(0xba,0x40,ce);
     delay1ms(2000);
     display_img(0xbc,0x40,img);
     delay1ms(5000);
    }
}
```

11.4 并行扩展接口 8155

8155 是 Intel 公司研制的通用 I/O 接口芯片。单片机和 8155 相连可为外设提供给两个 8 位 I/O 端口和一个 6 位 I/O 端口，同时也为 CPU 提供一个 256 的 RAM 和一个 14 位定时器/计数器，广泛应用于单片机应用系统中。

11.4.1 8155 的内部结构和引脚分布及功能

1. 8155 内部结构

8155 内部逻辑结构图如图 11-16 所示，8155 共由双向数据总线缓冲器、地址锁存器、地址译码器和读写控制器、RAM、I/O 寄存器、命令寄存器和状态寄存器以及定时器/计数器 7 部分电路组成。

由以上可知 8155 内部共有 6 个端口，包括 A 口、B 口、C 口和定时器/计数器低 8 位以及定时器/计数器高 8 位 5 个端口，和一个内部命令/状态寄存器。对它们只需要使用 AD_0～AD_3 即可实现编址，8155 的端口地址编码如表 11-12 所示。

表 11-12　8155 的端口地址编码

AD_7	AD_6	AD_5	AD_4	AD_3	AD_2	AD_1	AD_0	对应端口
×	×	×	×	×	0	0	0	命令/状态寄存器
×	×	×	×	×	0	0	1	A 口
×	×	×	×	×	0	1	0	B 口
×	×	×	×	×	0	1	1	C 口
×	×	×	×	×	1	0	0	定时器/计数器低 8 位
×	×	×	×	×	1	0	1	定时器/计数器高 8 位

2. 8155 引脚分布及功能

8155 共有 40 个引脚，采用双列直插封装，其引脚图如图 11-17 所示，组成框图如图 11-18 所示。

(1) AD0～AD7：地址/数据线(8 条)，常与 MCS-51 的 P0 口相接，用于分时传送地址/

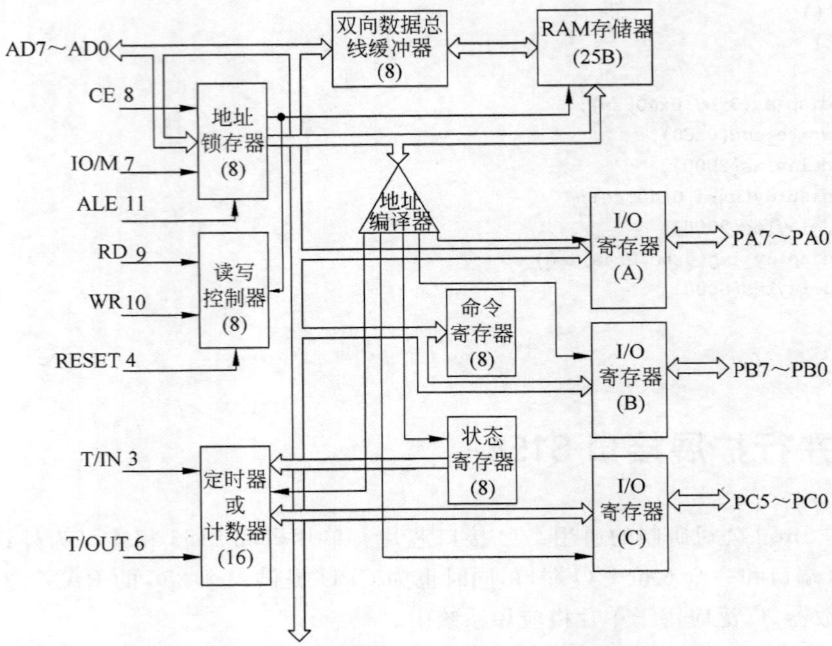

图 11-16　8155 的内部逻辑结构图

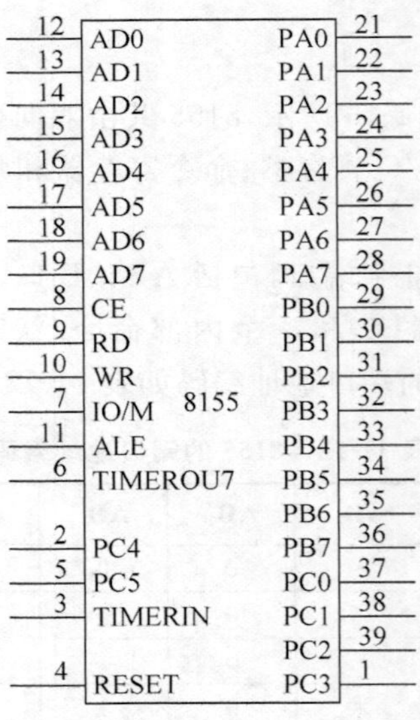

图 11-17　8155 引脚图

数据信息。

(2) I/O 口总线(22 条)：

- PA0～PA7 为通用 I/O 线，用于传送 A 口上的外设数据，数据传送方向由 8155 命令中 D0 的状态决定。
- PB0～PB7 为通用 I/O 线，用于传送 B 口上的外设数据，数据传送方向由 8155 命令中 D1 的状态决定。

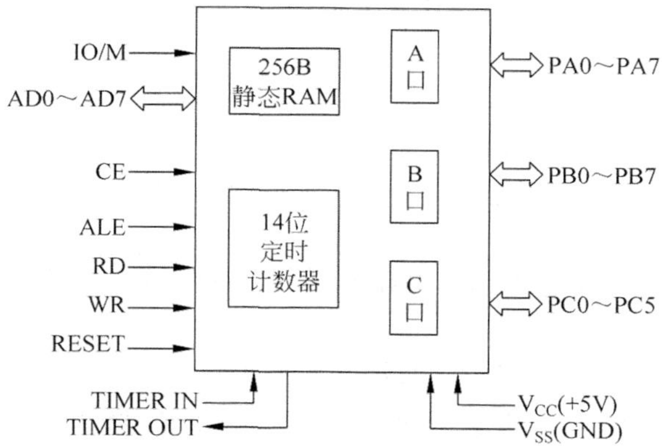

图 11-18 8155 组成框图

- PC0～PC5 为 I/O 数据/控制线，共 6 条，在通用 I/O 方式下，用作传送 I/O 数据，在选通方式下，用作传送命令/状态信息。

(3) 控制总线(8 条)：

- ALE——地址锁存(输入)。
- IO/M——IO 口/RAM 选择；0:选内 RAM；1:选内 I/O 口。
- CS——片选线，低电平有效。
- RD、WR——读、写控。
- TIMERIN——定时器输入(输入定时器所需时钟)。
- TIMEROUT——定时器输出(输出所产生的方波脉冲)。

8155 的 RAM 和 I/O 口地址编码包括有内 RAM——256B 对应 256 个地址、命令状态寄存器地址——一个地址、PA 口地址——一个地址、PB 口地址——一个地址、PC 口地址——一个地址、定时器低 8 位地址——一个地址、定时器高 8 位地址——一个地址，并都由 AD0～AD7 及 IO/M 决定。

11.4.2 8155 的工作方式及基本操作

1. 8155 的工作方式与基本操作

有三种基本操作：

(1) 作单片机片外 256B 数据存储器，IO/M＝0，与其他数据存储器统一编址，用 MOVX 访问。

(2) 作扩展 I/O 口使用，IO/M＝1，PA 口、PB 口、PC 口，可通过编程决定如何使用。

① 命令寄存器(命令控制字)—I/O 口工作方式。

I/O 口工作方式有 4 种：

- A 口、B 口基本 I/O 口，C 口输入；
- A 口、B 口基本 I/O 口，C 口输出；
- A 口选通 I/O、B 口基本 I/O、C 口作联络线；
- A 口、B 口选通 I/O、C 口作联络线。

② 状态标志寄存器——PA 口、PB 口状态标志。

状态标志寄存器：

- BF——缓冲器满标志；
- INTR——端口中断请求标志；
- INTE——端口中断允许标志；
- TIMER——定时器中断请求。

命令寄存器，只写不读；状态标志寄存器，只读不写；这二者使用同一地址。

(3) 作定时器扩展使用。

可以通过编程决定输出 4 种信号，即有如下四种工作方式：单方波、连续方波、单脉冲、连续脉冲。由两个 8 位寄存器，决定 14 位定时器计数常数及四种工作方式，由命令寄存器的最高两位对定时器进行 4 种控制。

11.4.3 8155 的命令/状态字

1. 8155 的命令字

8155 的 A 口有输入和输出两种工作方式，B 口也有输入和输出两种工作方式，而 C 口有输入方式(ALT_1)，输出方式(ALT_2)，A 口控制端口方式(ALT_3)以及 A 口和 B 口控制端口方式(ALT_4)4 种工作方式。这些端口的工作方式是由 8155 内部的命令寄存器(命令字)来控制的。命令字除了规定端口的工作方式外还规定了定时器/计数器的工作方式，且只能进行写操作，其命令字格式如图 11-19 所示。

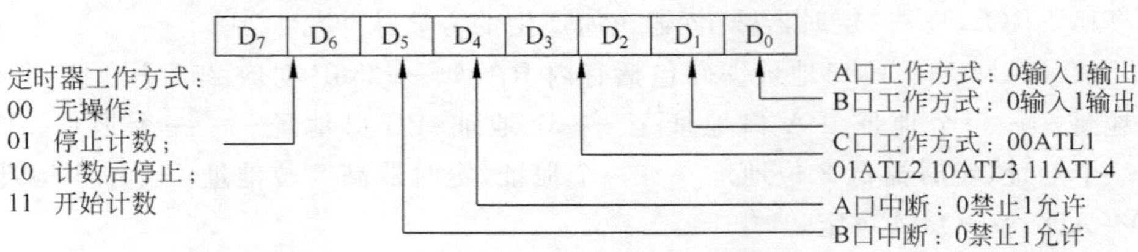

图 11-19 8155 的命令字格式

当以无条件方式进行数据输入输出时，由于不需要任何联络信号，因此这时 A 口、B 口和 C 口都可以进行数据的输入输出操作。

当 A 口或者 B 口以中断方式进行数据传送时，所需要的联络信号由 C 口提供，其中 PC_0～PC_2 为 A 口提供，PC_3～PC_5 为 B 口提供。各联络信号的定义如表 11-13 所示。

表 11-13 联络信号

C 口	对 A 口控制(ALT3)	对 A 口和 B 口控制(ALT4)
PC_0	AINTR	AINTR
PC_1	ABF	ABF
PC_2	ASTB	ASTB
PC_3	输出	BINTR
PC_4	输出	BBF
PC_5	输出	BSTB

联络信号共有以下三个。

- INTR：中断请求信号(输出)，高电平有效。
- 送给 MCS-51 单片机的外中断请求 BF：缓冲器满状态信号(输出)，高电平有效。
- STB：选通信号(输入)，低电平有效。数据输入时，STB 是外设送来的选通信号；数据输出时，STB 是外设送来的应答信号。

2. 8155 的状态字

状态字只能读不能写，所以 8155 的命令字和状态字共用一个地址。当对命令/状态字进行写操作时，写进去的是命令，当对命令/状态字进行读操作时，读出来的是状态。状态字用于寄存各端口及定时器/计数器的工作状态，其状态字格式如图 11-20 所示。

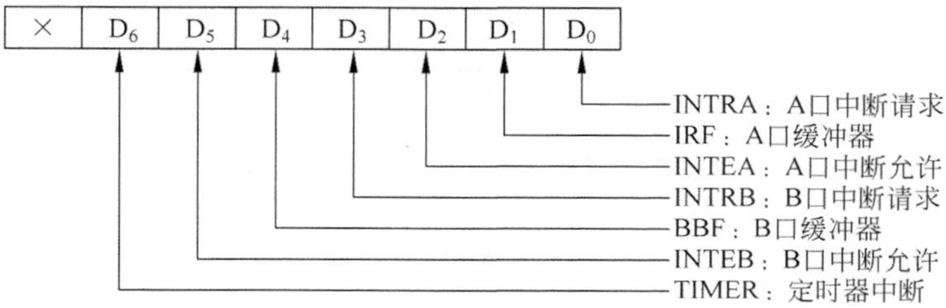

图 11-20　8155 的状态字

11.4.4　8155 的定时器/计数器

1. 8155 定时器/计数器的计数结构

8155 的定时器/计数器是一个 14 位的减法计数器，由两个 8 位寄存器构成，计数结构如图 11-21 所示，以其中的低 14 位组成计数器，剩下的两个高位(M2，M1)用于定义计数器输出信号的形式。

计数模式		计数器长度高位字节					
M2	M1	M13	T12	T11	T10	T9	T8
T7	T6	T5	T4	T3	T2	T1	T0
计数器长度低位字节							

图 11-21　8155 定时器/计数器的计数结构

2. 定时器/计数器的使用

8155 的定时器/计数器与 MCS-51 单片机芯片内部的定时器/计数器在功能上完全相同，都具有定时和计数的功能，但在使用上与 MCS-51 单片机的定时器/计数器有诸多不同之处。具体表现在以下几个方面。

(1) 8155 的定时器/计数器是减法计数，而 MCS-51 单片机的定时器/计数器却是加法计数，因此确定计数初值的方法是不同的。

(2) 8155 的定时器/计数器与 MCS-51 的单片机不同只有一种固定的工作方式，即 14 位计数，通过软件方法进行计数初加载。

(3) 8155 的定时器/计数器，不论是定时功能还是计数功能都是由外部提供计数脉冲的，其信号引脚是 TIMERIN。

(4) 8155 的定时器/计数器，计数溢出时向芯片外部输出一个信号(TIMEROUT)，这一信号有脉冲和方波两种形式，可由用户进行选择。由 M2,M1 两位定义如下：M2M1＝00(单个方波)；M2M1＝01(连续方波)；M2M1＝10(单个脉冲)；M2M1＝11(连续脉冲)这 4 种信号输出形式如图 11-22 所示。

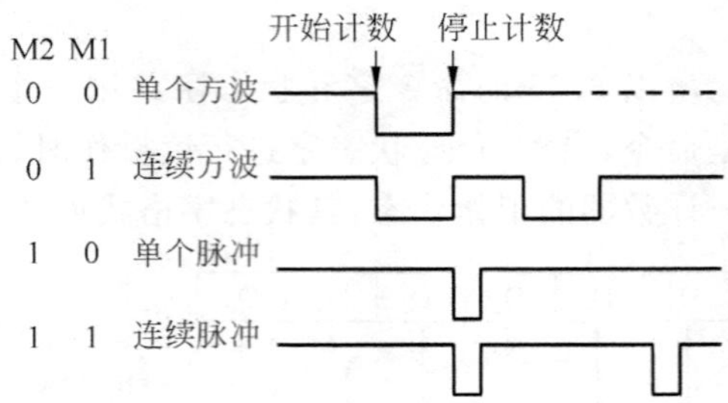

图 11-22 8155 信号输出形式

3. 定时器/计数器的控制

8155 定时器/计数器的工作方式由命令字中的最高两位 D7,D6 进行控制。具体说明如下：

D_7D_6＝00 不影响计数器工作。

D_7D_6＝01 停止计数。如计数器未启动则无操作，如计数器正运行则停止计数。

D_7D_6＝10 达到计数值(计数器减为 0)后停止。

D_7D_6＝11 启动，如果计数器没运行，则在装入计数值后开始计数；如果计数器已运行，则在当前计数值计满后，再以新的计数值进行计数。

11.4.5 8155 的初始化

要求使用 8155 定时器/计数器对计数脉冲进行千分频，即计数 1000 后，TIMEROUT 端电平状态发生变化，并重新置数以产生连续方波。此外假定 A 口为输出方式，允许中断；B 口为输入方式，不允许中断；C 口为对 A 口控制方式(ALT3)。

要求输出连续方波，所以定时器/计数器的最高两位 M_2M_1＝01。计数器的其他 14 位装入计数初值。8155 为减法计数，所以计数初值为 1000，化为 16 进制数为 03E8H。则定时器/计数器的高 8 位为 43H，低 8 位为 0E8H。其定时器/计数器命令名字的设置如表 11-14 所示。

表 11-14 8155 定时器/计数器命令名字的设置表

计数器		B 口	A 口	C 口		B 口	A 口
装入后启动		不允许中断	允许中断	ALT3		输入	输出
D7	D6	D5	D4	D3	D2	D1	D0
1	1	0	1	1	0	0	1

命令字的内容为 0D9H。假定命令/状态寄存器的地址为 0FDF8H。则初始化程序为：

```
MOV     DPTR,#0FDF8H        ;命令/状态寄存器地址
MOV     A,#0D9H             ;命令字
MOVX    @DPTR,A             ;装入命令字
MOV     DPTR,#0FDFEH        ;计数器低 8 位地址
MOV     A,#0E8H             ;低 8 位计数值
MOVX    @DPTR,A             ;写入计数值低 8 位
INC     DPTR                ;计数器高 8 位地址
MOV     A,#43H              ;高 8 位计数值
MOVX    @DPTR,A             ;写入计数值高 8 位
```

11.4.6 STC 单片机与 8155 的接口

STC 单片机与 8155 的接口电路图如图 11-23 所示。

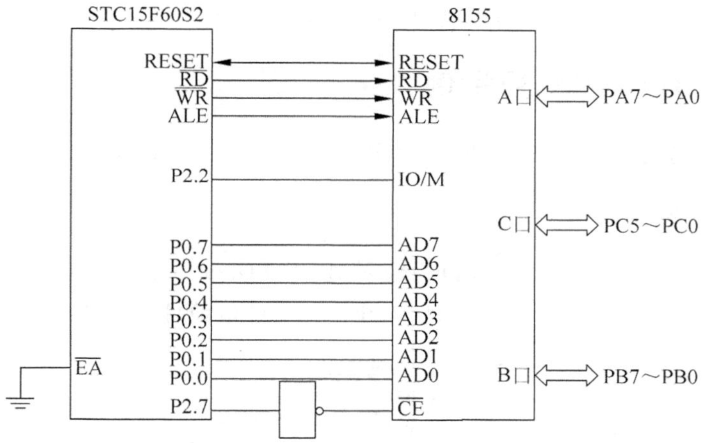

图 11-23 STC 单片机与 8155 的接口电路图

8155 内部 RAM 的地址范围为 0000H～00FFH，8155 各端口的地址（设无关位为 0）为：

命令/状态口	FF00H
A 口	FF01H
B 口	FF02H
C 口	FF03H
定时器低字节	FF04H
定时器高字节	FF05H

这里采用 8155 扩展了两个输出口、一个输入口以实现键盘输入和数码管输出。8155 可直接与 CPU 接口，8155 的 RAM 和 I/O 编址由 IO/M 和 ALE 锁存的地址来控制，IO/M=0 选择 RAM 编址为 00～FFH；IO/M=1 对 8155 的 I/O 口进行读写，表 11-15 为 8155 内部 I/O 编址。

表 11-15　8155 内部 I/O 编址

A_2	A_1	A_0	I/O 口
0	0	0	命令状态字
0	0	1	PA 口
0	1	0	PB 口
0	1	1	PC 口
1	0	0	定时器低 8 位
1	0	1	定时器高 6 位和方式

D7	D6	D5	D4	D3	D2	D1	D0
TM_1	TM_2	IEB	IEA	PC_2	PC_1	PB	PA

- PA、PB：定义 A 口、B 口，0 为输入，1 为输出。
- IEA、IEB：A 口、B 口中断控制，1 为允许，0 为禁止。

11.4.7　8155 的应用举例

8155 有很强的功能，这里以 8155 作单片机键盘接口为例说明。

1. 接口电路逻辑图

A 口为输出口，接键盘列线。C 口为输入口，以 $PC_3 \sim PC_0$ 接键盘的 4 条行线。其键盘接口电路如图 11-24 所示。则 A 口地址为 0FF01H，C 口地址为 0FF03H。

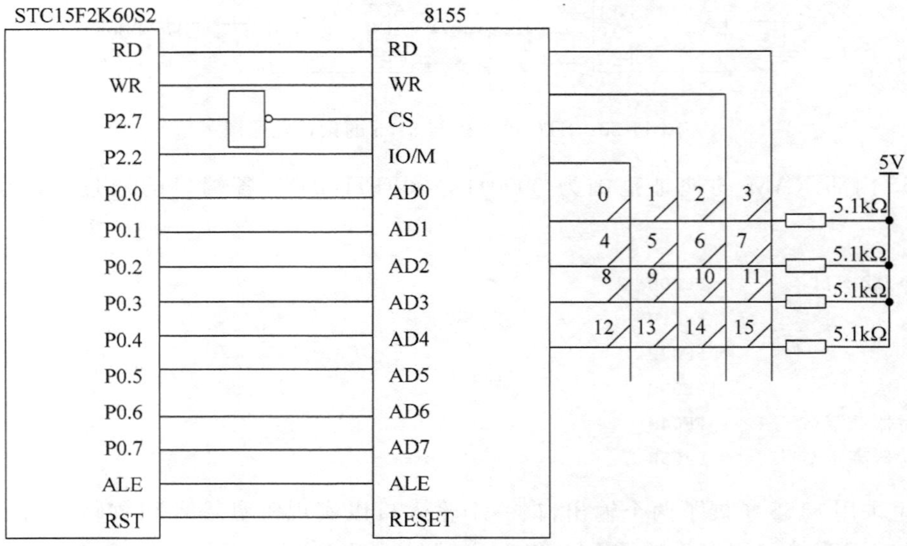

图 11-24　8155 的键盘接口电路

2. 判定有无闭合键的子程序

判定有无闭合键的子程序为 KSI，供在键盘扫描程序中调用。

执行 KSI 子程序的结果是：有闭合键则(A)≠0，无闭合键(A)＝0。

程序如下。

```
KSI:  MOV    DPTR,#0FF01H        ;A 口地址
      MOV    A,#00H
      MOVX   @DPTR,A             ;A 口送 00H
      INC    DPTR
      INC    DPTR                ;C 口地址
      MOVX   A,@DPTR             ;读 C 口
      CPL    A
      ANL    A,#0FH              ;屏蔽高 4 位
      RET
```

3. 键盘扫描程序

假定本系统中显示程序为 DIR，执行时间约为 6ms。键盘扫描程序如下：

```
KEY1: ACALL  KSI                 ;检查是否有键闭合
      JNZ    LK1                 ;A 非"0"则转移
      ACALL  DIR                 ;显示一次(延时 6ms)
      AJMP   KEY1
LK1:  ACALL  DIR                 ;有键闭合二次延时
      ACALL  DIR                 ;共 12ms 去抖动
      ACALL  KSI                 ;再检查是否有键闭合
      JNZ    LK2                 ;有键闭合转移到 LK2
      ACALL  DIR
      AJMP   KEY1                ;无键闭合,延时 6ms 后转 KEY1
LK2:  MOV    R2,#0FEH            ;扫描初值送 R2
      MOV    R4,#00H             ;扫描列号送 R4
LK4:  MOV    DPTR,#0FF01H        ;A 口地址
      MOV    A,R2
      MOVX   @DPTR,A             ;扫描初值送 A 口
      INC    DPTR
      INC    DPTR                ;C 口地址
      MOVX   A,@DPTR             ;读 C 口
      JB     ACC.0,LONE          ;ACC.0 = 1,第零行无键闭合,转 LONE
      MOV    A,#00H              ;装第零行值
      AJMP   LKP
LONE: JB     ACC.1,LTWO          ;ACC.1 = 1,第一行无键闭合,转 LTWO
      MOV    A,#08H              ;装第一行值
      AJMP   LKP
LTWO: JB     ACC.2,LTHR          ;ACC.2 = 1,第二行无键闭合,转 LTHR
      MOV    A,#10H              ;装第二行值
      AJMP   LKP
LTHR: JB     ACC.3,NEXT          ;ACC.3 = 1,第三行无键闭合,转 NEXT
      MOV    A,#18H              ;装第三行值
LKP:  ADD    A,R4                ;计算键码
      PUSH   ACC                 ;保护键码
LK3:  ACALL  DIR                 ;延时 6ms
      ACALL  KSI                 ;检查是否继续闭合,若闭合再延时
      JNZ    LK3
```

```
        POP     ACC                         ;若键起,则键码送 A
        RET
NEXT:   INC     R4                          ;扫描列号加 1
        MOV     A,R2
        JNB     ACC.7,KND                   ;若第七位 = 0,已扫完最高列则转 KND
        RL      A
        MOV     R2,A
        AJMP    LK4                         ;进行下一行扫描
KND:    AJMP    KEY1                        ;扫描完毕,开始新一轮
```

键盘扫描程序的运行结果是把闭合键的键码放在累加器 A 中。接下来的程序根据键码进行程序转移,转去执行该键对应的程序。

习题

(1) 为什么要进行按键消抖? 常用的有哪些方法?

(2) 简述常见的键盘接口电路及特点。

(3) 常用的显示芯片有哪些? 各有什么特点?

(4) 利用 LCD12864 液晶模块显示图形,并利用键盘控制,每按一个键显示一张图片(图片自选)。

第12章 STC15F2K60S2单片机的EEPROM

STC15系列单片机内部集成了大容量的EEPROM,其与程序存储器是分开的。利用ISP/IAP技术可将内部数据Flash当作EEPROM,擦写次数可达十万次以上。EEPROM分成若干个扇区,每扇区为512B。使用时,同一次修改的数据放到同一个扇区,不是同一次修改的数据放到不同的扇区,数据Flash的擦除是按扇区进行的。

在用户程序中,可对数据Flash进行字节读、字节编程或扇区擦除操作。数据Flash中的数据具有掉电不丢失的特性,所以数据Flash主要用来保存可修改但丢电后不丢失的数据。

12.1 STC15F2K60S2单片机的EEPROM功能概述

12.1.1 STC15F2K60S2单片机的EEPROM大小与地址

STC15F2K60S2单片机的EEPROM容量为1KB,与程序存储器空间是分开编址的,分为两个扇区,其地址范围为0000H～03FFH,第一扇区的地址为0000H～01FFH,第二扇区的地址为0200H～03FFH。EEPROM除可用IAP技术读取数据外,也可用MOVC指令读取,但此时EEPROM的首地址不再是0000H,而是程序存储器空间结束地址的下一个地址,即为F0000H。

12.1.2 STC15F2K60S2单片机与ISP/IAP相关的特殊功能寄存器

STC15F2K60S2单片机对EEPROM的操作是通过一组特殊功能寄存器完成的,分别为IAP_DATA、IAP_ADDRH、IAP_ADDRL、IAP_CMD、IAP_TRIG、IAP_CONTR。

(1) IAP_DATA为ISP/IAP Flash数据寄存器,其地址为C2H,复位值为FFH。在操作ISP/IAP Flash时起到数据缓冲寄存器作用。

(2) IAP_ADDRH、IAP_ADDRL为ISP/IAP Flash地址寄存器,其地址分别为C3H和C4H,复位值都为00H。用于存放被操作Flash单元的高8位地址和低8位地址。

(3) IAP_CMD为ISP/IAP Flash命令寄存器,用于设置ISP/IAP Flash的操作命令,但该命令后必须通过触发寄存器的触发后才能生效。特殊功能寄存器IAP_CMD中各位分布如下。

IAP_CMD C5H	位号	B_7	B_6	B_5	B_4	B_3	B_2	B_1	B_0	复位值
	位名称	—	—	—	—	—	—	MS1	MS0	xxxxx000B

MS1、MS0 为 ISP/IAP Flash 的操作命令控制位，其功能见表 12-1。

表 12-1 数据 Flash(EEPROM)的操作功能表

MS1	MS0	功 能
0	0	待机模式，无 ISP 功能
0	1	对数据 Flash(EEPROM)区进行字节读操作
1	0	对数据 Flash(EEPROM)区进行字节写操作
1	1	对数据 Flash(EEPROM)区进行扇区擦除操作

(4) IAP_TRIG 为 ISP/IAP Flash 命令触发寄存器，其地址为 C6H，复位值不定。在(IAPEN)＝1 时，对 IAP_TRIG 先写入 5AH，再写入 A5H，之后 ISP/IAP 命令生效。

(5) IAP_CONTR 为 ISP/IAP Flash 控制寄存器。特殊功能寄存器 IAP_CONTR 中各位分布如下。

IAP_CONTR C7H	位号	B_7	B_6	B_5	B_4	B_3	B_2	B_1	B_0	复位值
	位名称	IAPEN	SWBS	SWRST	CMD_FAIL	—	WT2	WT1	WT0	0000x000B

- IAPEN 为 ISP/IAP 功能允许位。
  IAPEN＝0，禁止 ISP/IAP 操作。
  IAPEN＝1，允许 ISP/IAP 操作。
- SWBS SWRST 为软件复位控制位。
- CMD_FAIL 为 ISP/IAP Flash 命令触发失败标志。
  如果 IAP 地址非法或无效，且进行了 IAP 命令和触发，则 CMD_FAIL 为 1，该位必须通过软件清零。
- WT2 WT1 WT0 为 ISP/IAP Flash 操作时 CPU 等待时间的设置位，设置情况见表 12-2。

表 12-2 ISP/IAP 操作 CPU 等待时间的设置

WT2	WT1	WT0	CPU 等待时间/系统时钟			
			读	编程	擦除	系统时钟要求
1	1	1	2	55	21 012	f_{SYS}<1MHz
1	1	0	2	110	42 024	1MHz<f_{SYS}<2MHz
1	0	1	2	165	63 036	2MHz<f_{SYS}<3MHz
1	0	0	2	330	126 072	3MHz<f_{SYS}<6MHz
0	1	1	2	660	252 144	6MHz<f_{SYS}<12MHz
0	1	0	2	1100	420 240	12MHz<f_{SYS}<20MHz
0	0	1	2	1320	504 288	20MHz<f_{SYS}<24MHz
0	0	0	2	1760	672 384	24MHz<f_{SYS}<30MHz

12.2 STC15F2K60S2 单片机的 EEPROM 编程与应用

12.2.1 数据 Flash 存储器的操作方法

在 C 语言环境下数据 Flash 存储器的操作方法如下。

1. 定义 ISP/IAP 命令及等待时间

```
define  isp_byte_read        1                  //字节读
define  isp_byte_program     2                  //字节编程
define  isp_byte_erase       3                  //扇区擦除
define  wait_time            2                  //设置等待时间
```

2. 字节读代码

```
IAP_ADDRH = ADDRH;                              //送读单元地址的高 8 位
IAP_ADDRH = ADDRL;                              //送读单元地址的低 8 位
IAP_CONTR = wait;                               //设置等待时间
IAP_CONTR = IAP_CONTR|0x80;                     //允许 ISP/IAP 操作
IAP_CMD = isp_byte_read;                        //送字节读命令
IAP_TRIG = 0x5a;
IAP_TRIG = 0xa5;                                //触发 ISP/IAP 操作
_nop_();
```

3. 字节编程代码

```
IAP_ADDRH = ADDRH;                              //送读单元地址的高 8 位
IAP_ADDRH = ADDRL;                              //送读单元地址的低 8 位
IAP_CONTR = wait;                               //设置等待时间
IAP_CONTR = IAP_CONTR|0x80;                     //允许 ISP/IAP 操作
IAP_CMD = isp_byte_program;                     //送字节编程命令
IAP_DATA = data;                                //送字节编程数据到 IAP_DATA
IAP_TRIG = 0x5a;
IAP_TRIG = 0xa5;                                //触发 ISP/IAP 操作
_nop_();
```

4. 字节擦除代码

```
IAP_ADDRH = ADDRH;                              //送擦除扇区地址的高 8 位
IAP_ADDRH = ADDRL;                              //送擦除扇区地址的低 8 位
IAP_CONTR = wait;                               //设置等待时间
IAP_CONTR = IAP_CONTR|0x80;                     //允许 ISP/IAP 操作
IAP_CMD = isp_byte_erase;                       //送字节编程命令
IAP_DATA = data;                                //送字节编程数据到 IAP_DATA
IAP_TRIG = 0x5a;
IAP_TRIG = 0xa5;                                //触发 ISP/IAP 操作
_nop_();
```

由于数据 Flash 的擦除是按扇区进行的，所以对某扇区擦除时其地址可以是该扇区内的任意地址。

12.2.2 数据 Flash 存储器的编程实例

如图 12-1 所示，当按下 K1 键时读 EEPROM，对应 P2.3 灯亮；当按下 K2 键时编程 EEPROM，对应 P2.4 灯亮；当按下 K3 键时擦除 EEPROM，对应 P2.5 灯亮；设系统的时钟频率为 18.432MHz。

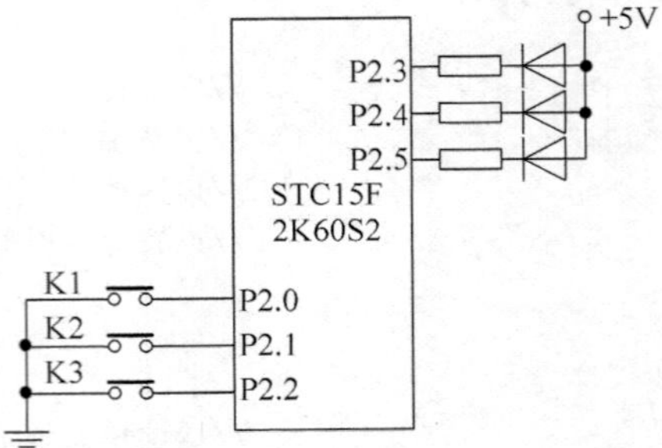

图 12-1 EEPROM 操作示意图

C 语言程序如下。

```
#include <STC15F2K60S2.H>
define  isp_byte_read       1                          //字节读
define  isp_byte_program    2                          //字节编程
define  isp_erase           3                          //扇区擦除
define  wait_time           2                          //设置等待时间
sbit K1 = P2^0;
sbit K2 = P2^1;
sbit K3 = P2^2;
sbit led_read = P2^3;
sbit led_program = P2^4;
sbit led_erase = P2^5;
char isp_read(uchar addrh,uchar addrl)                 //从 EEPROM 读一个字节
{
  int i;
  led_read = 0;
  IAP_ADDRH = addrh;                                   //送读单元地址的高 8 位
  IAP_ADDRH = addrl;                                   //送读单元地址的低 8 位
  IAP_CONTR = wait;                                    //设置等待时间
  IAP_CONTR = IAP_CONTR|0x80;                          //允许 ISP/IAP 操作
  IAP_CMD = isp_byte_read;                             //送字节读命令
  IAP_TRIG = 0x5a;
  IAP_TRIG = 0xa5;                                     //触发 ISP/IAP 操作
  _nop_();
  IAP_CONTR = 0;
  for(i = 0;i < 100000;i++);
  led_read = 1;
  return IAP_DATA
```

```
}
void isp_program(uchar addrh,uchar addrl,char data)  //向 EEPROM 写一个字节
{
  int i;
  led_ program = 0;
  IAP_ADDRH = addrh;                                  //送读单元地址的高 8 位
  IAP_ADDRH = addrl;                                  //送读单元地址的低 8 位
  IAP_CONTR = wait;                                   //设置等待时间
  IAP_CONTR = IAP_CONTR|0x80;                         //允许 ISP/IAP 操作
  IAP_CMD = isp_byte_program;                         //送字节读命令
  IAP_DATA = data;
  IAP_TRIG = 0x5a;
  IAP_TRIG = 0xa5;                                    //触发 ISP/IAP 操作
  _nop_();
  IAP_CONTR = 0;
  for(i = 0;i < 100000;i++);
  led_program = 1;
}
void isp_program(uchar addrh,uchar addrl)             //擦除 EEPROM 的某一扇区
{
  int i;
  led_ erase = 0;
  IAP_ADDRH = addrh;                                  //送读单元地址的高 8 位
  IAP_ADDRH = addrl;                                  //送读单元地址的低 8 位
  IAP_CONTR = wait;                                   //设置等待时间
  IAP_CONTR = IAP_CONTR|0x80;                         //允许 ISP/IAP 操作
  IAP_CMD = isp_ erase;                               //送字节读命令
  IAP_TRIG = 0x5a;
  IAP_TRIG = 0xa5;                                    //触发 ISP/IAP 操作
  _nop_();
  IAP_CONTR = 0;
  for(i = 0;i < 100000;i++);
  led_ erase = 1;
}
void main(void)
{
  uchar value1 = 0,value2 = 0;
  char j;
  P2 = 0x0ff;
  value1 = P2 & 7;
   if(value1!= 7)
    {
     delay(300);
      value2 = P1 & 7;
       if(value1 == value2)
        {
           if(K1 == 0)
              { while(K1 == 0);
            j = isp_read(addrh,addrl);
              }
           if(K2 == 0)
```

```
            { while(K2 == 0);
           isp_program(addrh,addrl,data);
            }
          if(K3 == 0)
            { while(K3 == 0);
           isp_program(addrh,addrl);
            }

        }
    }

}
```

12.2.3 数据 Flash 存储器操作注意事项

(1) ISP/IAP 操作的工作电压要求。当系统电压低于低电压门槛电压时,对数据 Flash 操作无效。

(2) 同一次修改的数据放在同一扇区中,不是同一次修改的数据放在另外的扇区,这样做可以不需要读出保护。

(3) 如果某扇区存放着很多数据,而只修改部分数据,必须先将整个扇区的数据读到内部 RAM 中,并做好相关工作,然后擦除整个该扇区,再将修改好的数据从内部 RAM 编程到数据 Flash 中。

参 考 文 献

[1] 宏晶科技. STC15F2K60S2 单片机技术手册[Z]. 2011—2013.

[2] 李朝青. 单片机原理及接口技术(第三版)[M]. 北京：北京航空航天大学出版社，2006. 6.

[3] 陈桂友. 单片微型计算机原理及接口技术[M]. 北京：高等教育出版社，2012. 4.

[4] 丁向荣. 单片微机原理与接口技术[M]. 北京：电子工业出版社，2012. 8.

[5] 宋戈，黄鹤松，员玉良，等. 51 单片机应用开发范例大全[M]. 北京：人民邮电出版社，2010. 2.

[6] 朱兆优，陈坚，王海涛，等. 单片机原理与应用[M]. 北京：电子工业出版社，2010. 9.

[7] 马忠梅，籍顺心，张凯，等. 单片机的 C 语言应用程序设计[M]. 北京：北京航空航天大学出版社，2007. 7.

[8] KS0108 控制器系列液晶模块使用说明书[Z]. 深圳汉昇实业有限公司.

[9] 何立民. IIC 总线应用系统设计[M]. 北京：北京航空航天大学出版社，2002.

[10] 王玉良，戴志涛，杨紫珊. 微机原理与接口技术[M]. 北京：北京邮电大学出版社，2002. 11.